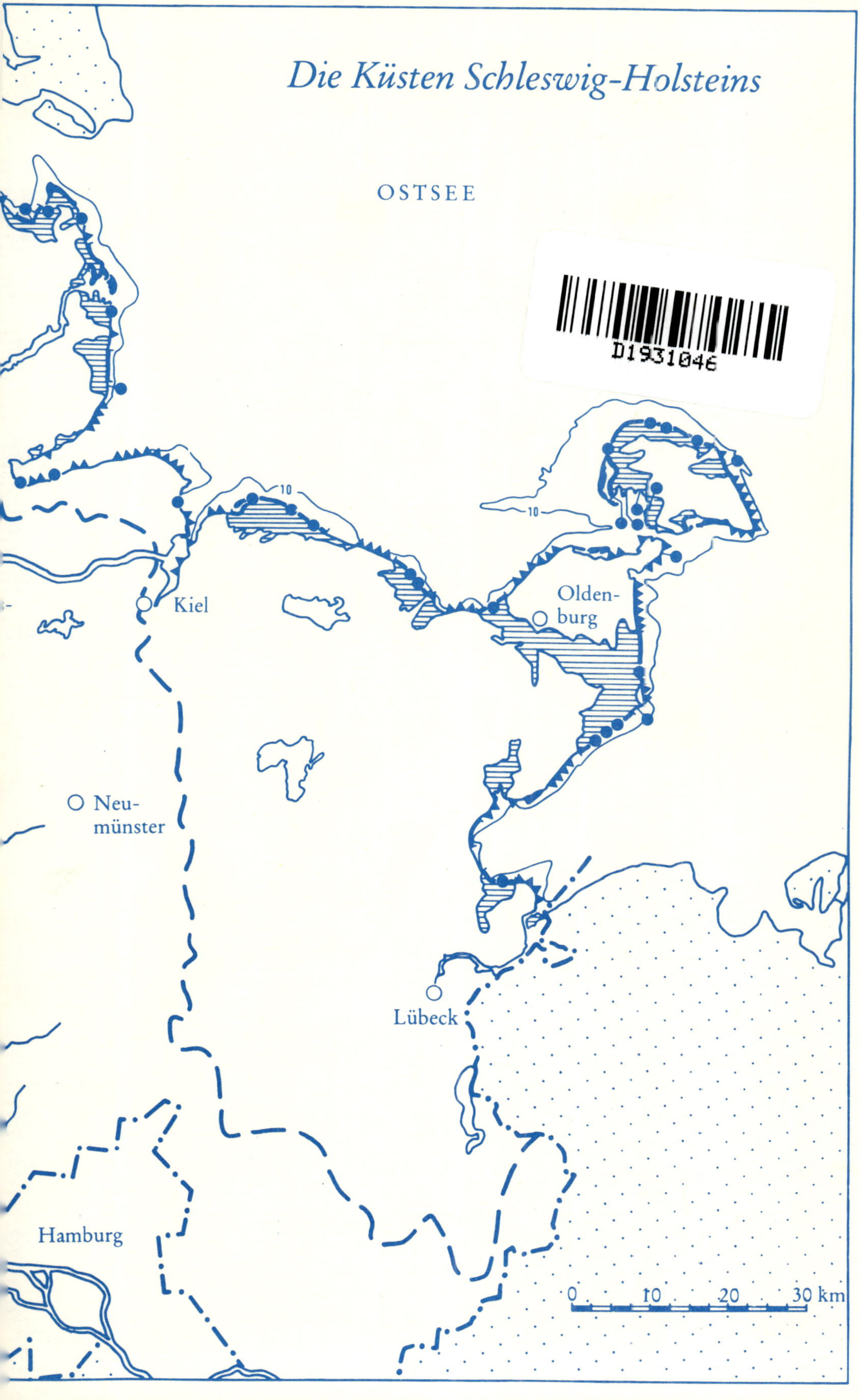
Die Küsten Schleswig-Holsteins
OSTSEE
10
10
Kiel
Oldenburg
Neumünster
Lübeck
Hamburg
0 10 20 30 km

Unserem Kollegen Klaus Hingst zur Emeritierung
im Frühjahr 1985 gewidmet

Hassenpflug - Kortum
Newig - Pollex - Schmidtke

An Nord- und Ostsee

Schleswig-Holsteins Küsten

Husum

Umschlagbilder: Dünenlandschaft auf Sylt (vorne), Fährhafen Puttgarden (hinten)

Bildnachweis: Archiv Lübecker Hafen-Gesellschaft – S. 133; Doris Busch – S. 114, 116; H. J. Busse – S. 141; Eisele – S. 174; Wolfgang Hassenpflug – Karte auf Vorsatz; Junkers Luftbild – S. 103; Mempe – S. 177; J. Metschies – S. 124; Jürgen Newig – Umschlagbild vorne; Wilhelm Pollex – Umschlagbild hinten. Alle anderen Fotos und Grafiken stammen, soweit im Text nicht anders angegeben, von den Verfassern der jeweiligen Beiträge.

CIP-Kurztitelaufnahme der Deutschen Bibliothek

An Nord- und Ostsee : Schleswig-Holsteins Küsten / Hassenpflug . . . – Husum : Husum Druck- und Verlagsges., 1985.
ISBN 3-88042-272-9
NE: Hassenpflug, Wolfgang [Mitverf.]

Satz: Fotosatz Husum GmbH
Druck und Verarbeitung: Husum Druck- und Verlagsgesellschaft
Postfach 1480, D-2250 Husum

ISBN 3-88042-272-9

Vorwort

Schleswig-Holstein ist das einzige Bundesland, das von zwei Meeren umspült wird. Meer und Land begegnen sich an der Küste, einem Saum von besonderer Eigenart.

In diesem Buch soll gezeigt werden, daß die Nordseeküste und die Ostseeküste ihr eigenes Gepräge besitzen – mit Unterschieden und Gemeinsamkeiten.

W. Hassenpflug beschreibt die Vielfalt der Küstenformen, die aus dem Wirken der Naturkräfte entstanden sind – gestaltet von Wind und Wellen, Brandung und Strömung.

K. D. Schmidtke befaßt sich mit der Küstenvegetation. Die schwierigen Lebensbedingungen und Anpassungsformen der Pflanzen an unterschiedlichen Standorten werden ebenso deutlich wie der Eingriff des Menschen in die urwüchsige Pflanzenwelt.

Um die Badestrände und die Fremdenverkehrsorte an den Meeren geht es in dem Beitrag von J. Newig. Er stellt dar, warum sich die Strände und Fremdenverkehrsorte an der Nordseeküste in ihrem Aussehen in der Regel deutlich voreinander unterscheiden, während die meisten Ostseeorte einen recht einheitlichen Anblick bieten.

W. Pollex untersucht die Hafenorte und ihre wirtschaftliche Bedeutung. Es sind die Ein- und Ausfuhrplätze für den Güterverkehr auf dem Meere, dem leistungsfähigsten Verkehrsweg der Erde, außerdem die Basen der Fischerei und die Standorte der schiffahrtsverbundenen Industrie.

Abschließend vergleicht G. Kortum die meereskundlichen Verhältnisse der begrenzenden Seegebiete. Dabei weist er auch auf die Gefährdung der Meeresumwelt durch menschliche Nutzungen hin.

Möge dieser kleine Band Kieler Geographen zu einem tieferen Verständnis der Erscheinungen und Vorgänge an den Küsten Schleswig-Holsteins beitragen!

Die Verfasser

Wolfgang Hassenpflug

Die Vielfalt der Küstenformen im Überblick

Die Küste ist die Grenzlinie, bis zu der sich das Wasser des Meeres – im Querschnitt gesehen – keilförmig zwischen Lufthülle und Gesteinshülle schiebt (vgl. Abb. 1). Die Grenzfläche von Luft- und Wasserhülle ist der *Wasserspiegel*, diejenige von Wasser- und Gesteinshülle der *Meeresboden* und diejenige von Luft- und Gesteinshülle die *Landoberfläche*.

Genauer betrachtet ist die Küste eine Übergangszone, die meerseitig dort beginnt, wo der Meeresboden die Wellen beeinflußt – sichtbar an der Brandung – und die landseitig bis soweit reicht, wie das Meer bei hohen Wasserständen gelangt. Die *Uferlinie* ist die Begrenzungslinie, bis zu der das Meer bei mittlerem Wasserstand reicht. Die sogenannte *Küstenlinie* wird durch den Kliff-, Dünen- bzw. Deichfuß an der Festlandsküste oder auf den Inseln gebildet.

Der Küstenstreifen, der im Wirkungsbereich der Wellen liegt, wird als *Strand* bezeichnet, der landseits bis zur Küstenlinie bzw. bis zum Beginn des Pflanzenwuches reicht.

Durch die Uferlinie wird der Strand in den nassen und trockenen Strand unterteilt. Bewachsenes Vorland vor dem Deichfuß entspricht danach dem trockenen Strand. Meerseits der Brandungszone beginnt das offene Meer, das Küstenvorfeld (vgl. Kapitel Küstenvorfeld).

Die Gestaltung der Küste durch die Kräfte der Natur erfordert Energie, die – von den Gezeiten abgesehen – letztendlich aus der bewegten Lufthülle, nämlich aus Winden und Stürmen, stammt. Die im Wind steckende Energie wird dem Wasser in Gestalt von Wellen übertragen; *Wellen* sind nichts anderes als Gleichgewichtsstörungen des Wasserspiegels (Louis). Die Wellen ihrerseits beeinflussen einerseits den Meeresboden – die Energie wird dort vornehmlich zur Umlagerung von Sand- und Gesteinsmaterial verwendet – und andererseits den Strand, also den Teil des Festlandes, der in ihrem bzw. der Brandung Einflußbereich liegt; die dort freigesetzte Energie wird im Küstenabbruch offensichtlich. Je nach Beschaffenheit von Gesteins-, Wasser- und Lufthülle sowie der Art ihres Zusammenwirkens entstehen in einem nie abgeschlossenen Werdegang ganz bestimmte Küstenformen, die ihrerseits Pflanzen und Tieren (vgl. Kapitel Küstenvegetation) sowie den wirtschaftenden Menschen (vgl. Kapitel Seehäfen) oder auch dem sich erholenden Menschen (siehe Kapitel Seebäder) als Lebensraum dienen. Die Ansprüche an diesen Lebensraum sind groß; sie wachsen und überschneiden sich zunehmend in konfliktträchtiger Weise.

Die Küstenzonen, die dort entstanden sind, wo Nord- und Ostsee an Schleswig-Holstein grenzen, besitzen große Vielfalt auf engem Raum. Sie stellen insbesondere an der Nordseeküste eine breite Übergangszone zwischen offenem Meer auf der einen und festem Land auf der anderen Seite dar. Im folgenden Kapitel soll die Vielfalt der Küstenformen Schleswig-Holsteins (vgl. Karte im Vorsatz) nach ihrer Lage mehr außen bzw. mehr innen in diesem Übergangssaum jeweils für Nordsee- und Ostseeküste getrennt dargestellt werden. Die Darstellung ist ebensowenig wie die Bezeichnung der Küstenformen streng wissenschaftlich-systematisch, sondern eher pragmatisch, sozusagen für den Urlauber oder Tagesgast, für den Sonnenanbeter, Naturbeobachter oder Landschaftsliebhaber gedacht. Er möge aus dem folgenden Kapitel entnehmen, welche Vielfalt es an Schleswig-Holsteins Küsten gibt und wo er was davon finden kann. Vielleicht wird darüber hinaus auch deutlich, daß das Vorhandensein oder Fehlen bestimmter Küstenformen an bestimmten Orten nicht zufällig, sondern an bestimmte Regeln und Naturgesetze gebunden ist, die in der gewaltigen Naturkulisse der Küstenlandschaften wirksam sind.

Die Nordseeküste

Die Übergangszone zwischen offenem Meer und Festland ist an der Nordseeküste besonders breit entwickelt und reichte noch vor wenigen Jahrtausenden wesentlich weiter landeinwärts, nämlich bis an die Ostgrenze der Marsch (vgl. Karte im Vorsatz und Bild 1). Grund dafür ist die flache Ausbildung von Meeresboden bzw. Landoberfläche in diesem Bereich, bei der geringfügige Veränderungen des Meeresspiegels zu großen räumlichen Verschiebungen der Küstenlinie geführt haben und noch führen können.

Die Übergangszone läßt sich in mehrere Teilzonen gliedern:

Die *Außenküste* (nach Gripp 1964) bildet im Westen die Abgrenzung zur offenen Nordsee. Sie wird von den Inseln Sylt und Amrum, genauer von deren Westküsten, sowie den Außensänden Japsand, Norderoog- und Süderoogsand, den Sandbänken vor Westerhever und St. Peter in Westeiderstedt sowie den Außensänden vor Dithmarschen bis hin zu dem von Trischen im Bereich der Elbmündung gebildet.

Die *Innenküste* ist die Festlandsküste auf der Ostseite des Übergangsbereiches. Ihr Rückgrat ist eine durchlaufende Deichlinie, hinter der die Marschzone des Festlandes geschützt vor dem Meere liegt.

Das *Wattenmeer* liegt im Raum zwischen Außenküste und Innenküste. Im Bereich der Halbinsel Eiderstedt stößt die Innenküste bis zur Außenküste vor und trennt so das Nordfriesische vom Dithmarscher Wattenmeer. Durch die *Seegats*, die Durchlässe zwischen den Inseln und Sänden der Außenküste,

Bild 1: Das Nordfriesische Wattenmeer im Satellitenbild (August 1975, eine Stunde nach NW in Wittdün). Die Vielfalt der Küstenformen ist bis in Einzelheiten zu erkennen. Nordsee und Priele erscheinen fast schwarz, Sandbänke, Außensände und die Wanderdünen im Listland fast weiß, Sand und Schlickwatt grau-blau, Hallig- und Vorland sowie das Grünland der Marsch in rötlichen Farbtönen, abgeerntete und reife Getreidefelder in hellblauen Farbtönen.

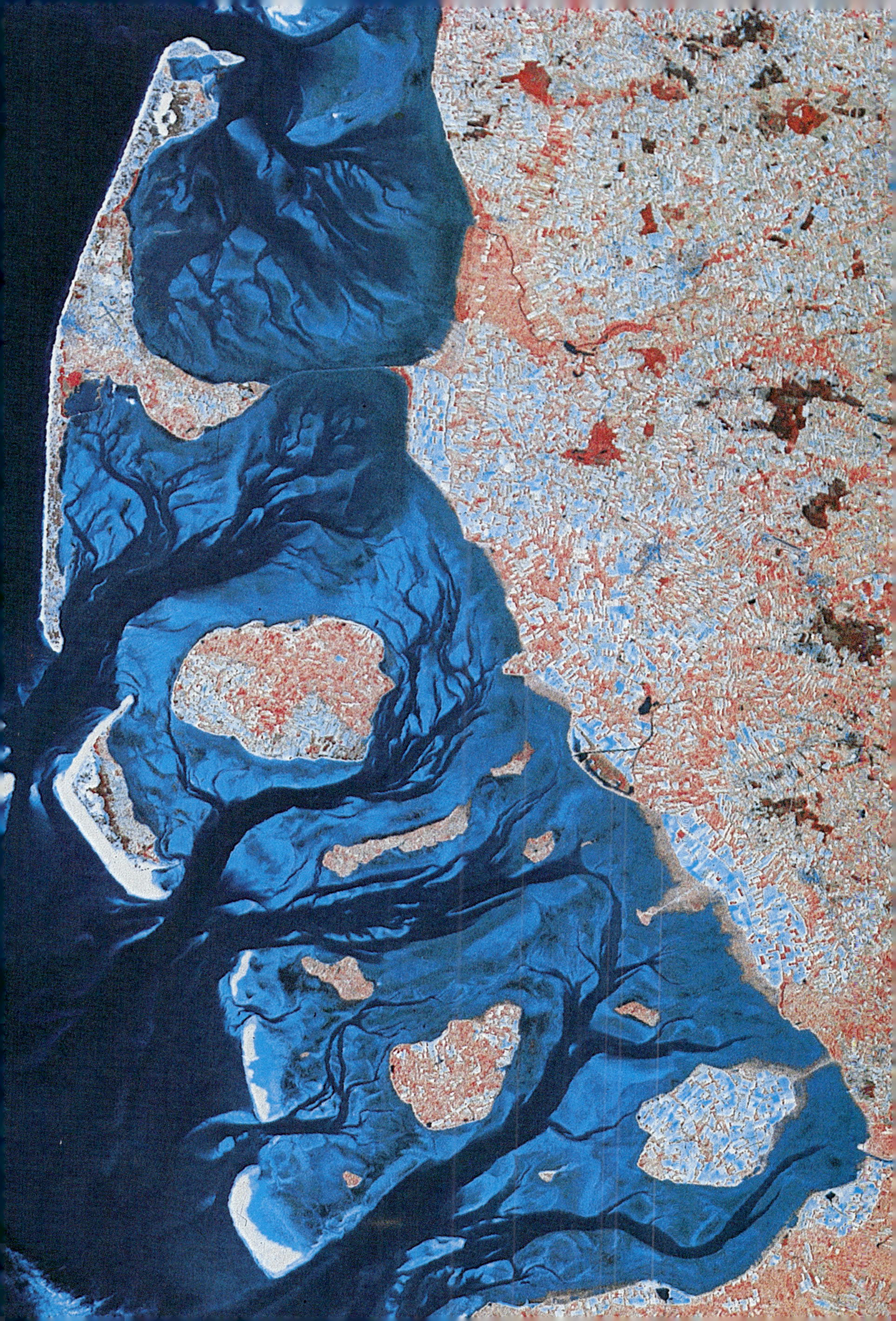

steht das Wattenmeer im Wechsel der Gezeiten im Austausch mit der offenen Nordsee, durch Flußmündungen und Siele in der Deichlinie erhält es andererseits auch Süßwasserzuflüsse.

Besondere Kennzeichen

Die folgenden Kennzeichen des Nordseeküstenraumes sind grundlegend für die Gestaltung der Küste.

1. geringe Wassertiefe
2. sandiger Untergrund
3. ausgeprägte Gezeiten
4. atlantisches Klima und windzugewandte Lage

1. Die Wassertiefen der Nordsee fallen westlich der Außenküste in einem 15–20 Seemeilen breiten Streifen auf 10–20 m ab. Nur westlich der Insel Sylt liegt die 10 m-Tiefenlinie 2 km vom Strand entfernt (vgl. Karte im Vorsatz) Bei Helgoland werden Wassertiefen von 20 m erreicht.

2. Der Untergrund ist überwiegend sandbedeckt. Geringe Wassertiefen und sandiger Untergrund sind ein Erbe der jüngeren geologischen Vergangenheit, der *Eiszeit.* Sie gliedert sich in mehrere Kaltzeiten, während derer große Wassermengen als Inlandeis gebunden waren, so daß der Meeresspiegel ca. 100 m tiefer als heute lag. Das Inlandeis kam aus Skandinavien. Es führte abgeschliffenen, zerkleinerten Gesteinsschutt, die *Moräne,* mit und lagerte diesen in der vorletzten Kaltzeit wie in Schleswig-Holstein so auch im angrenzenden Nordseebereich ab. Während der letzten Kaltzeit, der Weichseleiszeit, reichten die Gletscher von Osten her bis zur Mitte Schleswig-Holsteins; die Schmelzwässer verschütteten die älteren Ablagerungen im Nordseebereich, die zudem unter dem Einfluß des atlantischen Klimas „zerflossen", mit einer Sandschicht. Das Gefälle dieser eiszeitlichen Ablagerungen liegt in Nordfriesland zwischen 1:1000 und 1:2000, in Dithmarschen bei 1:350 bis 1:600.

Mit dem Ende der Eiszeit stieg der Meeresspiegel wieder an. Vor 9000 Jahren erreichte er die Tiefenlinie von – 45 m, vor 8000 Jahren die von – 20 m. Bis vor 5000 Jahren stieg er noch weiterhin rasch an, um dann unter kleineren Schwankungen nur noch langsam zu steigen. Der säkulare, d. h. sich über Jahrhunderte erstreckende Anstieg des Meeresspiegels hat bis heute mit Beträgen von etwa 25 cm/Jhd. angehalten. Das Meer drang zunächst in den tiefer gelegenen Schmelzwasserrinnen und Flußmündungen und mit weiterem Ansteigen auch flächenhaft landeinwärts vor. Mit diesem als *Transgression* bezeichneten Vorgang waren gewaltige Materialumlagerungen, insbesondere Sandbewegungen vom Meeresboden in den Küstenbereich hinein verbunden, denen das Wattenmeer seine Entstehung verdankt. Im Bereich der Düneninseln und der Flußmündungen erreichen diese Ablagerungen bis zu 30 m Mächtigkeit.

3. Der Wasserspiegel der Nordsee schwankt regelmäßig im Rhythmus der Gezeiten.

„*Gezeiten* oder *Tiden* sind Wasserstandsänderungen des Meeres, die unmittelbar oder mittelbar durch die Massenanziehung des Mondes und der Sonne in Verbindung mit der Erdumdrehung entstehen.“ (DIN-„Hydrologie“) Das Auftreten von Gezeiten ist an die Verbindung der Nordsee mit dem Weltmeer, hier dem Atlantik, geknüpft. Die Tidendauer beträgt im Mittel 12 Stunden und 25 Minuten, der Tidenhub, also der mittlere Höhenunterschied zwischen Tidehochwasser (Thw) und Tideniedrigwasser (Tnw) ist an verschiedenen Orten unterschiedlich. Er beträgt z. B. für Husum 3,30 m und für List auf Sylt 1,70 m. Das Watt, das räumlich als Gebiet zwischen Außen- und Innenküste begrenzt wird, ist in der Vertikalen gesehen dasjenige Stockwerk der Küstenabböschung, das im Wechsel der Gezeiten von Wasser bedeckt wird und wieder trocken fällt, begrenzt durch das mittlere Tidehochwasser (MThw) und mittlere Tideniedrigwasser (MThw). Seine Ausdehnung ist damit sowohl vom Tidenhub als auch von dem Böschungswinkel des Untergrundes abhängig.

Die gezeitenbedingten Wasserstandsunterschiede führen zu Gezeitenströmungen, die für den Materialtransport im Wattenmeer bedeutsam sind.

4. Die Nordseeküste ist durch *atlantisches Klima*, bedingt durch ihre Lage am Ostrand eines atlantischen Randmeeres und innerhalb des Westwindgür-

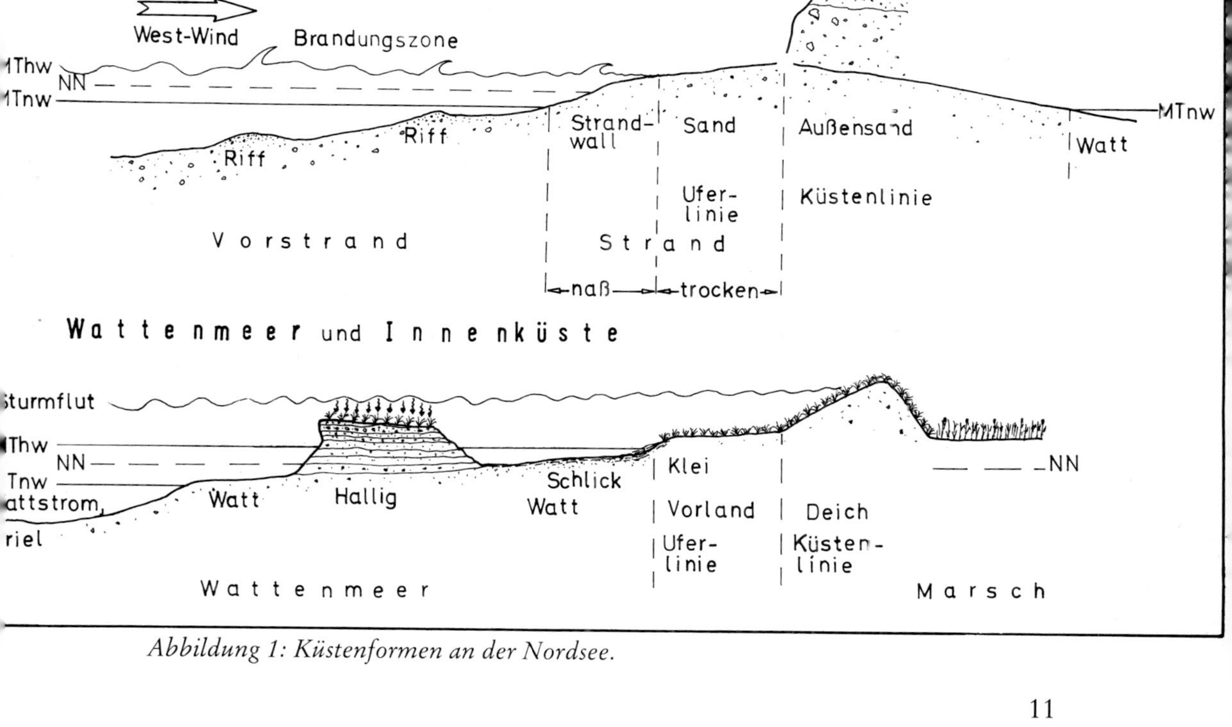

Abbildung 1: Küstenformen an der Nordsee.

tels der nördlichen Halbkugel, geprägt. Dieses maritime, d. h. vom Meere geprägte Klima reicht mit abnehmender Intensität weit landein. Es ist gekennzeichnet durch

- ausgeglichene Temperaturen im Tages- und Jahresverlauf (Schnee ist im Winter so selten wie Hitze und Schwüle im Sommer)
- hohe Windgeschwindigkeiten und damit verbundene Abkühlungsreize
- intensive Sonnen- und allgemeine Himmelsstrahlung (die im frischen Wind oft erst auf dem Umweg über einen Sonnenbrand bemerkt wird)
- reine Luft, welche die Einstrahlung weitgehend durchläßt
- Gehalt der Luft an Meeressalzen (Aerosolen), zu denen z. B. auch das Jod zählt, das vom Gras des küstennahen Grünlandes aufgenommen wird und über Milch und Fleisch des Weideviehs auch dem Menschen zugute kommt.

Bioklimatisch wird das Küstenklima als Reizklima eingestuft, das sich an der Innenküste und weiter landeinwärts zunehmend abschwächt. Schon das Wattenmeer ist wesentlich reizmilder, was Föhr zum Standort vieler Kindererholungsheime gemacht hat.

Für die Küstengestaltung an der schleswig-holsteinischen Außenküste ist folgendes wichtig: die Winde, die aus westlicher Richtung kommen, sind durchweg auflandig. Sie erreichen häufig Sturmstärke und treffen ungebremst auf die Küste. Bei stärkerem Sturm wird die flache küstennahe Nordsee bis auf den Grund aufgewühlt; dabei wird Sand vom Untergrund aufgenommen und küstenwärts transportiert.

Sand ist der Schatz auf dem Meeresgrund, von dem die Seebäder an der Außenküste leben; der Sturm, der die Küste bedroht, ist zugleich die einzige Kraft, die diesen Schatz heben und tragen kann. Nur ist er leider eigenwillig und transportiert den Sand nach seinen Vorstellungen und nicht nach denen der Kurdirektionen. Wo Sand transportiert wird, können auch kleinere Partikel, die Schwebstoffe, nicht zur Ruhe kommen. Im gesamten küstennahen Nordseegrund gibt es deshalb keine Stelle, an der sie sich absetzen und zu Schlick werden können; dies ist erst im Wattenmeer und an der Innenküste möglich.

Bei stürmischen Wetterlagen mit auflandigen Winden wird das Wasser an die Küste gedrückt, so daß der normalerweise waagerechte Wasserspiegel dorthin lokal unterschiedlich über das durch die Tide gegebene Maß schräg ansteigt – das sind die Sturmfluten. Noch rätselt man, warum Sturmfluten in den letzten Jahren häufiger als noch vor Jahrzehnten auftreten.

Bevor im folgenden näher auf die einzelnen Küstenzonen der Nordseeküste eingegangen wird, sei noch eine Küstenform genannt, die in der Systematik selbstverständlich genannt sein muß, auch wenn sie außerhalb der hier verwendeten Zonengliederung liegt und eine „Singularität" darstellt: die felsige Küste, vertreten durch die rote Buntsandstein-Insel Helgoland.

Bild 2: Die Außenküste auf Amrum. Der Weststurm treibt – trotz Regen – den Sand (hell) nach links an die Dünen.

Die Außenküste – Eine Sandstrand-Brandungsküste

Die Außenküste ist eine sandige Küste, die von den Westseiten der Inseln Sylt und Amrum sowie von Eiderstedt und den Außensänden gebildet wird. Diese Inseln sind Teil eines ausgedehnten Barrieresystems, das sich von den Niederlanden bis Dänemark zwischen offener Nordsee und Wattenmeer erstreckt. Folgende Küstenformen sind hier vorhanden (vgl. Karte im Vorsatz und Abb. 1):

- die Außensände mit insgesamt ca. 25 km Länge
- die Westküste der Insel Sylt mit 40 km Länge, mit einer Kliffküste im mittleren Bereich und Dünenkliffküsten nördlich und südlich davon.
- die Westküsten von Amrum und Westeiderstedt mit 38 km Länge, die aus einer Verbindung von breitem Außensand und Dünengürtel bestehen.

Gemeinsame Merkmale für die gesamte Außenküste sind:

- häufige Brandung, bedingt durch auflandige Winde und Dünung sowie
- sandiger Strand, bedingt durch Fehlen gröberen Materials und mangelnder Ablagerungsmöglichkeiten für feineres Material.

Aus dem sandigen Strand mit reichlichem Sandnachschub sind überall mit Ausnahme der Außensände küstenparallele Dünenfelder ausgeweht worden. Wo Sandstrand, Brandung und Dünen zusammen vorhanden sind, liegen die attraktivsten Teile der Außenküste, nämlich auf Sylt, Amrum und auch in St. Peter.

Die gesamte Außenküste wird unter dem Ansturm der Nordsee langsam aber beständig nach Osten verlegt. Das ist ein natürlicher Prozeß, der sich geologisch und archäologisch für die Vorzeit, durch Kartenauswertungen und Vergleichsmessungen auch für die jüngere Vergangenheit nachweisen läßt. Örtlich wechselnd beträgt dieser Rückgang 1 bis zu maximal 30 m pro Jahr. Während er auf den Außensänden wenig spektakulär unter Ausschluß der Öffentlichkeit abläuft, ist er auf Sylt offensichtlich und vielbeachtet.

Der Angriff der Nordsee auf die Außenküste zeigt sich am deutlichsten im Vorgang der Brandung. *Brandung* entsteht, wenn die Wellen bei Annäherung an den Strand und entsprechender Abnahme der Wassertiefe im unteren Bereich gebremst werden, so daß der Wellenberg zunehmend vorauseilt und schließlich unter Lufteinschluß schäumend vornüber „bricht“ (Abb. 1). Wellen sind Ausdruck der Energie, die aus der Atmosphäre, vom Wind, über Hunderte von Kilometern in die Meeresoberfläche eingetragen worden sind (Führböter). Selbst als Dünung, die nur noch aus der Massenträgheit des Wassers, aber nicht aus unmittelbarem Windeinfluß resultiert, erreicht diese Energie die Küste und wird dort auf kürzeste Distanz freigesetzt. Dies geschieht zunächst in einer oder mehreren Riffzonen und endgültig am Strand. Die in den Wellen steckende, in der Brandung freigesetzte Energie des Windes ist der Motor des Geschehens an der Küste. Diese Energie ist für Strömungen und Sedimentbewegungen und damit auch für die Gestaltung der Küstenformen letztendlich verantwortlich. Sie gibt Bodenpartikeln, die feiner als Sand sind, an der Außenküste keine Chance zur Ablagerung und produziert damit den bei Urlaubern so hochgeschätzten Sandstrand. Andererseits schafft sie auch die speziellen heilklimatischen Grundlagen der Seebäder: sie fördert feinstverteilte Salzpartikel aus dem Meerwasser in die Luft, die sogenannten Aerosole, die einzuatmen gesund, ja bei bestimmten Atembeschwerden auch heilend ist.

Die Außensände

Die Außensände sind von der Brandung aufgeworfene ausgedehnte Sandflächen, die bis etwa 1 m über MThw aufragen (Bild 1, Abb. 1). Was hier an Brandungsenergie verbraucht wird, wird weiter östlich im Wattenmeer nicht mehr wirksam. Nach Osten fallen die Außensände kaum merklich ab und gehen in das Watt über. Durch Wind und Wellen werden sie nach Osten verlagert, der Süderoogsand z. B. um 30 m pro Jahr. Häufige Überflutungen und relativ rasche Wanderung schließen jegliche Besiedlung der Außensände aus. Sie sind Naturschutzgebiete, die Vögeln und Seehunden als ungestörte Rastplätze dienen. Wüstenleere Weite und grenzenloser Himmel inmitten unberührter Natur lassen einen Besuch der Außensände – falls unter Führung möglich – zu einem unvergeßlichen Erlebnis werden.

Was im Falle von Sylt beklagt wird, nämlich die Verlagerung der Insel nach Osten, könnte im Falle der Außensände durchaus Perspektiven eröffnen: man stelle sich vor, welche neuen Fremdenverkehrsmöglichkeiten für die Hallig

Hooge entstünden, wenn der westlich gelegene Japsand im 22. Jahrhundert an der westlichen Halligkante „stranden" wird.

Die Westküste der Insel Sylt

Die Westküste der Insel Sylt wird gebildet aus einer 5 km langen Kliffküste im mittleren Bereich, dem sogenannten Roten Kliff, sowie einer nördlich und südlich davon anschließenden je gut 17 km langen Dünenkliff-Küste. Durch Kliff bzw. Düne unterschiedet sie sich im landseitigen Bereich des Küstenprofils von den Außensänden (Abb. 1).

Das Rote Kliff ist die westliche Abbruchkante des Sylter Geestkerns. Er besteht wie alle Geestkerne aus Ablagerungen der Saaleeiszeit und zusätzlich an seiner Basis aus dem sogenannten Kaolinsand. Der Abbruch dieses Geestkerns läßt sich über Jahrtausende zurückverfolgen. Vor 8000 Jahren lag sein westlicher Rand – bei noch niedrigerem Meeresspiegel – ca. 10 km weiter westlich. Das ergibt einen durchschnittlichen jährlichen Kliffrückgang von 1,25 m, der sehr gut dem derzeitigen jährlichen Rückgang von etwas über 1 m entspricht! Das Rote Kliff ist in Deutschland das einzige große, unter Abbruch liegende Kliff an der Außenküste der Nordsee.

Der Kliffrückgang resultiert aus dem Zusammenwirken mehrerer Ursachen:

– Brandung und säkularer Meeresspiegelanstieg wirken wie an anderen Abschnitten der Außenküste
– der Kaolinensand an der Basis des Geestkerns ist locker und vom Meere leicht ausräumbar
– vorgelagerte Außensände fehlen, im Gegenteil, der Unterwasserstrand fällt rasch auf größere Tiefen ab (10 m-Tiefenlinie 2 km vor der Küstenlinie).

Zum tatsächlichen Abbruch kommt im Falle Sylts die starke öffentliche Beachtung, die dieser natürliche Vorgang findet, denn Sylt hat nicht nur tausende von Touristen und Urlaubern, sondern auch viele Liebhaber und Lobbyisten, die mit „ihrer Insel" zugleich sich persönlich angegriffen fühlen, die sich dieser Insel in einem allgemeineren Sinne verbunden fühlen, als er durch den Besitz eines absturzbedrohten Hauses an der Kliffkante gegeben ist. Alle wollen die Natur, die Sonne, Sand und Brandung schenkt, aber nicht jene Natur, die den Sand und auch Teile der Insel nach ihren eigenen Gesetzen wieder nimmt.

Die Dünenküsten nördlich und südlich des Roten Kliffs sind mit ihrem Schicksal eng an den Kliffrückgang des Geestkern gebunden, und zwar folgendermaßen: was die Brandung bei Sturmfluten aus dem Kliff abbricht und was sie sich durch Erniedrigung des Strandes holt, wird in der Brandungszone, je nachdem aus welcher Richtung der Wind auf die Küste trifft, küstenparallel nach Norden oder Süden transportiert. Das ist der sogenannte *Küstenversatz.*

Dort wo das Kliff „abtaucht", d. h. wo der Geestkern von Sylt sich nach

Norden bzw. Süden abböscht, wird das Transportgut, der Sand, in Form von Haken „aufgehängt". Diese Haken wachsen je nach Menge des nachgelieferten Sandes, sie tun dies allerdings nicht endlos, da zwischen den Inseln und Außensänden ja die Seegats als Wasseraustauschöffnungen für das Wattenmeer liegen und durch kräftige Querströmung für eine Begrenzung der Haken sorgen. Lange bevor die Haken sich an die Seegats herangeschoben hatten, begann auf ihnen die Dünenbildung: der reichlich vorhandene und nachgelieferte Sand wurde von auflandigen Winden zu Dünen aufgeweht; sie erreichen heute über 30 m Mächtigkeit, wo sie noch dem Geestkern aufsitzen sogar über 50 m Höhe (Uwedüne). Die jüngsten Dünen befinden sich unmittelbar östlich des Strandes; es sind die Weiß-Dünen. Die älteren, die Graudünen, sind schon ein Stück weiter nach Osten gewandert und durch Bildung eines Rohbodens „ergraut".

Bis auf die Wanderdünen im Listland (weiße Flecken im Bild 1) sind die Dünen allerdings durch Vegetation, zunächst durch den Strandhafer, dann durch vielerlei weitere Arten, festgelegt (vgl. Kapitel Küstenvegetation). So sind die großartigen Dünenlandschaften des Listlandes im Norden und der Hörnumer Halbinsel im Süden entstanden; Sylt bietet damit dem am Strande Verweilenden oder Wandernden das einzigartige Panorama mit der Brandung und dem weiten Meer auf der einen und dem windüberströmten grünweißen Dünengürtel auf der anderen Seite.

Kommen wir nun zu der Schicksalsgemeinschaft von Kliff und Dünenküste zurück. Die dünenbestandenen Haken Sylts leben vom Sandnachschub, dieser kommt nach heutiger Kenntnis zu großen Teilen aus dem Abbruch am Roten Kliff und aus der Erniedrigung des Strandes. Mit dem Kliffabbruch ist aber zugleich ein Küstenrückgang und damit eine Rückverlegung der „Hakenaufhängung" verbunden, folglich werden auch die Dünenküsten zurückverlegt werden müssen. Wird andererseits der Kliffabbruch im mittleren Küstenabschnitt durch Küstenschutzwerke wie Strandmauern und Tetrapoden oder der Küstenversatz durch Querwerke wie Buhnen künstlich gebremst, wird also in den natürlichen Sandhaushalt der Insel eingegriffen, so kommt der Sandnachschub für die Dünenküsten ins Stocken, Dünen werden nicht mehr neu gebildet, die Dünenküsten unter Abbruch weisen wie die Kliffs eine nackte Böschung auf, aus der das Wurzelgeflecht des Strandhafers heraushängt, das einst die Düne bilden half. Die Böschung ist allerdings nicht so steil, weil der lockere Sand leichter abböscht.

Am Dünenfuß wird vielfach versucht, durch halbmeterhohe Sandfangzäune aus Reisig neuen Strandsand zur Ablagerung zu bringen und bei ausreichender Höhe neu zu bepflanzen. Solche lokalen Maßnahmen können aber keinen nachhaltigen Erfolg haben, wenn die Sandbilanz der gesamten Insel negativ ist, d. h. wenn mehr Sand an ihren Enden in die Seegats und durch Dünenwanderung in den Osten der Insel abgeht, als vom Weststrand insgesamt zugeführt wird.

In der ausgeglichenen Sandbilanz für die Gesamtinsel liegt der Schlüssel zur

Rettung Sylts vor natürlich rascher Zerstörung, zur Erhaltung der heutigen Inselgestalt am heutigen Ort. In dem Maße, wie die negative natürliche Sandbilanz durch Sandvorspülung vor der Westküste ausgeglichen wird, wird – nach heutigem Stand der Kenntnis – die Zerstörung verlangsamt: viel Sand bringt viel Bewahrung, weniger Sand entsprechend weniger. Der derzeitige jährliche Substanzverlust der Insel wird vom Amt für Land- und Wasserwirtschaft in Husum auf 1,5 bis 2 Millionen Kubikmeter geschätzt. Nachdem schon 1972 und 1978 vor Westerland und 1983 vor Hörnum künstliche Sandvorspülungen vorgenommen worden sind, wurden 1984 folgende Mengen vorgespült:

1,2 Mio m^3 vor Westerland	auf 1,5 km Länge
0,37 Mio m^3 vor Rantum	auf 1,7 km Länge
0,25 Mio m^3 vor Wenningstedt	auf 1,4 km Länge
0,2 Mio m^3 vor Kampen	auf 1,0 km Länge

Der Sand wurde dem Watt entnommen und in Rohrleitungen über die Insel zum Weststrand gepumpt. Auch westlich im Küstenvorfeld liegen auf 10 km Breite 40 bis 50 m mächtige Sandschichten unter dem Meeresboden, die bisher noch nicht verwendet wurden. Keiner kann bisher vorhersagen, ob hier Sand ungestraft in großen Mengen wird entnommen werden dürfen. Jeder Kubikmeter Sand jedenfalls, den nicht die Nordsee sondern der Mensch transportiert, kostet Geld. Die für Sylt entscheidende Frage ist damit die, wem der Sand wieviel Geld wert sein wird.

Die Westküsten von Amrum und Eiderstedt

Die Westküste von Amrum und diejenige vor West-Eiderstedt sind dadurch gekennzeichnet, daß westlich vor dem Dünengürtel breite Außensände liegen, welche als mehrere hundert Meter breiter Strand den Dünengürtel vor dem direkten Meeresangriff schützen sowie bei hohen Sturmflutwasserständen als Bremszone davor liegen und die zugleich als ständige Quelle neuen Sandes für die Dünenbildung dienen.

Der Kniepsand vor Amrum lag im 17. Jahrhundert noch als Außensand weit westlich der Insel. Vor einem Jahrhundert bekam er im Süden Kontakt mit der Insel, und heute ist er auf gesamter Länge westlich angelagert (Bild 2). Der Weg zwischen einem Bad in der Brandung und einem Liegeplatz an den Randdünen ist dementsprechend weiter als auf Sylt.

Auch Amrum ist, wie Sylt und Föhr, eine Geestkern-Insel. Der Westrand dieses Geestkerns ist in früherer Zeit ebenfalls vom Meere angegriffen und zu einem Kliff umgebildet worden. Dieses Kliff ist heute von Dünen überlagert; wer aufmerksam durch den Dünengürtel zum Kniepsand wandert, kann das Kliff an verschiedenen Stellen herausragen sehen.

Küstenschutzprobleme gibt es derzeit nur am Südhaken, der mit dem Ort Wittdün bebaut wurde und deshalb in seiner heutigen Lage gehalten werden soll, sowie am Nordhaken, den der Kniepsand nicht mehr schützt, und der deshalb in den letzten Jahrhunderten stark zurückverlegt wurde, der von 1825 bis 1914 sogar schon von der Hauptinsel getrennt war, aber dank künstlicher Dünenbildung wieder angeschlossen werden konnte.

In Westeiderstedt gewinnt die halbinselförmig vorgeschobene bedeichte Innenküste Kontakt mit der sandigen Außenküste. Rückgrat der Halbinsel ist ein altes Strandwallsystem entlang der Straße über Garding und Tating, das hier aus der an der Außenküste vorherrschenden nordsüdlichen Richtung kommend, in eine westöstliche Richtung umgebogen ist, wie es im kleinen und nach Norden gewandt auch beim Ellenbogen auf Sylt zu sehen ist. Die Küste vor St. Peter Ording hat Ähnlichkeit mit der von Amrum: landwärts von ausgedehnten parallel gegliederten Sänden hat sich hier ein Dünengürtel gebildet. Weiter landwärts daran anschließend liegt aber nicht wie in Amrum ein Geestkern, sondern alte, unregelmäßig gegliederte Marsch, die bis zur Festlegung der Dünen durch Bepflanzung nach dem 1. Weltkrieg stark unter Sandflug von diesen Dünen zu leiden hatte.

Im nördlichen Bereich – beginnend mit Nord-Ording und auch jenseits der Tümlauer Bucht fortgesetzt mit Westerhever – fehlt der Dünengürtel, so daß die Küste aus der Kombination von Außensand bzw. Sandbank und Deich gebildet wird. Im Bereich von Nord-Ording fehlt sogar das Vorland völlig, der Deich liegt schar (s. u.); hier mußte in den Jahrhunderten bis 1825 die Deichlinie ständig zurückgenommen werden.

Das Wattenmeer – Raum zwischen Außenküste und Innenküste

Das Wattenmeer ist in engerem Sinne der Raum zwischen Außen- und Innenküste, im weiteren Sinne werden aber sowohl die Inseln und Sände der Außenküste wie auch das Deichvorland der Innenküste unter diesem Begriff mit eingeschlossen.

Je nach der unterschiedlich „massiven" Ausprägung der Außenküste ist der Typ des offenen Watts vor Dithmarschen vom Rückseiten-Watt zu unterscheiden, das durch Sände und Inseln seewärts geschützt wird und in Nordfriesland entwickelt ist; hier erreicht das Watt mit über 30 km auch seine größte Breite.

Nach der Höhe der Wasserstände läßt sich der Wattenraum in drei annähernd küstenparallele Zonen untergliedern:

1. Das Gebiet unter dem mittleren Tideniedrigwasser (MTnw), in dem auch bei Niedrigwasser das Wasser steht; dazu gehören die Wattströme und größeren Priele.
2. Das Gebiet zwischen MTnw und MThw, das eigentliche Watt.
3. Das Gebiet über dem mittleren Tidehochwasser (MTHw); es besteht aus dem salzwiesenbestandenen Vor- und Halligland und wird nur ab und zu

Bild 3: Das schwebstoffreiche Wasser aus dem Wattenmeer ist bei Ebbe unter Wirbelbildung in die Nordsee geströmt (Aufnahme 19. 4. 1976, 20 Minuten nach Tnw in Wittdün). Die Wasserfahne der Elbe ist bis Helgoland zu verfolgen.

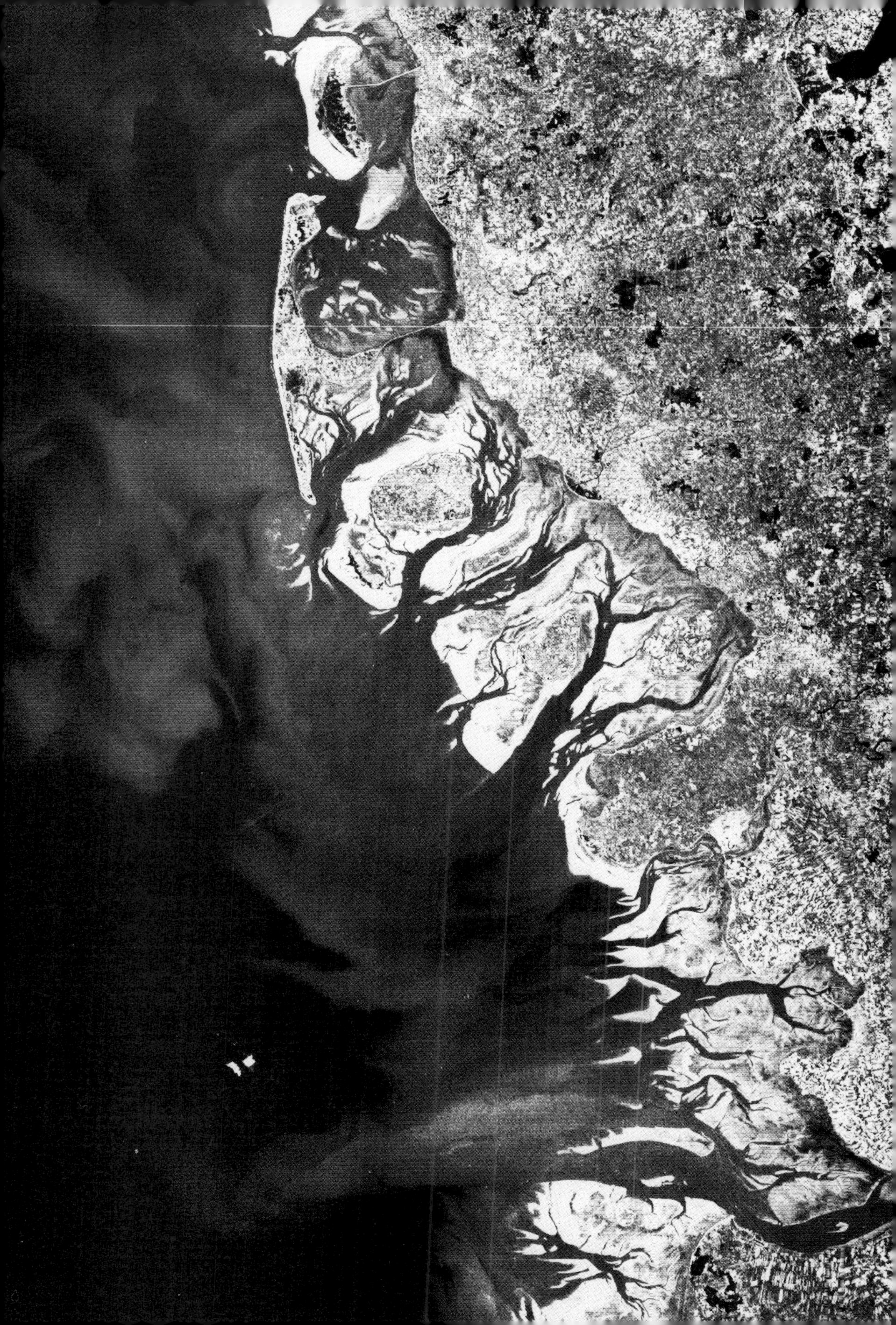

bei besonders hohen Wasserständen überflutet (vgl. Abb. 1). Die Oberfläche liegt etwa 0,5 m und mehr über MThw, was NN + 1,5 m entspricht.

Dazu kommt als 4. Bereich das völlig überflutungsfreie Gebiet der eingedeichten Marschinseln, der Geestkerne und der Dünen.

Das Wattenmeer gehört zu den schlickreichen Küsten der Erde, ist aber in der im Nordseebereich vorhandenen Kombination der Merkmale einmalig. Zu diesen Merkmalen gehören

1. ein allmählich küstenwärts ansteigender Meeresboden, der sich in einem flachen Hinterland fortsetzt.
2. Locker- und Feinmaterial zum Aufbau des Wattsockels und zu dessen laufendem oberflächlichen Umbau.
3. Gezeiten, die für Strömungen und damit den Materialtransport sorgen.
4. Sturmfluten, die in Verbindung mit den Gezeitenströmungen den Materialtransport verstärken und hohe Wasserstände zum Aufbau des über MThw gelegenen Vorlandes schaffen.
5. Eine Außenküste, hinter der das Wasser soweit beruhigt wird, daß die Ablagerung von im Wasser mitgeführten Stoffen möglich ist.
6. Ein gemäßigtes Klima mit entsprechender Pflanzen- und Tierwelt.

Entscheidend für die Küstengestaltung im Wattenmeer sind Wasser- und Sedimenthaushalt.

Von jedem Seegat aus reicht ein fächerförmiges System von tieferen Wattströmen und davon abzweigenden Prielen und Rinnen bis in die Wattflächen hinein, auf denen kaum kenntlich die Wattwasserscheiden zwischen benachbarten Wattstrom-Einzugsgebieten liegen. Durch die Seegats hindurch findet im Wechsel der Gezeiten fortlaufend ein Wasseraustausch zwischen Watt und offener See statt. Die dabei auftretenden Strömungsbahnen können durch Treibeis gut sichtbar gemacht werden. Zur Zeit des Niedrigwassers befindet sich der aus dem Watt abgeflossene Wasserkörper westlich der Außenküste (vgl. Bild 3). Er enthält große Anteile von Schwebstoffen, die das Wasser trüben. Man hat berechnet, daß die 6 Milliarden Kubikmeter Wasser einer gewöhnlichen Tide an der schleswig-holsteinischen Westküste etwa 200 000 t Schwebstoffe mitführen (Stadelmann S. 38). Dabei liegt der Schwebstoffgehalt von See zur Küste zunehmend zwischen 5 und 100 mg pro Liter. Mit der Flut dringt dies Wasser wieder in das Wattenmeer ein, in den Seegats treten dabei große Strömungsgeschwindigkeiten auf, die dort zur Ausräumung über 20 m Tiefe führen. Innerhalb des Wattenmeeres verteilt sich das Wasser zunehmend, die Schwebstoffe kommen mit sinkender Strömungsgeschwindigkeit zum Absatz. Im äußeren Wattbereich wird überwiegend grobsandiges Material abgelagert, in den küstennahen Buchten und Leelagen hinter Dämmen, Halligen und Inseln dagegen zunehmend feineres Material.

90 % aller Wattsedimente sind Sand, haben also Korngrößen zwischen 2 und 0,06 mm, 9 % sind Schluff und Ton mit Korngrößen unter 0,06 mm.

Das Pulsieren des Wassers zwischen Watt und Nordsee bringt heute eine der größten Bedrohungen des Wattenmeeres mit sich: alle Schadstoffe, die

Bild 4: Rixwarft auf Hallig Langeneß. Beginnendes Landunter am 16. 6. 1981.

über die Flüsse in die Nordsee gelangen, wie Schwermetalle oder organische Gifte (vgl. Bild 3 unten, Elbe), und ebenso alle in der Nordsee freiwerdenden Schadstoffe, z. B. Öle, driften entgegen dem Uhrzeigersinn an der schleswig-holsteinischen Westküste nach Norden, gelangen durch den Gezeitenmechanismus ins Wattenmeer und gefährden dort die Grundlagen dieses äußerst vielschichtigen und produktiven Ökosystems. Durch Ölbohrungen im Wattenmeer selbst, wie östlich von Trischen geplant, werden ohne Not zusätzliche direkte Gefahrenquellen geschaffen.

Im Wattenmeer treten verschiedenste Küstenformen im kleinräumigen Wechsel auf: Abbruchkanten von Halligen sowie Formen der Deich-, Kliff- und Dünenküste.

Die Abbruchkanten der Halligen sind typisch für das Wattenmeer, auch wenn sie heute weitgehend durch vorgesetzte Steinkanten bedeckt sind, die vor dem weiteren Abbruch schützen sollen. Der Blick auf eine Abbruchkante zeigt eine deutliche wurzeldurchwachsene Schichtung, in welcher – vergleichbar den Baumringen – der Werdegang der Hallig dokumentiert ist (siehe Abb. 1 und Bild 5). Jede der nach Millimetern zu messenden, oft muscheldurchsetzten Schichten ist Anwachs bei einem Sturmflut-Landunter, also einen 1 oder mehrere Meter über dem MThw liegenden Wasserstand, bei dem feiner Sand und Schwebstoffe in den Salzwiesenrasen der Halligen sinken bzw. von diesem ausgekämmt werden (Bild 4). Auf der sehr niedrig gelegenen Hallig Gröde gab es ein solches Landunter 1954 vierzigmal.

In diesem Anwachs, der mit der zerstörenden Gewalt der Sturmfluten ein-

Bild 5: Sturmflutschichtung auf Hallig Hooge, mit Muschelresten. Da Bodentiere fehlen, wird die Schichtung nicht zerstört.

Bild 6: Kulturspuren im Watt südlich der Hallig Hooge.

hergeht, liegt das Geheimnis dafür, daß die Halligen als Reste eines ausgedehnten mittelalterlichen Kulturlandes (vgl. Bild 6) nicht nur die eine Flut, sondern auch die Jahrhunderte danach überstanden haben. Sie konnten mit dem säkularen Meeresspiegelanstieg Schritt halten, während das alte Kulturland heute 2 m und mehr unter dem heutigen MThw liegt, sei es hinter erhaltengebliebenen Deichen wie auf Pellworm, oder sei es als archäologischer Fund im heutigen Wattenmeer. Der Preis für den Höhenzuwachs war der Abbruch durch Wellenschlag an der Halligkante, insbesondere im Westen, während an der geschützten Ostseite zum Ausgleich ein wenig Anwachs erfolgte. Selbst das alte Entwässerungssystem der gewundenen Halligpriele hat sich durch die Jahrhunderte „hochgepaust", zumal wegen der Überflutung nur Grünlandwirtschaft möglich war (s. Bild 1). Insgesamt sind die Halligen also seit ihrer Entstehung in die Höhe gewachsen, in der Fläche geschrumpft und nach Osten verlagert worden.

Deichküsten gibt es im Wattenmeer, von der Festlandsküste abgesehen, an vielen Stellen, so um die Marschinseln Pellworm und Nordstrand sowie in Teilstücken auf Sylt, Amrum und im Norden von Föhr, immerhin in einer Gesamtlänge von 85 km. Der Typ der Deichküste wird weiter unten genauer besprochen. Die Hallig Hooge stellt einen Zwischentyp zwischen unbedeichter Hallig und mit einem hohen Seedeich umschlossener Marschinsel dar; sie hat im 2. Weltkrieg einen bis zu 2,2 m über MThw hohen Sommerdeich erhalten, der die niedrigeren sommerlichen Sturmfluten abhält; seitdem erlebt sie nur noch zwei bis dreimal im Jahr ein Landunter.

Kliffküsten sind an die Geestkerninseln gebunden. Überall dort, wo Geest die Küstenlinie bildet, sind auch die einzigen Abschnitte an den Küsten des Wattenmeeres, auf denen der Strand sandig und gelegentlich steinig sein kann. Kliffküsten treten dabei nur bei genügender Höhe und exponierter Lage der Geest auf. Auf Föhr liegt der Geestkern im Süden der Insel und bildet die 12 km lange Südküste, die verschiedentlich als Kliff ausgebildet ist, z. B. im Goting-Kliff, und die teilweise unter deutlichem Abbruch liegt, insbesondere im westlichen Teil, wo auch das vorgelagerte Watt flächenhaft abgetragen wird.

Der Küstenrückgang der Südküste Föhrs ist im Vergleich zu dem an der Westküste Sylts mit dem Roten Kliff allerdings wesentlich geringer: die Küste ist nicht windexponiert, das vorgelagerte Wattenmeer ist flach, die dauernde starke Brandung fehlt, die kliffbildende geschiebehaltige Moräne ist standfester. Dennoch sind auch hier in bescheidenerem Maße Sandvorspülungen durchgeführt worden und weitere geplant.

Auf Sylt liegen Geestkerne und Kliffs nach Nordosten exponiert an der Küste vor Keitum und Morsum. Insbesondere das Morsum-Kliff ist berühmt wegen der voreiszeitlichen Ablagerungen (aus dem Tertiär), die hier vom Meere aufgeschlossen worden sind.

Dünenküsten befinden sich im Wattenmeer auf den Ostseiten der beiden Nehrungshaken Sylts sowie an der Nordspitze Amrums. Brandung und starke auflandige Winde wie auf der Westseite gibt es hier kaum. Dementsprechend sind die Randdünen hier nicht so unterschnitten wie an der Westseite. Wer also zur Abwechslung ein windgeschütztes Plätzchen mit Morgensonne sucht oder einen ruhigen ungefährlichen Badeplatz für seine Kinder, der findet an der Ostküste Ausweichmöglichkeiten.

Pläne zur Errichtung eines Nationalparks Wattenmeer sind seit Anfang der 70er Jahre immer wieder verfolgt worden, ohne daß sie bisher zu einem erfolgreichen Abschluß geführt haben.

Die Innenküste – eine schlickreiche Deichküste

Die Festlandsküste im Westen Schleswig-Holsteins ist – bis auf 3,3 km Geestufer bei Schobüll nördlich Husums – eine durchgehende Deichküste, die im Unterschied zur sandigen Außenküste zu den schlickreichen Küsten gezählt wird. Von der dänischen Grenze bis Brunsbüttel hat der Seedeich eine Länge von 205 km. Es handelt sich durchweg um Landesschutzdeiche, welche die Aufgabe haben, die dahinterliegende Marsch gegen jedes Hochwasser zu schützen. Ihre Höhe wird nach dem höchsten zu erwartenden Sturmflutwasserstand, der zu erwartenden Wellenauflaufhöhe und einem Sicherheitszuschlag bemessen. Mit ihrer Höhe von 8 m über Normalnull sind sie das beherrschende Element der Deichküste. Sie trennen den tidegeprägten naturnahen Raum des Wattenmeeres von der Kulturlandschaft der Marsch (Pollex).

Auf der Deichkrone entlangwandernd, erschließen sich dem Betrachter die zahlreichen Variationen der Abfolge Meer-Deich-Land (Stadelmann), die meerseitig insbesondere durch das Fehlen oder Vorhandensein von Vorland, beim Deich selber durch dessen den örtlichen Gegebenheiten angepaßte Ausbildung und landseits durch die wechselnden Bilder der landwirtschaftlichen Nutzung bestimmt sind.

Blickt man von der Deichkrone seewärts, so lassen sich die Unterschiede zur Dünen- oder Kliffküste aufzeigen (vgl. Abb. 1). Unmittelbar am Deichfuß verläuft – so wie auch am Dünen- oder Kliffuß – die Küstenlinie. Das mittlere Hochwasser erreicht den Deich nicht; seine Bewährungsstunde schlägt erst bei den höheren Sturmfluten. Seewärts der Küstenlinie liegt entweder ein mehr oder weniger breiter Streifen von Vorland (vgl. Bild 7), das sich nur bei einer Höhenlage deutlich über dem mittleren Tidehochwasser bilden kann, oder es fehlt das Vorland, weil das Gelände unmittelbar am Deichfuß unterhalb des MThw liegt; dann spricht man von einem Schardeich, dessen Fuß durch Deckwerke aus Stein besonders geschützt werden muß (vgl. Bild 8).

Die seeseitige Grenze des Vorlandes zum Watt, die Uferlinie, liegt im Niveau des mittleren Tidehochwassers. Das Vorland entspricht dem trockenen Strand an der sandigen Küste, das anschließende schlickhaltige Watt dem nassen Strand. Die häufige Brandung wie an der Außenküste fehlt an der geschützten Innenküste, dafür besteht für Erholungssuchende im Wechsel der

Bild 7: Begrüntes und beweidetes Deichvorland bei Westerhever.

Gezeiten die Möglichkeit, entweder im schwebstoffreichen Wasser zu baden oder im trockengefallenen Watt zu wandern.

Die Bildung von Vorland entspricht im Prinzip derjenigen von Halligland.

Aus der Sicht des Küstenschutzes liegt der Wert des Vorlandes vor allem in der Bremsung des Sturmflutseeganges, bevor dieser den Deich selbst erreicht. Aus der Sicht des Naturschutzes ist das Vorland besonders im naturnahen, nichtbeweideten Zustand, als sogenannte Salzwiese ein einmaliger Lebensraum: Pflanzen und Tiere, die hier ihren Standort haben, verlieren durch Eindeichung und Aussüßung des Vorlandes ihre Lebensgrundlagen.

Die Vorlandsfläche an der Innenküste betrug 1978 5120 ha (Heydemann 1980). Besonders ausgedehnte Flächen gibt es im Bereich der Hamburger Hallig, in der Nordstrander Bucht (vgl. Bild 1) und in der Tümlauer Bucht in Westeiderstedt sowie beiderseits des Friedrichskooges im südlichen Dithmarschen.

Wo Vorland fehlt oder nur schmal ausgebildet ist, ist dies auf jüngere Eindeichungen und Deichbegradigungen zurückzuführen, so z. B. nördlich des Hindenburgdammes oder in der Meldorfer Bucht; in der Nordstrander Bucht steht die Eindeichung von 845 ha (lt. Faltblatt MELF 1982) bevor.

Vor dem 1954 eingedeichten Friedrich-Wilhelm-Lübke-Koog südlich des Hindenburgdammes haben sich bis 1978 auf 8,7 km Länge 91 ha Vorland neu gebildet (Heydemann 1980). Der Deich hatte bei seiner Anlage ursprünglich inmitten des Wattenmeeres bei 1 m unter MThw gelegen. Bild 1 zeigt, daß die

Vorlandbildung, kenntlich an der roten Färbung, besonders im Winkel zwischen Hindenburgdamm und dem davon abzweigenden Deich, und das heißt in geschützter Buchtenlage, vorangekommen ist. Die Vorlandbildung wird aus küstenbautechnischen Gründen durch Anlage von Lahnungsfeldern gefördert, die das Wasser zusätzlich beruhigen und damit die Sedimentation der Schwebstoffe begünstigen. Dieser Vorgang braucht seine Zeit. Bei tiefer und exponierter Lage des Deiches kann er sehr lange dauern, zumal die Menge des im Wattenmeer verfügbaren Feinmaterial, aus dem das Vorland gebildet wird, durchaus nicht unbegrenzt ist. Bei dem 1959 fertiggestellten Hauke-Haien-Koog ist trotz Anlage von Lahnungsfeldern bis heute kein Vorland entstanden (vgl. Bild 1 und 8).

Im Deich stecken bei aller Schlichtheit und anscheinenden Gleichförmigkeit die Erfahrungen aus vielen Jahrhunderten ebenso, wie die Regeln moderner Ingenieurkunst. Profil und Höhe passen sich bei Neubauten den örtlichen Gegebenheiten an. Die Außenböschung steigt zunächst sanft (1:10 bis 1:20), zur Deichkrone hin etwas steiler (1:4 bis 1:6) an; an ihr sollen sich die Sturmflutwellen totlaufen. Die Innenböschung kann demgegenüber etwas steiler sein (1:3), muß aber überschlagenden und überlaufenden Wellen standhalten. Der Höhe sind vor allem durch die Baukosten, aber auch durch die Tragfähigkeit des Untergrundes, Grenzen gesetzt; sie wird unter Berücksichtigung von Erfahrungen, säkularem Meeresspiegelanstieg, Statistiken und Sicherheitszuschlägen so bemessen, daß wahrscheinlich nur ein einziges Sturmflutereignis innerhalb eines Jahrhunderts diese Höhe überschreitet.

Nur an wenigen Stellen erfolgt die Befestigung der Deichböschung durch Asphalt, wie etwa bei den besonders exponierten Deichen vor St. Peter und am Eider-Sperrwerk. Sonst wird eine Grasnarbe angelegt, die, je tiefer an der Außenböschung, aus desto salzverträglicheren Arten besteht. Ist schon die Innenküste eine „grüne Küste", so gehört die begrünte Deichaußenböschung zum „grünen Strand" der Urlauber. So attraktiv der grüne Strand für viele Urlauber und Tagesgäste auch ist, manchmal vermissen sie doch den Sandstrand der Außenküste. Natürlicherweise gibt es ihn vor dem Deich nur dort, wo sich die Innenküste bis zur Außenküste vorschiebt, nämlich im Westen von Eiderstedt. Künstliche Abhilfe ist z. B. in Büsum verwirklicht. Hier hat man 1972 in einer Einbuchtung des scharliegenden Deiches einen 10 ha großen Sandstrand aufgespült. Vom Deich ist er durch eine kleine Lagune getrennt, die den Deichbewuchs vor schädlichem Sandflug schützt, sich rasch erwärmt und Baden bei jedem Tidestand erlaubt.

Die Zeit wird zeigen, wie lange dies gegen die Natur gut geht. Zwar verhindert die exponierte Lage des Büsumer Deiches reichlichen Schlickfall, und auch das Dithmarscher Watt als offenes Watt ist sehr schlickarm, aber schon heute ist zu erkennen, daß der Sand durch laufende Überflutungen mit schlickhaltigem Wasser grau geworden ist.

Die Deiche, die für das Meerwasser unüberwindlich sein sollen, müssen für das Süßwasser von innen nach außen durchlässig sein. Das Niederschlagswas-

Bild 8: Lahnungen vor dem scharliegenden Deich des Hauke-Haien-Kooges bei Schlüttsiel mit den Warften der Hallig Oland im Hintergrund.

ser, das in einem dichten Entwässerungsnetz gesammelt und durch Vorfluter zum Deich geführt wird, fließt in Sielen durch den Deich hindurch nach außen, und zwar solange, wie der Außenwasserstand niedriger als der Binnenwasserstand ist. Ist dies bei tiefliegenden Flächen nicht möglich, werden Schöpfwerke zwischengeschaltet. Zwischen dänischer Grenze und Brunsbüttel gibt es 28 Siele bzw. Schöpfwerke (vgl. Karte im Vorsatz).

Durch Flußmündungen an Gezeitenküsten gelangen Tide- und Sturmfluteinfluß weit ins Binnenland. Um Unterhaltungskosten an den Flußdeichen zu sparen und Sturmflutsicherheit zu gewinnen, sind in den letzten Jahren zahlreiche kleinere Flußmündungen wie die von Pinnau, Krückau und Stör an der Unterelbe sowie der Eider an der schleswig-holsteinischen Westküste mit Sperrwerken versehen worden. Durch den Bau des 4,8 km langen Eider-Sperrwerks konnten 59 km bisherige Hauptdeichlinie entlang des Flusses entlastet werden. Das Sperrwerk hat – wie ja auch der Deich – bei normalen Tiden keine Schutzfunktion. Erst bei aufziehenden Sturmfluten werden die Wehre geschlossen und das Flußwasser auf der Binnenseite des Sperrwerkes vorübergehend zwischengelagert.

Mit Schiffen ist die Innenküste aufgrund des vorgelagerten Wattengürtels mit seinen Untiefen und wechselnden Wasserständen nur schwer zu erreichen. Nur wo Priele bis zur Innenküste reichen wie bei Husum oder eben am Unterlauf von Flüssen, die ins Hinterland führen und die durch den Wechsel der Gezeiten zu Trichtermündungen (Ästuaren) ausgespült worden sind, finden sich Häfen. Tönning an der Eider und Hamburg an der Elbe mögen zwei extreme Beispiele sein (siehe Kapitel Seehäfen).

Die Innenküste ist noch nie so glatt und kurz wie heute gewesen. Die Anlage von Sperrwerken stellt nur das auffälligste Teilstück einer ganzen Reihe deichverkürzender Maßnahmen dar, die im Generalplan „Deichverstärkung, Deichverkürzung und Küstenschutz in Schleswig-Holstein" zusammengefaßt sind. Noch 1962 hatte die Deichlinie von Dänemark bis Brunsbüttel 287 km betragen, und noch früher war auch die Küstenlinie zerlappter. Im Mittelalter gab es auf der einen Seite weit vor der heutigen Küstenlinie des Festlandes noch mehr Land als heute, andererseits Wattbuchten und Meeresarme weit dahinter. Heute sind dagegen Land und Wattenmeer säuberlich geschieden, als wenn eine Art Flurbereinigung das Watt im Westen und das Land im Osten zusammengefaßt hätte. Die Innenküste in heutiger Gestalt ist das Werk des Menschen, sie ist eine künstliche Küste. Während die Außenküste durch die Kräfte der Natur laufend nach Osten zurückverlegt wird, wird die Innenküste vom Menschen laufend nach Westen vorgeschoben. Zwischen beiden verliert das Wattenmeer an Substanz.

Das Küstenhinterland – früherer Küstenraum

Der Weg vom Seedeich landeinwärts in das Hinterland ist angesichts der fortlaufenden Vordeichungen der vergangenen Jahrhunderte zugleich ein Weg in die Vergangenheit, zu rückwärtigen Deichen, die einmal als Seedeiche in vorderster Front gestanden haben, zu ausgedehnten Flächen, die einmal Vorland, zum Teil auch Schlickwatt gewesen sind. Die rückwärtige Abgrenzung des Küstenhinterlandes bleibt unscharf und fällt verschieden aus, je nachdem, ob man nach der Verbreitung von Meeressedimenten, nach dem Gewässereinzugsgebiet der Westküste oder nach dem abnehmenden Einfluß des Küstenklimas abgrenzt.

Legt man der Abgrenzung die Verbreitung nacheiszeitlicher Meeresablagerungen zugrunde, die den Naturraum der Marsch kennzeichnen, so endet das Hinterland an der Grenze der Marsch zur Geest (vgl. Karte im Vorsatz). In der Nähe des Seedeiches liegen die jüngst eingedeichten Köge, liegt die junge Marsch. Sie ist hochliegend, gut entwässert, fruchtbar und wird heute fast ausschließlich ackerbaulich genutzt. Die alte Marsch liegt weiter von der Küstenlinie entfernt und mehr zum Geestrand. Sie liegt entsprechend ihrer Ablagerung zu Zeiten niedrigeren Meeresspiegels und aufgrund von zwischenzeitlichen Sackungen tiefer, ist schlechter zu entwässern und hat nicht mehr so gute Böden. Dementsprechend kann sie im Extrem nur als Grünland genutzt werden (Hingst 1969).

Tritt Grünlandnutzung, wie z. B. am Nordstrander Damm oder in Eiderstedt bis an die heutigen Seedeiche (Bild 1), so ist dies ein Hinweis darauf, daß hier die Küstenlinie seit Jahrhunderten nicht vorgeschoben worden ist.

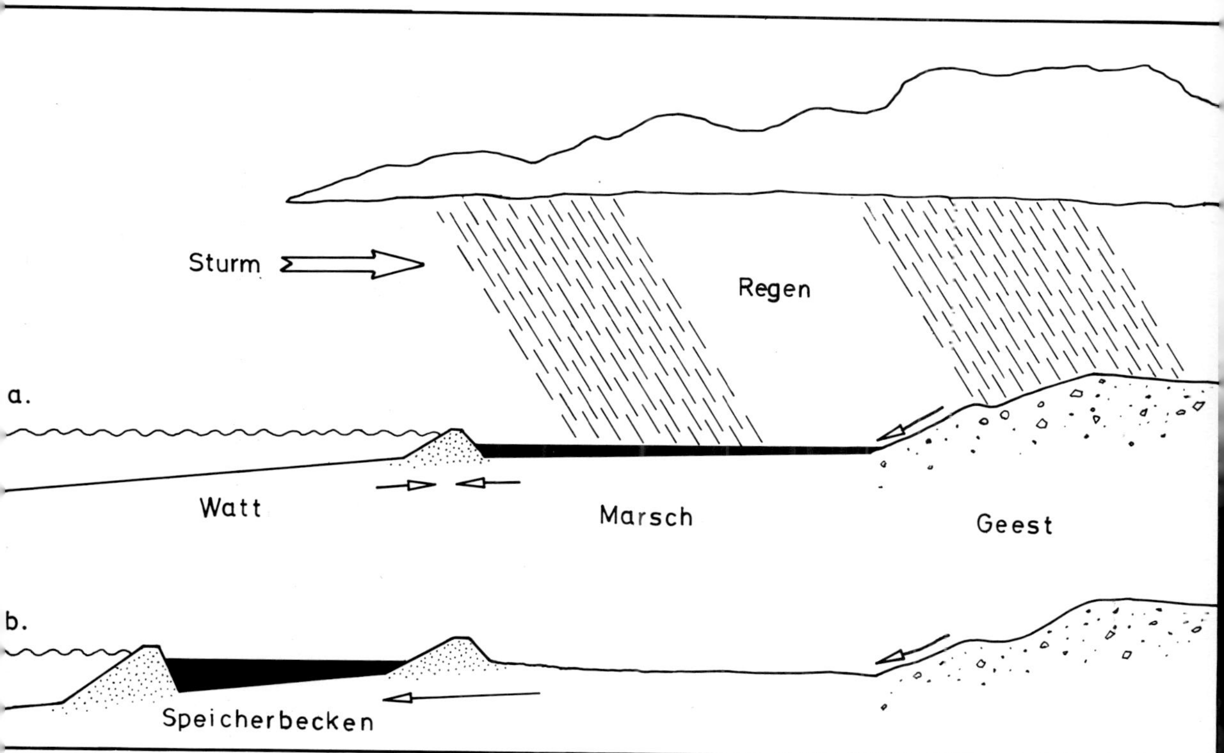

Abb. 2: Funktion eines Speicherkooges

Im Hinterland sind sogar heute noch, allerdings mit geübtem Auge, die Spuren der Meeresbrandung, Strandwallbildungen und Dünenaufwehungen zu beobachten. Was heute an der Westküste Sylts abläuft, geschah vor Jahrtausenden am Geestrand von Dithmarschen: Kliffbildung in der Mitte (das sogenannte Klev erhebt sich noch heute steil aus der Marsch) und Hakenbildung nach Süden (die sogenannte Donns, d. h. Dünenstreifen) sowie nach Norden (die Lundener Nehrung).

Das Gebiet, welches zur Nordsee hin entwässert, ist noch wesentlich größer als die Marsch (gestrichelte Linie in der Vorsatzkarte). Dieses hydrologische Küstenhinterland verursacht in der Marsch beträchtliche Entwässerungsprobleme nach dem Motto „versupt wi nich in Soltwater, so versupt wi in Sötwater“ (ertrinken wir nicht im Salzwasser, so ertrinken wie im Süßwasser). Bei anhaltenden Stürmen aus westlicher Richtung, meist verbunden mit ergiebigen Niederschlägen, geschieht folgendes: einerseits steigt der Außenwasserstand, andererseits müssen die Niederschläge, die auf Marsch *und* dahinterliegendes Geesteinzugsgebiet fallen, abgeführt werden. Wenn dies wegen der erhöhten Außenwasserstände, die über mehrere Tiden anhalten können, nicht möglich ist, kommt es in den tiefgelegenen Marschgebieten zu Überschwemmungen (Abb. 2a). Wenn man nun beim Eindeichen ein tiefliegendes Stück Watt mit umschließt und das Entwässerungswasser dort bis zum Rückgang der hohen Außenwasserstände zwischenlagert, hat man die Überschwemmungen vermieden (Abb. 2); dies ist die Aufgabe eines Speicherbekkens, wie z. B. im Hauke-Haien-Koog (Bild 1).

Auch die Merkmale des Küstenklimas verändern sich landeinwärts, ohne daß eine linienhafte Abgrenzung möglich wäre. Auffällig ist die zunehmende Bewölkung, ja der Niederschlag über dem Festland, während es im Bereich der Außenküste trocken oder sogar sonnig bleiben kann. Dies ist auf die im Vergleich zum Meeresspiegel rauhere Landoberfläche zurückzuführen. Die Luftmassen werden daran gebremst, stauen sich, weichen in die Höhe aus und bewirken so Wolkenbildung oder bei schon vorhandenen Wolken stärkere Niederschlagsneigung.

Auch Windgeschwindigkeit und Salzgehalt der Luft lassen landeinwärts nach. Beide sind im Küstenraum für die Wind- oder Salzschur an Bäumen und Gehölzen verantwortlich (Bild S. 75), die landeinwärts ebenfalls schwächer wird.

In extremen Wetterlagen reicht auch der Einfluß des Küstenklimas weiter landein. So wurden bei Sturm über der Nordsee mit Windstärke 6 in Kiel 195 mg Salz pro Liter Niederschlag gemessen.

Angesichts vorherrschender Westwinde ist die oft beschriebene Land-See-Zirkulation selten sehr deutlich ausgeprägt. Mit Wind und Wolken und wechselnder Beleuchtung über weitem Horizont trägt das Küstenklima aber in jedem Fall wesentlich zum Erlebnis des Nordseeküstenraumes bei.

Die Ostseeküste

Die Ostseeküste bietet ein völlig anderes Landschaftsbild und Landschaftserlebnis als die Nordseeküste. Eine Zone des Übergangs fehlt bei den Küstenformen weithin ganz und macht einem abrupten Wechsel Platz, nämlich überall dort, wo Land und Meer durch eine Kliffküste getrennt sind (vgl. Karte im Vorsatz).

Dennoch macht es Sinn, auch an der Ostsee von einer Außenküste und einer Innenküste zu sprechen und zu fragen, warum sie hier dichter zusammenliegen und warum dazwischen der breite „Zwischenraum“ des Wattenmeeres fehlt.

Die Außenküste, d. h. die gegenwärtig aktiv vom Meere gestaltete Küste, wird im bunten Wechsel von Moränenkliffs und Strandwällen gebildet; es ist eine Ausgleichsküste.

Bild 9: Die Fördenküste der Ostsee im Satellitenbild. Eine klare, durchlaufende Küstenlinie trennt Land und Meer. Förden beherrschen das Landschaftsbild, die besondere Form der Schlei wird deutlich; Strandseen und Noore sind erst auf den zweiten Blick erkennbar. Sandige Küstenabschnitte sind schmaler und kürzer als an der Außenküste der Nordsee (Bild 1).

Die Innenküste, wo sie vorhanden ist, wird von den Moränen- und Niederungsufern der Noore, Strandseen und Förden gebildet.

Die Ostseeküste bietet, insbesondere an den geschützten Enden der tiefen Förden, bessere Standorte für Seehäfen als die Westküste und ist hier punktuell entsprechend stark umgestaltet (vgl. Kapitel Seehäfen). Auf ganzer Länge, insbesondere in den sandigen Bereichen, wird sie heute zunehmend durch den Erholungsverkehr belastet.

Besondere Kennzeichen

Grundlegend für Gestalt und Gestaltung der Ostseeküste sind die folgenden Kennzeichen, die jenen der Nordseeküste geradezu entgegengesetzt sind:

1. Wassertiefen und Geländehöhen sind groß
2. Land und Meeresuntergrund bestehen aus Moräne
3. Gezeiten fehlen fast ganz, Windstau ist möglich
4. die Küste ist im ganzen windabgewandt und das Klima ist kontinentaler als an der Nordsee

1. Der Meeresboden fällt – außer vor der Westküste Fehmarns – auf 0,5 bis 5 km Entfernung bis zur 10 m-Tiefenlinie ab, auf bis zu 8 km schon bis zur 20 m-Tiefenlinie. In den Förden ist der Abfall besonders steil (vgl. Karte im Vorsatz). Über dem Meeresspiegel steigen die Geländehöhen von der Küste weg entsprechend an. Die Höhenunterschiede treten kleinräumig und in buntem Wechsel auf. Diese Oberflächenformen sind ein Erbe der Eiszeit. Westliche Ostsee und östliches Hügelland, etwa bis zur Mitte Schleswig-Holsteins, waren in der letzten Eiszeit vom auseinandergeflossenen skandinavischen Eisschild bedeckt. Am Eisrand stießen einzelne Gletscher lobenförmig vor und schürften tiefe sogenannte Zungenbecken aus. Als nach dem Abschmelzen des Eises der Meeresspiegel wieder anstieg, drang das Wasser in diese Zungenbecken ein; so bildeten sich die heutigen Förden, die insbesondere im nördlichen Kartenbereich tief in das Land eingreifen (vgl. Bild 9), während im Süden Buchten überwiegen. Die groben Umrisse des heutigen Küstenverlaufes wurden etwa 2000 v. Chr. erreicht. Die Küstengestaltung ist seitdem mehr „im Detail“ erfolgt und hat nicht das Ausmaß der nacheiszeitlichen Umgestaltung wie an der Westküste erreicht.

2. Der Gesteinsschutt, den das Inlandeis aus Skandinavien mitgebracht hat, die Moräne, ist das andere Erbe der Eiszeit. Diese Ablagerung ist ein buntes Gemisch aus Sanden, Steinen aller Größenordnungen bis hin zu riesigen Findlingen, aus besonders feinen Bestandteilen, Schluff und Ton sowie fein vermengtem Kalk. Diese Mischung wird auch als Geschiebemergel bezeichnet. Sie ist wesentlich standfester und widerstandsfähiger als reiner Sand.

3. Gezeiten und Gezeitenströme sind in der Ostsee unbedeutend. Die engen Zugänge vom Atlantik zur Ostsee erschweren den Eintritt der Gezeitenwelle. Der Tidenhub beträgt unter 20 cm; der Mittelwasserstand (MW) liegt praktisch bei Normalnull (NN), so für Kiel und den Zeitraum von 1956 bis

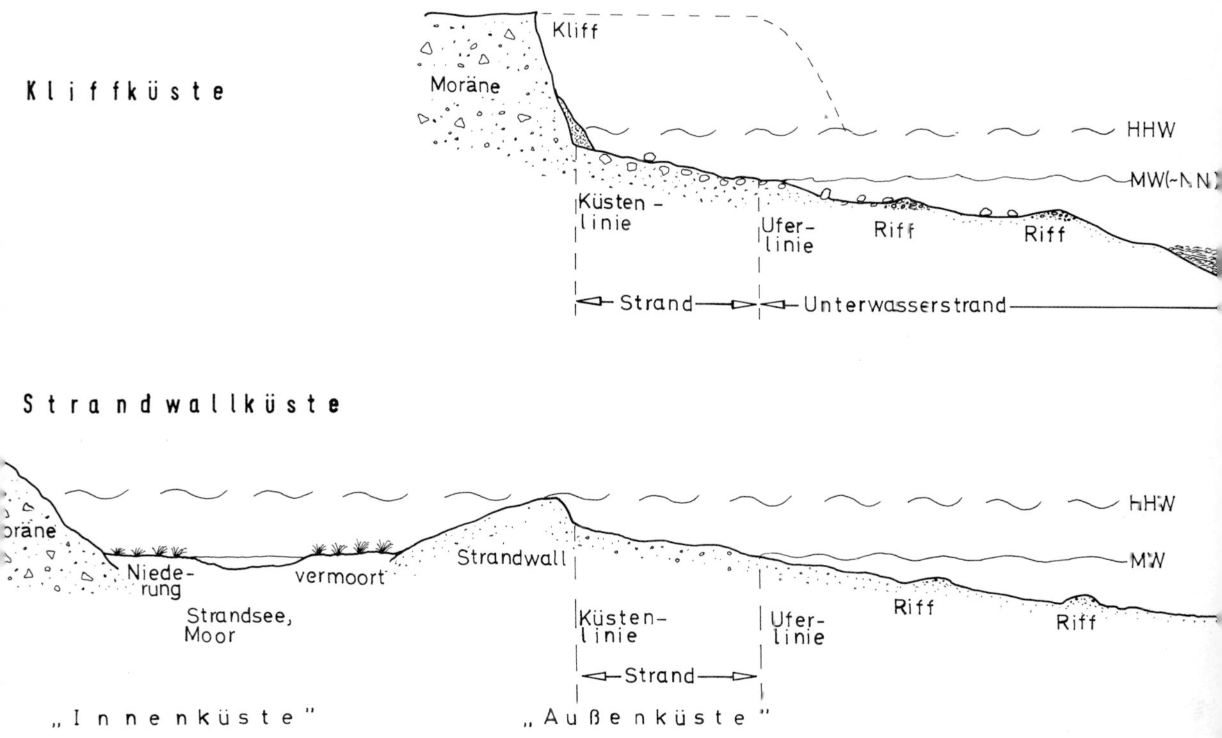

Abb. 3: Küstenformen an der Ostsee.

1965 bei NN – 0,03 m (vgl. Kapitel Küstenvorfeld). Dennoch gibt es beträchtliche Schwankungen des Wasserspiegels, die aber durch Wind bedingt sind.

4. Die windabgewandte Lage der Ostseeküste wirkt sich vielfältig aus: Stürme kommen in der Breitenlage Schleswig-Holsteins vorwiegend aus westlicher Richtung. In Kiel sind es fast 90 %, die aus dem westlichen Viertel, gegenüber 2 %, die aus dem östlichen Viertel der Windrose kommen. Dabei sind die Westwinde stärker als die Ostwinde, werden jedoch durch den Weg über Land geschwächt, so daß sie an der Ostseeküste weniger wirksam sind als bei ihrem auflandigen Auftreffen auf die Westküste. Das Vorherrschen ablandiger Winde bedeutet zugleich, daß der klimatische Meereseinfluß an der Ostseeküste weniger weit landein reicht.

Die Wasserstandsschwankungen der Ostsee werden durch Stürme ausgelöst. Ein Wind, der an der Nordseeküste auflandig und wasserstauend wirkt, ist hier ablandig und läßt die Wasserstände sinken. Das derart nach Osten gedrückte Wasser schwappt nach einiger Zeit – genau nach 27,3 Stunden – wieder zurück und führt zu Hochwasser in der westlichen Ostsee; dies ist der sogenannte Badewanneneffekt der Ostsee.

Die Sturmfluten der Ostsee werden durch starke östliche Winde ausgelöst. Sie sind zwar selten – im Durchschnitt ist alle 17 Jahre mit einem Wasserstand von NN + 2 m zu rechnen –, können aber in seltenen Extremen zu bemerkenswert hohen Wasserständen führen, die den Stauhöhen über dem mittleren Tidehochwasser an der Nordseeküste nicht viel nachstehen:
Kiel 1872 höchster Hochwasserstand (HHW): NN + 2,97 m
Kiel 1860 niedrigster Niedrigwasserstand (NNW): NN – 2,29 m
Geringere Sturmstärken und Wellenhöhen zusammen mit größeren Meerestiefen wirken sich auch auf den küstennahen Sedimenthaushalt aus: die Ostsee wird bei Sturm nicht so wie die Nordsee bis auf den Grund aufgewühlt (bei Windstärke 7 bis 8 ist dies z. B. bis 10 m Tiefe der Fall). In den größeren in der Ostsee vorhandenen Tiefen bleibt das Wasser ruhig, und feines, tonig-organisches Material, die Mudde, wird abgelagert. So geht etwa toniges Material, das aus dem Geschiebemergel des Kliffabbruches herausgewaschen wird, in der Ostsee den Weg von der Küste weg in die Tiefe, während es in der Nordsee zur Küste hin, ins Wattenmeer, zur Ablagerung gebracht wird.

Die windabgewandte Lage der Ostseeküste hinter höheren Landerhebungen macht sich bei den Niederschlägen urlauberfreundlich bemerkbar: die Niederschläge in Fehmarn sind die niedrigsten des Landes, auch in der Lübekker Bucht bleiben sie noch gering und steigen nur im nördlichen Küstenabschnitt etwas an.

Die dem Atlantik abgewandte und dem kontinentalen Osten zugewandte Lage der Ostseeküste führt häufiger zu schweren Eiswintern als an der Nordseeküste. Die kalten, über der Ostsee mit Feuchtigkeit aufgeladenen östlichen Winde führen dabei im Küstenraum häufig zu schweren Schneeverwehungen.

Die Eisbildung wird durch den im Vergleich zur Nordsee geringen Salzgehalt des Ostseewassers (14 g pro Liter in der Kieler Bucht statt über 30 g pro Liter an der Nordseeküste) gefördert. Sie führt immer zunächst zu beträchtlichen Behinderungen der Schiffahrt, so zuletzt 1978/79 und 1984/85 (Sindern 1979).

So hat zuletzt der Winter 1978/79 an der Ostseeküste zu den größten eisbedingten Schiffahrtsbehinderungen seit dem Eiswinter 1928/29 geführt (Sindern 1979).

Die Außenküste – eine Ausgleichsküste

Die Ostküste Schleswig-Holsteins hat von der dänischen Grenze bis zur Grenze gegen Mecklenburg auf dem Festland eine Gesamtlänge von 328 km. Dazu kommen noch 72 km auf der Insel Fehmarn. Die gesamte Küstenlänge wird in Steil- und Flachküsten gegliedert (vgl. Tab. 1), die sich im bunten Wechsel ablösen und weitgehend den Kliff- und Strandwallküsten in Abb. 3 entsprechen. Im Verlauf der Strandwallküsten sind Deiche mit über 130 km Gesamtlänge errichtet worden, da in diesen Küstenabschnitten die überschwemmungsgefährdeten Niederungen (bis NN + 3 m) liegen.

Tab. 1: Die Küstenformen der Ostseeküste

		Steilküsten		*Flachküsten*	
Gesamtlänge (in km)		Steilufer mit mehr als 2 m Höhe	im Abbruch		davon mit Hinterland unter NN +3 m
Festland	328	105	66		
Fehmarn	72	16	9		
Schlei	135	27	5		
Gesamtlänge in km	535	148	80	387	348

(Nach Generalplan Deichverstärkung, Deichverkürzung und Küstenschutz in Schleswig-Holstein, Fortschreibung 1977)

Den unterschiedlichen Küstenformen entsprechen verschiedene Vorgänge: die Kliffküsten sind durch Abtragung von Moränenerhebungen unter dem Angriff des Meeres und entsprechenden Uferrückgang gekennzeichnet; die Strandwallküsten sind durch Ablagerung des vom Kliff abtransportierten Materials bei gleichzeitiger anhaltender Umlagerung gekennzeichnet; der zwischen beiden Küstenabschnitten vermittelnde Transportmechanismus ist der Küstenversatz.

Der Wechsel von Kliff- und Strandwallküsten geht mit einem Vorspringen und Zurückweichen der Küstenlinie einher (vgl. Abb. 4): Kliffküsten liegen häufig auf Vorsprüngen mit konvexem Grundriß, Strandwallküsten haben demgegenüber eine leicht „durchhängende" Form wie Girlanden, die zwischen den Moränen-Gebieten aufgehängt sind.

Dieser derzeitige Küstenverlauf ist gegenüber dem ursprünglichen, durch die Zufälligkeiten des Moränenreliefs bedingten, wesentlich geradliniger; er ist durch einen Materialausgleich zwischen benachbarten, einst weiter vorspringenden bzw. zurückliegenden Küstenabschnitten entstanden. Der Küstentyp, der sich durch diesen Materialausgleich entwickelt, wird deshalb als *Ausgleichsküste* bezeichnet. Die Tatsache anhaltender Kliffabtragung einerseits und Strandwallbildung andererseits besagt, daß der Prozeß der Ausgleichsküstenbildung derzeit noch lange nicht abgeschlossen ist.

Einen Eindruck von dem Ausmaß der Umlagerungen gibt Tabelle 2. Sie basiert auf dem Vergleich der Uferlinien der Katastervermessung 1872 bis 1875 mit der Neuaufnahme durch das Landesamt für Wasserhaushalt und Küsten von 1962 bis 1966, und zwar für die Ostseeküste einschließlich der Insel Fehmarn, aber ohne die Schlei.

Die Kliffküsten

Die *Kliffs* an der Ostseeküste sind vom Meere „angenagte" Moränenerhebungen. Ihre Formen ergeben sich aus dem Zusammenspiel landseitiger und see-

Tab. 2: Küstenveränderungen von 1872 – 1968 an der schleswig-holsteinischen Ostseeküste

	Abbruch	Anlandung
Teilstücke	214	206
Gesamtlänge (km)	182	128
mittl. jährl. Abbruch bzw. Anlandung (m)	0,18	0,26
mittl. jährl. Flächenverlust bzw. Flächengewinn (ha)	33	34

(nach Angaben des ALW Kiel)

seitiger Kräfte (vgl. Abb. 3) im Wechsel von langen Phasen der Ruhe und kurzen Phasen der kräftigen und deutlichen Umgestaltung.

Die landseitigen Vorgänge wirken langsam und unscheinbar: Sickerwasser durchweicht den kliffnahen Bereich von oben; Frostsprengung lockert den Bodenverband; Böschungsteile ohne Widerhalt rutschen als einzelne Schollen ab oder fließen als zähflüssiger Schlammstrom ab. Insbesondere im Winter laufen diese Vorgänge sehr intensiv ab. Das Resultat ist eine Schutthalde am Kliffuß. Irgendwann werden dann die seeseitigen Kräfte in Gestalt einer Sturmflut wirksam, die mit entsprechendem Hochwasser den Kliffuß erreicht. Die Brandung räumt die Schutthalde fort, schneidet den Kliffuß an und schafft mit erneuter Böschungsversteilung und -rückverlegung in wenigen Stunden die Grundlagen für das erneute langsame Wirken der landseitigen Kräfte.

Die durch Abbruch bewirkte Rückverlegung des Kliffs ist je nach seiner Standfestigkeit und der Intensität des Meeresangriffes unterschiedlich. Für das Brodtner Ufer nördlich von Lübeck, wenig widerständig und sehr exponiert, wurde im Durchschnitt der letzten Jahrzehnte ein jährlicher Rückgang von 64 cm berechnet, also zwar nur ein Drittel der Werte für das rote Kliff auf Sylt, aber fast das Dreifache des mittleren jährlichen Abbruchs gemäß Tabelle 2. Die 10-m-Tiefenlinie (vgl. Abb. 1) springt vor dem Kliff weit vor und umschreibt etwa den in den letzten Jahrtausenden abgetragenen Bereich, die jetzige Brandungsplatte (Schorre).

Die Kliffküsten stehen unter dem Schutz des Landschaftspflegegesetzes und dürfen deshalb nicht künstlich befestigt werden, unter anderem auch deshalb nicht, weil dies für die Stabilität und Sandversorgung der benachbarten flachen und sandigen Küstenabschnitte (siehe unten) negative Folgen hätte.

Für das vom Kliff abgebrochene Material gilt generell: je größer die Korngrößen und je schwächer die Sturmflut, desto weniger und weniger weit wird transportiert. Größere Steine bleiben als nicht transportierbar am Strand zurück. Mit weiterer Rückverlegung des Kliffs gelangen sie immer mehr auf den Unterwasserstrand. Dort schützen sie als Wellenbrecher das Kliff (vgl. Bild 10). Wo sie – wie vor dem Brodtner Ufer – von Steinfischern entfernt wur-

Bild 10: Kliffküste am Brodtner Ufer mit Steinanreicherung, Brandungshohlkehle (im Hintergrund), Schollenabbrüchen und Schlammströmen (links).

den –, hat dies den Kliffrückgang beschleunigt. Grobes Material wird nur gelegentlich und von schwereren Sturmfluten, d. h. im Durchschnitt entsprechend langsam, bewegt. Auf der anderen Seite wird das feine tonige Material vom Wasser aufgewirbelt, schwebend gehalten und letztlich besonders an den tiefen küstenfernen Stellen des Meeresbodens wieder abgelagert.

Was für den küstenparallelen Transport in der Riffzone (Abb. 4) bleibt, sind die mittleren Korngrößen, also kleinere Steine und Sand. Sand macht nur etwa ⅓ des Materials aus dem Kliffabbruch aus. Er ist deshalb knapp und kostbar an der Ostseeküste. Die Sturmfluten sind es, die diesen Schatz aus der Moräne herauswaschen und auch noch an bestimmten Küstenabschnitten zusammentragen, auf die sich dann die besondere Aufmerksamkeit der Fremdenverkehrswirtschaft richtet. Vor dem Kliff bleibt der Sand auf keinen Fall. Dort bleibt er auch nicht, wenn man ihn künstlich zurückbringt.

Bild 11: Küstenversatz vor den Strandwällen von Noer, Eckernförder Bucht bei östlichen Winden mit Brandung am Strand und in der Riffzone und Fortsetzung des Schwebstofftransports (vorne). Blickrichtung Osten. Freigegeben unter Nr. SH 261-174

Die Bildung der Strandwallküste

Sand und kleinere Steine, die aus dem Abbruch eines Kliffs stammen, werden küstenparallel im Bereich der *Riffe*, der durch die Brandung auf dem Unterwasserstrand gebildeten, langgestreckten Sandkörper, transportiert. Genauer gesagt handelt es sich im Unterschied zum Schwebstofftransport der feineren Partikel bei Sand und Steinen um ein Rollen und Springen über dem Meeresboden, bei dem aus oft kantigen Moränengeschieben durch Abschleifen und Zurunden und Verkleinern Gerölle entstehen (vgl. Bild 11).

Die Transportrichtung ist nicht einheitlich. Generell ist sie durch zweierlei bestimmt, einmal durch die östlichen Winde, die den ausreichend hohen Wasserstand zur Materialgewinnung aus dem Kliff bewirken und mit der Brandung die Transportenergie liefern, und zum anderen durch den örtlichen Küstenverlauf, der wegen reicher Küstengliederung praktisch alle Himmelsrichtungen annehmen kann. So herrscht zwar generell ein Küstenversatz in westlicher Richtung vor, aber ebenso ist an nordsüdlich verlaufenden Küsten wie in Schwansen oder Wagrien ein Transport in nordsüdlicher Richtung oder wie in Heiligenhafen sogar ein Transport in östlicher Richtung möglich. Nach wenigen Kilometern Sand- und Geröllltransport wird an der Ostseeküste immer eine Situation erreicht, wo entweder die Küstenlinie zurückbiegt oder ein flacher Küstenabschnitt beginnt, an dem ein Strandwall eine Niederung vom Meere trennt. Wenn wir zunächst die erste Situation betrachten, können wir die Entstehung der zweiten besser verstehen. Im ersten Fall werden Sand und Geröll an der Küstenbiegung zunächst noch ein Stück in der alten Richtung weitertransportiert, bevor sie im Bereich zunehmender Wassertiefe und entsprechend nachlassender Transportkraft des Küstenversatzes abgelagert werden. Geschieht dies fortlaufend, so entsteht ein wachsender Haken, der eine Einbuchtung der Küstenlinie schließlich überspannt und ein breites Unterwasserfundament für die weitere Aufhöhung als Strandwall bildet. Denn ein *Strandwall* ist nichts anderes als die Anhäufung von Sand und Geröll in der Wellenauflaufzone. Er wird um so höher aufgeworfen und liegt um so höher am Strand, je höher Sturmflutwasserstand und Wellenauflauf sind (vgl. Abb. 3). Dementsprechend bestehen die höheren Strandwälle überwiegend aus Geröll bis zur Faustgröße. Zwar werden an der Uferlinie bei entsprechend niedrigeren Wasserständen auch kleinere und niedrigere Strandwälle aufgeworfen, so wie dies an der Nordseeküste im Bereich des mittleren Tidehochwassers geschieht, die eigentlichen Strandwälle der Ostseeküste liegen jedoch auf der Landseite des Strandes (vgl. Abb. 3); sie sind bis zu 2 m hoch und bewachsen. Sie sind von ungewöhnlich hohen und seltenen winterlichen Sturmfluten aufgeworfen worden. Wer sie im Sommer und bei friedlicher See liegen sieht, mag sie für eine beständige Ablagerung und einen guten Schutzwall für die Niederungen halten, die sich dahinter durch Verlandung ausgesüßter Strandseen gebildet haben. Dieser Eindruck täuscht. Irgendwann nach langen Jahren kommt wieder einmal eine schwere Sturmflut; sie nagt ihn an und verlagert

Bild 12: Strandwall- und Deichküste westlich Hohwacht (vgl. Abb. 4). Buhnen links, Riffzone als heller Streifen, Siel des kleinen Binnensees rechts vorn. Blickrichtung Südost. Freigegeben unter SH 261-173

ihn landwärts (bis zu 10 m sind beobachtet worden) und leewärts; die Niederung wird überflutet oder doch aufs höchste gefährdet.

Die Rückverlegung des Strandwalls ergibt sich daraus, daß ja auch die Kliffküste, an der die Strandwallküste „aufgehängt" ist, laufend zurückverlegt wird, nur geschieht dies bei der Kliffküste im Abstand von Jahren in kleineren Beträgen, beim Strandwall dagegen im Abstand von Jahrzehnten in entsprechend größeren Beträgen.

Die Strandwallküsten sind zu den sandigen Küsten zu zählen. Von der Außenküste an der Nordsee unterscheiden sie sich aber durch ihre hohen Geröllanteile. Das Geröll wird allerdings mit wachsender Transportentfernung vom Kliff ebenso wie die Korngröße des Sandes immer kleiner. Und da der Sand rascher als die Gerölle bewegt wird, nimmt der Sandanteil am Strand mit wachsender Entfernung vom Kliff laufend zu. Dies ist sogar aus den Ortsnamen abzulesen: in Heiligenhafen heißt der kliffnahe Strandwallbereich Steinwarder, der weiter entferntere Graswarder.

Dünenbildung

Mit ausreichendem Sandangebot ist eine der Voraussetzungen für die Dünenbildung geschaffen. Doch der Ostseeküste fehlen die ausgedehnten Dünenfelder der Nordseeinseln. Zum einen ist hier das Sandangebot des schmalen, steindurchsetzten Strandes wesentlich geringer als dort, zum anderen herrschen ablandige Westwinde vor, die den Sand ins Wasser treiben, und falls auflandige Ostwinde wehen, wird das Sand-Liefergebiet des Strandes überflutet. Nur am Weißenhäuser Strand (Abb. 4) hat sich ein nennenswertes Dünengebiet entwickeln können, ein noch kleineres liegt auf dem Bottsand am Ostausgang der Kieler Förde. Beide Dünengebiete sind aufgrund ihrer Einmaligkeit an der schleswig-holsteinischen Ostseeküste zu Naturschutzgebieten erklärt worden, beide haben aber auch in ihrer Nachbarschaft ein großes Ferienzentrum bzw. einen großen Campingplatz und sind dem Ansturm uneinsichtiger Erholungssuchender ausgesetzt.

Doch nicht nur die Dünengebiete, sondern auch die Strandwälle – und damit letztlich auch die dahinterliegenden Niederungen – sind durch achtlose Urlauber gefährdet: Strandwälle können nämlich ihre durch mittlere Hochwasser geschlagenen Wunden auf natürliche Weise durch dünenartig angewehten Sand heilen. Dies geht aber nur so lange, wie die ohnehin schüttere Vegetation der Strandwälle als Sandfang erhalten bleibt. Ist sie unter den Füßen der Badegäste zertrampelt worden, so ist der Sand nur schwer zu halten, er verschüttet die Niederungen oder die dort errichteten grünen Deiche (siehe unten) und läßt einen skelettierten und weniger wirksamen Strandwall zurück.

Deiche an Strandwallküsten

Da die Strandwälle allein keinen sicheren Schutz vor Überflutung der dahinterliegenden Niederungen bei extremen Sturmfluten gewähren können, andererseits diese Niederungen insbesondere im Zusammenhang mit der Entwicklung des Fremdenverkehrs nach dem Zweiten Weltkrieg zunehmend beansprucht worden sind, wuchsen Wunsch und Notwendigkeit, diese Niederungen auch hochwassersicher zu machen. So sind viele Strandwälle heute mehr oder weniger überformt, im einfachsten Falle durch bloße Erhöhung, aber auch durch förmliche und aufwendige Anlagen von Landesschutzdeichen, die jedes zu erwartende Hochwasser abwehren können.

An den überschwemmungsgefährdeten 348 km Flachküste gemäß Tabelle 1 bestehen 77 km Landesschutzdeiche und 63 km sonstige Deiche (Stand 1977).

Es ist naheliegend, die Deiche durch Verstärkung der Strandwälle zu schaffen, indem diese ausreichend erhöht werden, ein Deichprofil erhalten und mit Deckwerken versehen werden. Dieser Versuch ist in der Probstei am Ostausgang der Kieler Förde gemacht worden und gescheitert, weil die seinerzeit vorgelagerten Strandwälle ebenso wie der reichlich vorhandene Sand inzwischen abgetragen worden sind. Heute hat man keine andere Wahl mehr, als den Deich noch seewärts des letzten Strandwalles neu zu errichten, wenn man nicht die Bebauung aufgeben will, die unmittelbar hinter dem derzeitigen Deich in der Zwischenzeit entstanden ist.

Sonst aber haben Wasserbauingenieure aus der Beobachtung der Natur gelernt und für den Deichbau an der Ostseeküste Konsequenzen gezogen: man weiß, daß der Strandwall den Brandungsbereich der Sturmfluten markiert, in dem jedes Bauwerk besonders beansprucht wird, und man weiß, daß auch

Strandwälle bei Sturmfluten unter Abbruch stehen und zurückverlegt werden oder daß – wo dies durch Befestigung verhindert wird – der Strand davor an Substanz verliert, nicht anders als vor der Ufermauer an der Westerländer Promenade.

Der Deich wird nicht auf dem Strandwall – das wäre eine starre Küstenverteidigung –, sondern 100 bis 150 m hinter der Uferlinie angelegt – das ist bewegliche Küstenverteidigung, wie sie etwa von Todendorf bis zum Weißenhäuser Strand nordöstlich von Lütjenburg oder auch nördlich von Dahme mit Erfolg verwirklicht worden ist. Der Deich in dieser Lage ist nicht der direkten Brandung ausgesetzt, er kann als grüner Deich, der sich in die Landschaft einpaßt, gestaltet werden und beeinträchtigt nicht den Strand, die kostbarste Zone eines Badeortes (Bild 12).

Der Fremdenverkehr als Gestalter der Außenküste

Während die Überbauung der Küste durch Hafenanlagen insgesamt doch punktuell geblieben ist, greift der Fremdenverkehr (vgl. Kapitel Seebäder) mit zunehmender Intensität auf immer weiter ausgedehnten Abschnitten der Küste – insbesondere der sandigen Küste – in deren Gestaltung und Gestalt ein.

Direkt wird die Küste durch die großen Besucherzahlen geschädigt, wenn diese sich in ökologisch empfindlichen Zonen wie etwa auf Strandwällen und Dünen in zu großer Dichte bewegen. Es wurde schon die Meinung vertreten, daß der Menschenstrom, der die Küste überflutet, in jeder Saison Schäden hinterläßt, die denen einer mittleren Sturmflut gleichen (Rodloff 1965). Sicherlich ist nur den wenigsten Strandbesuchern bewußt, daß die Zertrampe-

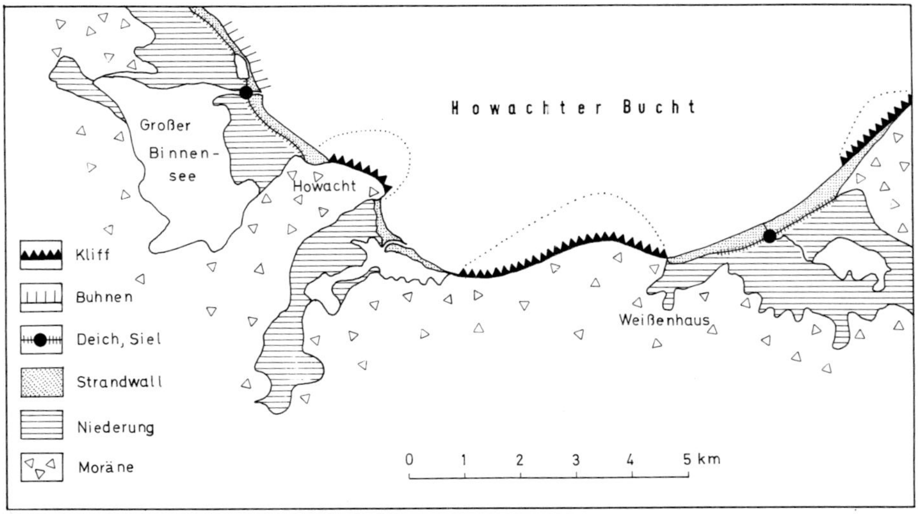

Abb. 4: Küstenformen an der Hohwachter Bucht.

lung der Strandwallvegetation, auch wenn diese nicht unter Naturschutz steht, durch ausbleibenden Halt für die Sandnachlieferung am Strandwall selbst und durch Verstärkung des Sandfluges auf den dahinterliegenden grünen Deich Schäden verursacht und damit letztlich auch die Hochwassersicherung der küstennahen Niederungen mindern kann.

Indirekt wird die Küste durch Maßnahmen gestaltet, die dem Fremdenverkehr dienen. Dazu gehören z. B. auch die umfangreichen Sandaufspülungen. Denn breiter, steinfreier Sandstrand ist aufgrund der natürlichen Gegebenheiten der Ostseeküste und angesichts großer Nachfrage Mangelware, auf der sich die Strandbesucher drängen. 10 qm Strand pro Person sind schon viel, 6 qm sind die Norm, und will eine Gemeinde mehr Gäste aufnehmen, braucht sie zunächst mehr Sandstrand. Der ist insbesondere in den 70er Jahren an der Ostseeküste im großen Maße aufgespült worden, und zwar vielfach an Stellen – das liegt in der Logik der Sache – wo er natürlicherweise nicht oder nicht in ausreichender Menge vorhanden gewesen war.

Genau an diesen Stellen aber wird er von den Kräften der Natur auch wieder beseitigt, so daß laufend durch Nachspülungen für kostspieligen Ersatz gesorgt werden muß.

Besonders große Sandmengen gehen bei Sturmfluten verloren: so ist z. B. nach den Sturmfluten des Eiswinters 1978/79 an 17 Stränden ein Sandvolumen von 750 000 cbm durch Neuaufspülungen, teils auch durch Rücktransport vom Vorstrand auf den Strand, zu ersetzen gewesen; dafür entstanden Kosten von 7,9 Mio DM (Tiedemann u. a. 1979).

Bei der heutigen Wertschätzung des Sandstrandes werden es immer nur wenige sein, die an der Küste entlang nur 1 bis 2 km wandern, um die unveränderten Naturstrände, insbesondere vor Kliffs, steinig und menschenleer, zu genießen. Die Karte auf dem Vorsatz zeigt, wo sie zu finden sind.

Warum fehlt an der Ostseeküste das Wattenmeer?

Alle Voraussetzungen für die Bildung und Erhaltung eines Wattenmeeres, die an der Nordseeküste vorhanden sind, fehlen an der Ostseeküste:

1. Ein ausgedehnter ebener Ablagerungsraum fehlt, da der Unterwasserstrand steil abfällt und das Gelände jenseits der Küstenlinie ebenso steil ansteigt.
2. Es ist weniger Lockermaterial zur Ablagerung vorhanden; die größeren Steine aus der Moräne sind nicht transportierbar, die feineren Bestandteile werden in Meerestiefen abseits der Küste abgelagert.
3. Gezeiten, die flächenhaft für Strömung und damit für den Materialtransport sorgen können, fehlen. Der Materialtransport erfolgt als Küstenversatz parallel zur Küste und kann die tief in das Land reichenden und in den Untergrund eingetieften Förden nicht überqueren.
4. Sturmfluten sind zwar möglich, aber seltener und nicht so schwer; das Feinmaterial in der tieferen Ostsee wird von ihnen nicht aufgewühlt.

5. Eine Außenküste, hinter der das Wasser beruhigt ist und die Sedimentation fördert, ist nur kleinräumig in Gestalt von Strandwällen vor kleinen Einbuchtungen ausgebildet. Der Raum dahinter ist mangels Gezeiten nicht durch Seegats wie an der Wattenküste, sondern nur durch vergleichsweise schmale Durchlässe mit dem offenen Meer verbunden bzw. er ist heute durch zwischengeschaltete Siele oder Schöpfwerke von ihm getrennt. Er erhält kein Material aus dem offenen Meer, süßt aus und vermoort (organogene Verlandung).

Die Innenküste – vom Meere abgeschirmt

Zur Innenküste lassen sich alle Uferzonen zählen, die durch Strandwälle oder Engen vom direkten Meereseinfluß abgeschirmt sind. Dementsprechend gehören dazu die Innenförden, die Schlei, sowie Noore und Strandseen. Die Innenförden sind im geringsten Maße vom Meere abgeschirmt, die Strandseen auf der anderen Seite am meisten. Die breite Lübecker Bucht ist durch den Priwall, die Kieler Förde durch die Strandwallebenen von Laboe und Falkenstein sowie die Friedrichsorter Enge und die Flensburger Förde durch die Enge von Holnis mit zusätzlichen Strandwällen abgeschirmt.

So boten die innersten Enden der Förden einerseits gute Standorte für geschützte Seehäfen an relativ tiefen Fahrwassern (Gletscherausschürfung) und andererseits weit ins Landesinnere vorgeschobene Ansatzpunkte für Querverbindungen über die Landenge Schleswig-Holstein, wie bei Haithabu im innersten Winkel der Schlei, beim Elbe-Travekanal ausgehend von der Lübecker Bucht oder beim Schleswig-Holstein-Kanal von der Kieler Förde aus (vgl. Kapitel Seehäfen sowie Küstenvorfeld).

Trotz der relativ großen Tiefen der Förden – vergleichbar den Seegats an der Nordsee-Außenküste – ist der Wasseraustausch zwischen Innen- und Außenförden verglichen mit dem an einer Gezeitenküste äußerst gering. Dementsprechend reichern sich hier Schadstoffe aus den Abwässern der Seehafenstädte an. Während die Belastung des Wattenmeeres durch die Seegats aus der Nordsee eindringt, geht die Belastung der westlichen Ostsee vom verschmutzten Wasser der Innenförden aus. An der Kieler Förde hat man sogar wegen des mangelhaften Wasseraustausches die Einleitung der Abwässer an die Außenküste bei Bülk am Südausgang der Eckernförder Bucht verlegt; erst seit 1971 ist dort schrittweise ein Klärwerk vorgeschaltet worden.

An der Flensburger Förde wird derzeit diskutiert, ob die Abwasserbelastung der Innenförde gemindert werden soll, indem eine Abwasserleitung vom Klärwerk an der Innenförde bis zur Außenförde gebaut, also die Wasserbelastung in eine Zone größeren Wasseraustausches verlegt wird (wie übrigens bei der Verteilung der Luftverschmutzung durch hohe Schornsteine bereits seit langem praktiziert).

Von allen weit in das Landesinnere reichenden Gewässern ist die Schlei das schmalste und windungsreichste, so daß sie eine Sonderstellung einnimmt und nicht recht den Förden zugeordnet werden kann. Trotz des im Wechsel von westlichen und östlichen Winden fallenden und steigenden Wasserspiegels und entsprechender Strömung in Schleimünde und in den Engstellen der Schlei ist der Wasseraustausch so gering, daß der innerste Teil der Schlei praktisch ausgesüßt und andererseits durch die dort anfallenden Abwässer hochgradig belastet ist, auch wenn die großen Faulschlammschichten an der Gewässersohle beim ersten Blick in die liebliche Landschaft verborgen bleiben. Schilfbestandene Ufer sind ein untrügliches Zeichen der Aussüßung. Die enge Verzahnung von Land und Wasser in geschützter Lage ergibt ein reizvolles Landschaftsbild, das dem der Binnengewässer in der Holsteinischen Schweiz entspricht und die Schlei zum beliebten Erholungsraum mit Anschluß an die Ostsee macht.

Auch Noore stehen über schmale Verbindungen mit dem Meer im Austausch, bleiben aber in ihrer Größe weit hinter der Schlei zurück, so z. B. das Windebyer Noor hinter dem Strandwall von Eckerförde. Strandseen schließlich, wie der von Hemmelmark, sind bis auf einen Abfluß völlig vom Meere abgetrennt und ausgesüßt. Noore und Strandseen liegen in großer Zahl entlang der Ostseeküste (vgl. Bild 9); sie treten gegenüber der Außenküste unauffällig zurück, bieten aber ebenso reizvolle Landschaftserlebnisse wie dies an der Innenküste der Nordsee der Fall ist. Schilfbestandene Ufer vor vermoorten Niederungen, als Grünland genutzt, wechseln an der Innenküste mit Moränenerhebungen. Diese lassen teilweise als „tote“ Kliffs durch ihre Steilheit den ehemaligen Meereseinfluß vor der Abschnürung erkennen und andererseits durch ihren Bewuchs die Tatsache, daß sie heute vom Meer „in Ruhe gelassen“ werden. Nur an wenigen Stellen, wo Moränen in Westexposition am Rand größerer Wasserflächen liegen, wie z. B. in Holnis an der Flensburger Innenförde oder bei Missunde an der Schlei, sind aktive Kliffs vorhanden.

Das Küstenhinterland – östliches Seen- und Hügelland

Das Küstenhinterland als einen wie an der Nordseeküste einst vom Meere gestalteten Raum gibt es an der Ostseeküste nicht, weil hier – wie dargelegt – kein Wattenmeer und damit auch kein breiter Marschgürtel gebildet werden konnte. Deshalb stößt das in der Eiszeit geschaffene östliche Hügelland, dessen Senken inzwischen seenerfüllt sind, in den Kliffküstenabschnitten direkt an die Außenküste, in den übrigen Abschnitten ist es durch im Vergleich zur Marsch schmale Niederungszonen vom offenen Meer getrennt. Bedingt durch die unruhigen Oberflächenformen des östlichen Hügellandes, in die das Meer in der Nacheiszeit eingedrungen ist, sind Meer und Land zudem viel stärker miteinander verzahnt als dies an der Nordseeküste der Fall ist. So ist das östliche Seen- und Hügelland mit seinem Auf und Ab, das vom Knicknetz noch betont wird, mit seinen Feldern und Buchenwäldern, ein prägender und bereichernder Bestandteil der Küstenlandschaft an der Ostsee, auch wenn es nicht vom Meere geschaffen worden ist.

Die Küsten Schleswig-Holsteins im Überblick

- *Nordseeküste* — flach, sandig, Gezeiten, atlantisches Klima, windexponiert
  - *Küstenvorfeld*
    - Felsküste (Helgoland)
  - *Außenküste* — Brandung, Sandstrand
    - *Außensände* — exponiert, natürlich
    - *Kliff, Dünen-Kliff* — (Sylt)
    - *Sandbank-Dünen* — (Amrum, St. Peter)
    - *Sandbank-Deich* — (Westerhever)
  - *Wattenmeer* — „Zwischenraum“
    - *Halligabbruchkante*
    - *Deich* — (Marschinseln)
    - *Kliff* — (Geestkerninseln)
    - *Dünen* — (Ostseite Sylt, Amrum)
  - *Innenküste* — geschützt, schlickreich, künstlich
    - *Deich*
    - *Geest* — (Schobüll)
  - *Küstenhinterland* — Marsch, frühere Küstenräume
- *Ostseeküste* — tief, Moräne, gezeitenfrei, kontinentaler, windabgewandt
  - *Küstenvorfeld*
  - *Außenküste* — Ausgleichsküste
    - *Kliff* — in Moräne, meist steinig
    - *Strandwall*
    - *Strandwall-Deich* — sandig, z. T. kleine Dünen
  - *Innenküste* — zerlappt, hinter Strandwall
    - *Innenförden* — Noore, Strandseen, vermoorte Niederungen
    - Moränenufer, z. T. tote Kliffs
  - *Küstenhinterland* — östliches Hügelland

Literaturverzeichnis

Das folgende Verzeichnis umfaßt nur die wichtigste Literatur, auf die das Kapitel Küstenformen sich bezieht.

Dietrich, G.: Die begrenzenden Meere. In: Schleswig-Holstein – Ein geographisch-landeskundlicher Exkursionsführer. Kiel 1969, S. 23–29.

DIN 4049 Teil 1 Hydrologie, Köln 1979.

Degn, C. u. Muuß, U.: Luftbildatlas Schleswig-Holstein und Hamburg. Neumünster 1984.

Generalplan Deichverstärkung, Deichverkürzung und Küstenschutz in Schleswig-Holstein – Fortschreibung 1977, hrsg.: vom Ministerium für Ernährung, Landwirtschaft und Forsten des Landes Schleswig-Holstein 1977.

Gripp, K.: Erdgeschichte von Schleswig-Holstein, Neumünster 1964.

Handbuch der naturräumlichen Gliederung Deutschlands, 7. Lieferung, Bad Godesberg 1961.

Hassenpflug, Hingst, Newig: Schleswig-Holstein/Hamburg im Satellitenbild. In: Geographische Rundschau Heft 9, 1981, S. 350–353.

Heydemann, B./Müller-Karch, J.: Biologischer Atlas Schleswig-Holstein, Neumünster 1980.

Hingst, K.: Die Agrarstruktur. In: Schleswig-Holstein – Ein geographisch-landeskundlicher Exkursionsführer, Kiel 1969, S. 55–60.

Hingst, K. u. Muuß, U.: Landschaftswandel in Schleswig-Holstein. Neumünster 1978.

Kannenberg, E.-G.: Die Steilufer der schleswig-holsteinischen Ostseeküste. Schriften des geographischen Instituts der Universität Kiel, Bd. XIV, Heft 1, Kiel 1951.

Louis, H.: Allgemeine Geomorphologie, 3. Auflage, Berlin 1968.

Lüders, K./Luck, G.: Kleines Küstenlexikon, 3. Auflage, Hildesheim 1976.

Die Küste – Heft 32, 1978 (Überblick über die deutschen Küstenlandschaften anläßlich der „16. International Coastal Engineering Conference 1978" mit Beiträgen verschiedener Autoren).

Muuß, U./Petersen, M.: Die Küsten Schleswig-Holsteins. Neumünster 1971 (mit ausführlichem Literaturverzeichnis).

Newig, J.: Küstenformen. In: Die Deutsche Küste, hrsg. von F. Grube u. Richter, G., Frankfurt a. M. (1979), S. 90–104.

Pollex, W.: An der Meeresküste, Hannover 1983.

Riecken, G.: Die Halligen im Wandel, Husum 1982.

Schott, C.: Die Naturlandschaften Schleswig-Holsteins, Neumünster 1956.

Sindern, J.: Der Eiswinter 1978/79 in der westlichen Ostsee. In: Mitteilungen des Leichtweiss-Instituts für Wasserbau der Technischen Universität Braunschweig, Heft 65, 1979, S. 385–400.

Stadelmann, R.: Meer – Deiche – Land, Neumünster 1981.

Bressau, S. u. Schmidt, R.: Ergebnisse einer Auswertung von Bohrungen zur Frage der Sandbewegung an der Westküste Schleswig-Holsteins. In: Sandbewegung im Küstenraum, ein Abschlußbericht der Deutschen Forschungsgemeinschaft, Boppard 1979, S. 64–79.

Führböter, A. u. a.: Energieumwandlungen in Brandungszonen. In: Sandbewegung im Küstenraum, ein Abschlußbericht der Deutschen Forschungsgemeinschaft, Boppard 1979, S. 80–96.

Köster, R.: Geologie des Seegrundes vor den Nordfriesischen Inseln Sylt und Amrum. In: Meyniana, Veröffentlichungen aus dem Geologischen Institut der Universität Kiel, Bd. 24, Kiel 1974, S. 37–41.

Nordseehandbuch, östlicher Teil, Hrg.: Deutsches Hydrographisches Institut Hamburg, Hamburg 1980.

Rodloff, W.: Fremdenverkehr und Schutz der Ostseeküste in Schleswig-Holstein. In: Schriftenreihe des Deutschen Rates für Landespflege, Heft 12, 1965.

Rodloff, W.: Probleme des Küstenschutzes und der Besiedlung an der Ostseeküste Schleswig-Holsteins. In: Die Bauverwaltung 8, 1974, S. 360–365.

Tiedemann, H.-O., Eiben, H., Schindeler, J.: Dokumentation der Sturmflutschäden an der schleswig-holsteinischen Ostseeküste im Winter 1978/79. In: Mitteilungen des Leichtweiss-Instituts für Wasserbau der Technischen Universität Braunschweig, Heft 65, 1979, S. 403–427.

Umweltprobleme der Nordsee, Sondergutachten 1980, Stuttgart und Mainz 1980.

Wattenmeer, ein Naturraum der Niederlande, Deutschlands und Dänemarks, hrsg. vom: Landelijke Vereniging tot Behoud van de Waddenzee Harlingen, Neumünster 1976.

Kurt-Dietmar Schmidtke

Die Küstenvegetation an Nord- und Ostsee

Extreme Lebensbedingungen

Das übereinstimmende Kennzeichen der Vegetation in den Küstenlandschaften von Nord- und Ostsee ist die Anpassung an extreme Lebensbedingungen. Dabei sind Art und Qualität der Anpassung kaum von dem Standort der Pflanzen an Nord- oder Ostsee abhängig. Das biologische Milieu an beiden Küsten ist dafür zu wenig differenziert und unterscheidet sich – wenn man vom Gezeiteneinfluß der Nordsee absieht – allenfalls durch Intensitätsabstufungen, z. B. im Salzgehalt und in der Windstärke. Daher überrascht es nicht, wenn fast alle Salz- und Strandpflanzen an beiden Küsten vertreten sind.

Entscheidende Unterschiede im Vegetationsbild der Küstenlandschaften werden nicht durch den Einfluß von Nordsee oder Ostsee gebildet, sondern durch die an beiden Küsten gleichermaßen stark wechselnde Bodenbeschaffenheit: Watt, Salzwiese, sandige Meeresküste und Dünen stellen spezifische Anforderungen an die Anpassungsfähigkeit der Pflanzen und variieren das Bild der Flora. Die standortgebundene Vegetation gibt deshalb Antwort auf die Frage der Angepaßtheit: Wie wird die Pflanze mit dem Salzproblem fertig? Wie übersteht sie Übersandungen? Wie verträgt sie den Wechsel von Überflutetsein und Trockenfallen? Die Anpassung selbst ist das Ergebnis von physisch-geographischen Abhängigkeiten, bei denen Bodenbeschaffenheit, Sand, Salz, Wind und Temperatur die wichtigsten sind.

Sandspezialisten – Pionierpflanzen der sandigen Meeresküste

Außenküste der Nordsee

Die Sandstrände an der Nordsee sind auf die Außenküste der sog. Geestkerninseln (Inseln mit eiszeitlichem Kern aus Moränenschutt) – Sylt, Amrum, Föhr – und auf den Westrand der weit in die Nordsee vorspringenden Halbinsel Eiderstedt (St. Peter-Ording) beschränkt.

Das Sandmaterial liefert die Brandung. Charakteristisch für den Meeressand ist sein Mangel an lehmigen oder tonigen Bestandteilen. Das Meer hat sie ausgewaschen. Deshalb ist der Zusammenhalt des Bodens nicht gewährleistet. Trocknet er oberflächlich aus, werden die lockeren Sedimente vom Wind aufgenommen und können z. B. auf den Sandbänken von St. Peter-Ording oder auf dem Kniepsand von Amrum zu heftigen Sandstürmen anwachsen. Die sandstrahlende Wirkung spürt der Strandwanderer an den Beinen. Auf die Vegetation der Küste wirkt der mechanische Einfluß des Sandstrahlgebläses stark auslesend.

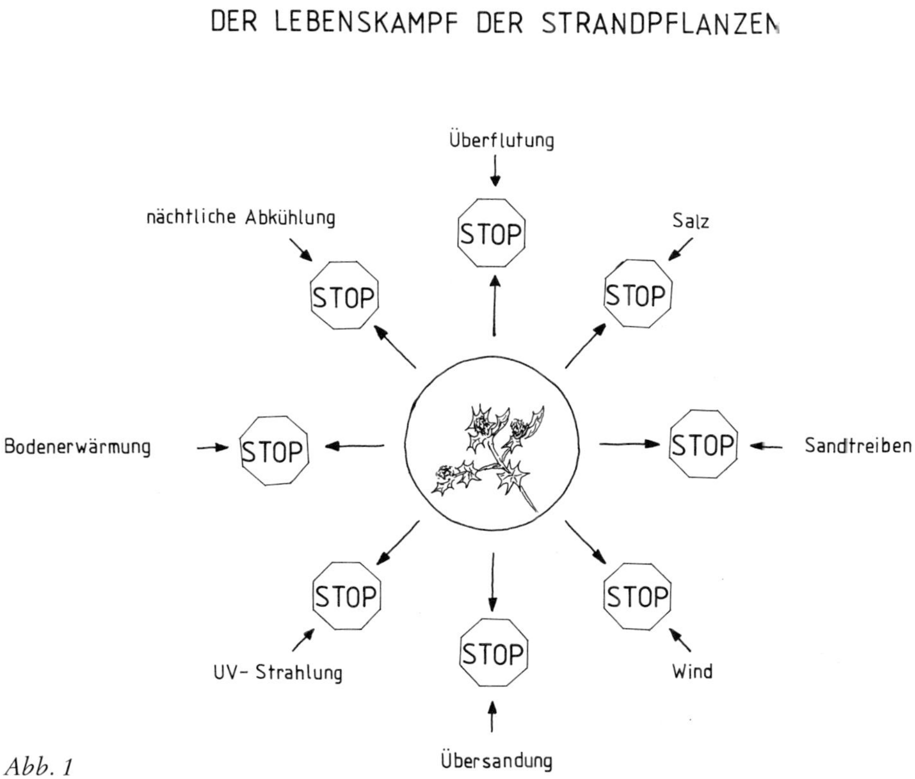

Abb. 1

Das Sandtreiben allein erklärt nicht die Vegetationsarmut des Sandstrandes. Ein ganzes Faktorenbündel physisch-geographischer Art mit unterschiedlichsten Auswirkungen auf das Pflanzenleben macht die Strandzone zu einem unwirtlichen Aufenthaltsort für Pflanzen (vgl. dazu Abb. 1 „Der Lebenskampf der Strandpflanzen").

Da die Außenküste der Nordsee unter Gezeiteneinfluß und starker Brandungswirkung steht, beginnt das Pflanzenleben erst jenseits der Hochwassergrenze. Die vom Meer abgesetzten Sedimente sind reich an NaCl, also an Salz. Die Sandkörner werden im nassen Zustand aufgeworfen, das Wasser verdunstet, Salz wird ausgefällt. Zwar kann der hohe Salzgehalt durch Regenwasser vorübergehend abgeschwächt werden, aber jede Sturmflut mit flächiger Überschwemmung des Strandes erhöht die Salzkonzentration erneut. Dem schädlichen Einfluß des Salzes begegnen die salzresistenten (halophilen) Pflanzen durch salzabscheidende Drüsen oder durch Sukkulenz (Dickfleischigkeit). Dadurch können sie trotz des hohen osmotischen Drucks des Bodens (salzbedingt) Wasser entgegen dem Gradienten aufnehmen. Halophyten dieser Art sind die Strand-Salzmiere, eine ausdauernde, gelbgrüne, fleischige Pflanze, und das graugrün gefärbte Kali-Salzkraut mit ebenfalls sukkulenten Stengeln und Blättern.

Gegen Wind und Sandtreiben sind die meisten Pflanzen in der Kampfzone der Strandplatte gut geschützt. Sie bilden harte, stachelige Blätter aus wie die Stranddistel, liegen flach dem Boden auf wie die Salzmelde und die Strand-Platterbse, rollen die Blätter ein und sind elastisch wie die Binsenquecke, und alle besitzen ein verzweigtes, tiefgründiges Wurzelwerk.

Ein großes Problem für die Vegetation des Sandstrandes liegt in seiner starken UV-Bestrahlung und Bodenerwärmung. Die Strahlungsintensität führt zu einer extremen Aufhitzung der bodennahen Luftschicht. Dies geschieht trotz der strahlungsreflektierenden Oberfläche des hellen Sandes, weil die Bodenschicht wegen fehlender Verkittung durch Ton und Lehm eine äußerst geringe Sorptionskapazität für Wasser besitzt. Der deshalb rasch austrocknende Oberflächensand verliert seine Fähigkeit, Wärme zu leiten, so daß die oberste Bodenschicht sich unverhältnismäßig stark erwärmt. Abkühlende Verdunstung findet kaum statt. Wir haben daher auf der Strandoberfläche ähnliche Temperaturbedingungen wie in der Wüste (Abb. 2).

Für die Pflanzen ist es daher wichtig, Schutzeinrichtungen gegen Verbrennung und exzessive Verdunstung zu entwickeln. Xeromorphe, d. h. trockenheitsangepaßte Bauweise ist kennzeichnend für viele Strandpflanzen. Hierzu gehören z. B. dicke, lanzettliche, gewachste oder behaarte Blätter oder die Fähigkeit, die Blattoberfläche durch Einrollen zu verkleinern. Salzmiere, Meersenf, Strandmelde, Stranddistel, die Pflanzen der Strandplatte und vor allem

Abb. 2: Die Oberfläche des Sandstrandes erwärmt sich außerordentlich stark; die Wärme wird nicht in die Tiefe geleitet. Schon nach wenigen Zentimetern ist der Temperaturwert extrem abgesunken.

Die Kampfmittel der Strandvegetation	
gegen	*durch*
Salz	– Sukkulenz, salzabscheidende Drüsen
Wind	– Elastizität, Schmalblättrigkeit, Bodenlage
Sandtreiben	– harte Blätter, Wachsschicht
Übersandung	– Ausläufer- und Streckungswachstum
UV-Bestrahlung	– Wachsschicht, Haare, Verholzung
Bodenerwärmung	– xeromorpher Bau, div. Verdunstungsschutz

auch der Dünen besitzen mindestens eine, meistens mehrere dieser xerophytischen Eigenschaften.

Über das Nährstoffangebot gibt es verbreitet falsche Vorstellungen. Zwar sind tonige und lehmige Bestandteile ausgewaschen, dennoch werden mit frisch aufgeworfenen Sanden auch laufend frische Nährstoffe aus dem Meer mitgeliefert. Bedeutend ist der Kalkanteil. In Form feinzerriebener Muschelschalen ist er dem Sand beigemischt. Auch Stickstoff und Phosphor werden als Verwesungsprodukte organischer Substanz ans Ufer geworfen und über die Strandplatte bis zu den Weißdünen transportiert. Im Bereich der Flutsäume, wo Tang, Seegras, tote Meerestiere und deren Überreste eingesandet und humifiziert werden, liegt das Nährstoffangebot besonders hoch. Hier gedeiht u. a. der Meersenf, eine Charakterart der Spülsaumgesellschaften.

Strand-, Strandwall- und Kliffvegetation der Ostseeküste

Die Ostseeküste in Schleswig-Holstein ist deutlich stärker gegliedert als die Küste an der Nordsee. Buchten und Förden schneiden z. T. tief ins Land ein. Entsprechend abwechslungsreich sind die Küsten gestaltet. Am eindrucksvollsten erlebt man den Wechsel der Küstenform auf einer Rundfahrt um die Insel Fehmarn. Auf einer Küstenlänge von 78 km finden wir die Kliffküste und die Ausgleichsküste, die Haken- und Nehrungsküste ebenso wie die Rollsteinküste. Alle Küstentypen sind auf dem Festland ebenfalls anzutreffen. Zu ergänzen ist dort die Fördenküste.

Ein wesentliches Unterscheidungsmerkmal im Vergleich mit der Nordsee ist der fehlende Gezeitenrhythmus (nur ca. 7 cm Tidenhub im Bereich der Kieler Bucht). Dennoch gibt es regellose Wasserstandsschwankungen durch Windstau. Bei den vorherrschenden Westwinden wird das Wasser der westlichen Ostsee nach Osten gedrückt, bei umgekehrter Windsituation oder auch nur bei plötzlicher Windstille schwappt das Wasser oft mehrere Meter hoch zurück (Badewanneneffekt) und kann in den Innenförden zu beträchtlichen Überschwemmungen führen.

Der Salzgehalt an der Außenküste der Nordsee beträgt ca. 33 ‰. An der Ostsee liegt er deutlich darunter. Etwa 16 ‰ werden in der Kieler Bucht ermittelt. Allerdings kann die Salinität des Wassers große Schwankungen aufweisen. Je nach Windsituation und nach Wasseraustausch mit der Nordsee pendelt der Salzgehalt zwischen 9 und 22 ‰

Wichtig zu erwähnen ist die Leelage der Küste. Da die Winde hauptsächlich aus dem Westquadranten wehen, liegt die Ostseeküste im Windschatten des östlichen Hügellandes, so daß die Winde deutlich schwächer wehen als z. B. auf den Nordfriesischen Inseln.

Die Lebensbedingungen der Vegetation gleichen im Prinzip denen an der Nordsee. Es sind deshalb ähnliche Anpassungsmechanismen zu erwarten wie bei der Strandvegetation an der Westküste. Allerdings wirken sich Überflutung, Salz, Wind, Windschliff und Übersandungen aus den oben dargestellten Gründen nicht ganz so stark aus.

An der Außenküste der Ostsee differenziert sich das Bild der Vegetationsgesellschaften in der Sandstrandzone entsprechend ihrer horizontalen und vertikalen Entfernung vom Wasser. In vorderster Front bietet der Flutsaum ein Spiegelbild der Sublitoral- und Litoralvegetation (Abb. 3). Erhebliche Angespülwälle bildet ans Ufer geworfenes Seegras, das sonst in einer Tiefe von wenigen Metern in Form untermeerischer Wiesen wächst. Dazu gesellen sich ebenfalls oft in Massen aufgeworfener Blasentang und andere Algen. Die organische Substanz, die hier verwest, wimmelt oft von Sandflöhen und Sandhüpfern. Raschwüchsige Pionierpflanzen, meist einjährige Arten, siedeln sich auf den höheren Wällen an. Charakteristisch ist die Strandmelden-Gesellschaft. Aber auch Salzkraut und Meersenf wagen sich gelegentlich bis an diese Flutmarken des Sandstrandes vor. Sie sind salzfest und stickstoffliebend. Die Herbst- und Winterstürme mit ihren Überflutungen würden diese Pioniere nicht überstehen. Sie sind einjährig, sterben nach der Fruchtreife ab und überlassen ihre Samen dem Seewasser. Irgendwo spült die Brandung sie an Land. In den halbverwesten Algenmassen eines anderen Spülsaumes finden diese Spezialisten im Frühjahr die geeignete Grundlage zur Keimung.

In den hinteren Rängen der sandigen Ostseeküste siedeln bereits mehr Pflanzenarten. Auf den höheren und salzärmeren Strandwällen breitet sich die Salzmiere aus, ebenso die großblumige Meer-Strandkamille und der Krause Ampfer. Es verwundert nicht, daß verstärkt zwei- oder mehrjährige Pflanzen geeignete Lebensbedingungen finden. Hierzu gehört auch der selten gewordene Meerkohl. Die fleischigen, blaugrün bereiften Blätter sind mit einer Wachsschicht überzogen und widerstehen dem Windschliff. Mit Vorliebe wächst der Meerkohl im Geröll der Sandstrandwälle (Abb. 4). Die hochwasserfernen Strandwälle werden vom Mauerpfeffer bevorzugt. Stark gefährdet ist die Stranddistel, die unter dem totalen Badebetrieb an der Ostsee leidet. Einerseits ist sie durch Vertritt gefährdet, und zum anderen finden manche Strandbesucher an dem Doldenblütler als haltbaren Zimmerschmuck Gefallen und reißen ihn aus, obwohl die Stranddistel unter strengem Naturschutz steht. Weitere Pflanzen dieses Standortes sind der Strandhafer, Strandroggen und der Hauhechel.

Sehr auffällig im sandigen Biotop sind Sanddorngebüsch und Kamtschatka-

Abb. 3: Nach einem Ostseesturm aufgeworfenes Angespül aus Tangen, Gräsern und Muscheln. An den kurtaxpflichtigen Stränden harken Arbeiter das Angespül zusammen und beseitigen es. (Ort: Scharbeutz/Lübecker Bucht)

Abb. 4: Meerkohl bei Bülk/Kieler Bucht. Man findet die selten gewordene Pflanze im Geröll der Sandstrandwälle.

Abb. 5: Vegetationsgemeinschaft von Strandroggen und Kamtschatkarose (Heiligenhafen).

rose, die auch oft in Vegetationsgemeinschaft auf den hohen Strandwällen stehen (z. B. entlang der Lübecker Bucht). Der Sanddorn schützt sich gegen exzessive Verdunstung durch schmal-linealische Blätter, die mit einer Wachsschicht überzogen, behaart und unterseits silbrigweiß sind. Die orange-roten bis gelben Früchte – sie sind übrigens sehr vitaminreich – bilden leuchtende Farbtupfer am Ostseestrand wie auch die stattlichen roten Blüten oder im Herbst die großen, kugeligen Hagebutten der Kamtschatkarose. Ihre Heimat ist eigentlich Ostasien. Friesische Seefahrer brachten sie nach Sylt. Dort pflanzt man die Kamtschatkarose, auch Kartoffel-Rose genannt, als Zierstrauch um die Wohnhäuser. „Friesenwälle" werden diese Anpflanzungen genannt. Der sandige Boden der Sylter Dünenlandschaft bekommt der Rose offensichtlich gut. Von hier aus hat die Kamtschatkarose nahezu die gesamte Ostseeküste erobert (Abb. 5). Sie ist auf dem Travemünder Priwall ebenso anzutreffen wie in Scharbeutz, Grömitz oder Damp 2000. Die Blattoberseite ist mit Runzeln bedeckt, die windarme Räume schaffen; die Unterseite ist behaart und filzig. Weitstreichendes Wurzelwerk erlaubt ihr eine standortangepaßte Wasserversorgung. –

In weiten Abschnitten ist die Außenküste der Ostsee steilwandig. Mächtige Kliffe mit Höhen von 20 m und mehr geben der Küste ein besonderes Gepräge, das sich deutlich abhebt von der Nordsee-Außenküste, wo das Rote Kliff auf Sylt die einzige nennenswerte Steilküstenbildung darstellt.

Aber nicht nur die quantitative Verbreitung der Kliffe unterscheidet die

Abb. 6: Steilküste Sierksdorf. Auffällig ist die flächige Ausbildung der breiten Blätter von Huflattich, einem Erstbesiedler am Kliff.

West- und Ostküste Schleswig-Holsteins. Für die Vegetation spielt die Exposition eine wichtige Rolle. Da die Winde in unseren Breiten ganzjährig überwiegend aus Westen wehen, ist das Kliff auf Sylt mit seiner Pflanzenwelt schutzlos dem Wind, der Winderosion und der Brandung ausgesetzt. An der Ostseeküste dagegen bieten die Steilkanten Windschutz. Das Steilufer selbst, die vorgelagerte Strandzone und die Pflanzen befinden sich daher in geschützter Leelage. Die Kraft des Windes wird gebrochen, Sandtreiben und Windschliff setzen den Pflanzen weniger zu als der Luv-Vegetation am Roten Kliff. Auch Salzwasserbrandung und Salzgischt sind entsprechend seltener. In den meisten Fällen besteht das Material der Steilküste aus Geschiebemergel, manchmal auch aus Sanden und Tonen. Geschiebemergel ist ein eiszeitliches Akkumulationsprodukt, das aus einem Gemisch von Ton, Sand und Lehm besteht und mit mehr oder minder großen Findlingen (Geschieben) durchsetzt ist. Sein Nährstoffreichtum bietet anspruchsvollen Pflanzen optimale Bedingungen. Auf der Landfläche jenseits der Kliffoberkante, die in der Regel landwirtschaftlich genutzt wird, gedeihen Weizen, Raps und gelegentlich Zuckerrüben hervorragend. Die Steilkante selbst ist am aktiven – d. h. unter Einfluß der Meeresbrandung stehenden – Kliff vegetationsarm, da die Mergelschollen der Schwerkraft folgen und abrutschen. Schlammströme und Rutschungen, die durch Brandung, Niederschläge und Quellen entstehen, schaffen eine Hangfußhalde, die allerdings rasch besiedelt wird, sofern sie nicht

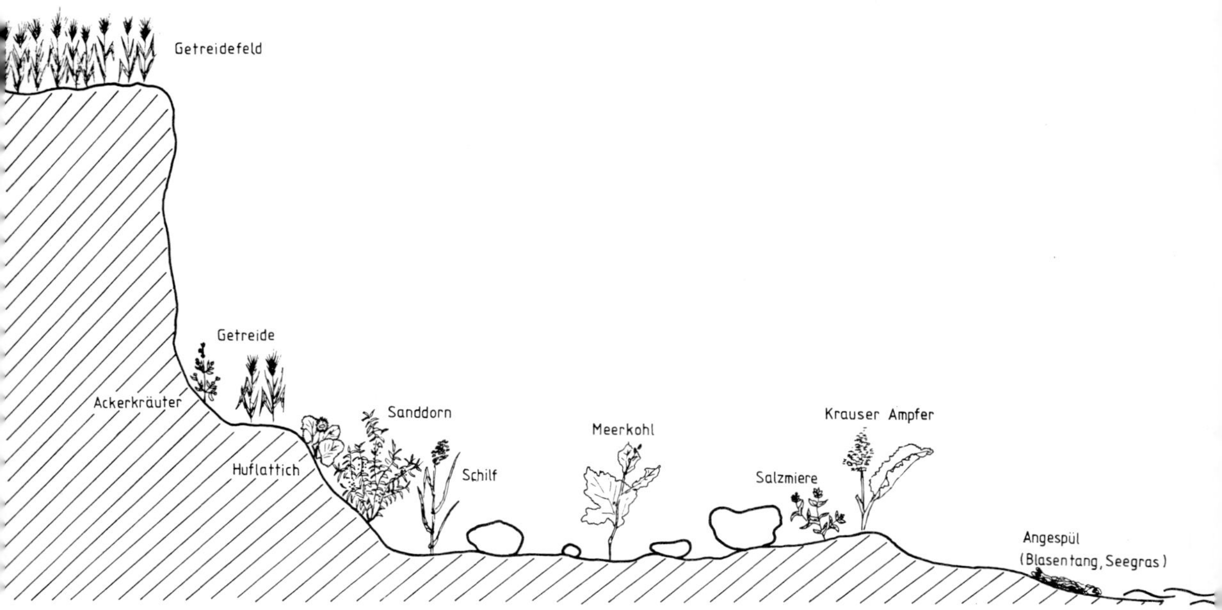

Abb. 7: Pflanzenzonierung an der Kliffküste der Ostsee.

vom Meer weggeräumt wird. Es kann Monate oder sogar Jahre dauern, bis eine extreme Sturmflut für den Abtransport der Halde sorgt. Zeit genug also, daß Erstbesiedler den Kliff-Fuß begrünen. Gräser, keimende Getreidesaat, Huflattich, Ackerschachtelhalm und Distelarten wachsen auf den Schuttmassen. Von bewaldeten oder strauchbewachsenen Kliffoberkanten rutschen gelegentlich Sträucher oder Bäume samt Unterbewuchs auf Mergelschollen hangabwärts (Abb. 6). Tote Kliffe, deren Fuß nicht mehr von Brandungswellen erreicht wird, sind bereits stärker abgeböscht. Hier wachsen je nach Bodenbeschaffenheit Buchen und andere Bäume bis an den Strand herunter, z. B. in Altenhof an der Eckernförder Bucht. Die Nahtzone zwischen Kliffuß und Strand besiedeln Holunder, Weißdorn, Schlehdorn und Sanddorngebüsch (vgl. dazu das Vegetationsprofil in Abb. 7).

Pflanzen als Dünenbildner

Nordseedünen

Nirgendwo wird die Kampfgemeinschaft der Pflanzen an den Küsten unseres Landes so sichtbar wie im Bereich der Dünenvegetation. Wenn der Küstensand trocknet, beginnt er zu wandern. Der Wind verfrachtet ihn leewärts, d. h. gemäß der dominanten Windrichtung von West nach Ost. Im Windschatten von Unregelmäßigkeiten der Küstenoberfläche kommt er zur Ablagerung. Geeignete Hindernisse sind Treibgut oder Pflanzen. Während etwa von einer windundurchlässigen Bretterwand die auftreffende Luftwelle reflektiert wird und die so entstehende strömungsarme Zone für eine Sandakkumulation vor dem Hindernis sorgt, lassen die Stengel und Halme der biegsamen Strandpflanzen den Wind hindurch, der erst hinter der Pflanze infolge von Wirbelbildung einen Teil seiner Transportkraft verliert und den mitgeführten Sand zu einer stromlinienförmigen Sandfahne, einem Dünenembryo, anhäuft. Die Pflanzen dieser Kampfzone verfügen in besonderem Maße über Schutzeinrichtungen gegen Salz und Sandschliff und müssen auch gelegentliche Überflutungen ertragen können. Salzkraut und Meersenf sind hierfür geeignete Pflanzen mit den entsprechenden Anpassungsmerkmalen.

Die eigentliche Primärdünenentwicklung wird von der Binsenquecke mit ihren weitverzweigten Erdstengeln und Wurzeln gefördert. Flugsand kann den langen, meist eingerollten, behaarten Blättern nichts anhaben. Aber auch Sandbedeckung übersteht die Binsenquecke schadlos, indem sie immer wieder zur Sandoberfläche emporwächst. Wenn allerdings landeinwärts der Salzgehalt abnimmt, muß die Binsenquecke pflanzlichen Nachfolgegesellschaften weichen (etwa ab 1 m bis 1,50 m Dünenhöhe). Charakteristisch für den Pflanzenwechsel vom ufernahen Dünenembryo über die Primär- bzw. Vordüne zur Sekundär- bzw. Weißdüne ist die abnehmende Salztoleranz im Wurzelbereich (nicht gegen Salzspray) bei wachsender Übersandungstoleranz und xeromorphem Bau. Die Salzverträglichkeit wird wegen des Höhenwachstums der Dünen überflüssig. Das Meer überflutet die Düne nicht mehr. Zugleich spült Niederschlagswasser das leicht lösliche NaCl aus dem Wurzelbereich heraus. Wegen des körnigen Sandmaterials fließt das Wasser mit den gelösten Salzen rasch in die Tiefe. Hierin liegt zugleich der Grund für die Austrocknung des Sandes, da die unverkitteten groben Sandkörner weder über eine genügende Sorptionskapazität für Wasser verfügen, noch den kapillaren Wasseraufstieg aus dem Grundwasserniveau fördern. Deshalb muß die Pflanzenwelt mit steigender Höhe der Düne und wachsender Entfernung vom Grundwasser stärker Verträglichkeitsmerkmale für Trockenheit als für Salz ausbilden und zugleich eine Resistenz gegen Übersandung bzw. Verschüttetwerden besitzen.

Den physikalischen Eigenschaften des Sandes gewachsen ist in hervorragender Weise der Strandhafer. Wenn die salzliebende Binsenquecke wegen Salzmangel aufgeben muß, besiedelt der salzempfindliche Strandhafer die Sekundär- oder Weißdünen (Abb. 8). Sein wasseraufnehmendes Wurzelsystem ist besonders gut ausgebildet, und die Fähigkeit, die Blätter röhrenförmig einzurollen, erweist sich als sinnvolle Einrichtung zur Drosselung der Wasserabgabe. Der Beweglichkeit des Dünensandes widerstehen der Strandhafer und andere Dünengräser durch rasche und tiefe Bewurzelung. Auf Übersandung reagiert der Strandhafer mit verstärktem Streckungswachstum der Stengelglieder (Internodien) solange, bis sie die Oberfläche erreicht haben. Übersandung ist geradezu eine Bedingung, die der Strandhafer an den optimalen Standort stellt, vor allem auch deshalb, weil frisch angewehter Sand die Versorgung mit Kalk (Abrieb von Muschelschalen), Phosphor und Stickstoff (aus Verwesungsprodukten) garantiert. Selbst einen jährlichen Verschüttungshorizont von 90 cm vermag er zu durchwachsen. Die unter dem Sand kriechenden Ausläufer erreichen eine Länge von mehr als 6 m. Sie sind von zahlreichen Knoten durchsetzt, aus denen wiederum ein dichtes Wurzelgeflecht für eine solide Verankerung im lockeren Dünensand sorgt und diesen dadurch festlegt. Nur ein derart angepaßter Spezialist wie der Strandhafer kann den Ausleseanforderungen der Natur in diesem unwirtlichen Lebensraum trotzen.

Die Eigenschaften des Strandhafers prädestinieren ihn für die Festlegung von Dünen. Dort, wo Stürme Deflationsgebiete schaffen, Wasser Löcher in den bewachsenen Luvhang reißt, Vertritt oder Brand die Pflanzendecke zerstört und deshalb Dünen zu wandern drohen, pflanzt man Strandhafer (Abb. 9). In der Regel gelingt es damit, angerissene Dünen wieder zu befestigen. Reste von echten Wanderdünen gibt es nur noch im Listland auf Sylt. Sie sollten als Naturschutzgebiet erhalten bleiben.

Nach Festlegung durch den Strandhafer und den nicht ganz so verschüttungsfesten Strandroggen besiedeln weitere Pflanzen die weiße Düne. Die Stranddistel wächst an seeseitigen Dünenhängen, ist allerdings vielerorts fast ausgerottet. Man findet sie auf dem Sylter Ellenbogen vereinzelt und in den Hörnumer Dünen noch in kleinen Beständen. Sandsegge und Silbergras, hin und wieder die Strand-Platterbse, das Dünen-Stiefmütterchen, das Gänsefingerkraut, das Habichtskraut und die Strand-Zaunwicke besiedeln die windgeschützten Flecken zwischen den Horsten des Strandhafers. In diesem Bewuchsstadium ist die Weißdüne zur Graudüne (Tertiärdüne) geworden. Ihr Charakteristikum ist ein nahezu geschlossener Pflanzenbewuchs. Die Graufärbung zeigt Humusbildung an. Die Sandüberwehung hat nachgelassen; der Strandhafer hat seine Funktion erfüllt und weicht den oben angeführten Arten. Während die pH-Werte der Weißdüne im alkalischen Bereich liegen, reagiert der Boden der Graudüne schwach sauer. Im Gegensatz zu den Ostfriesischen Inseln ist der Graudünenbereich auf den Nordfriesischen Inseln allerdings nur schwach ausgebildet.

In der Dünenentwicklung treten nun erste Zwergsträucher auf. Sie sind im allgemeinen äußerst empfindlich gegen Windschliff und Sandüberwehung. Am besten angepaßt scheint die Kriechweide zu sein. Sie treibt bei Sandüberwehung an beliebigen Stellen der Zweige Wurzeln und Sprossen. Weitere Zwergsträucher gesellen sich hinzu und bilden die Gesellschaft der Braundüne: Heidekraut, Glockenheide und die beherrschende Krähenbeere, die geradezu als Leitpflanze dieser Heidegesellschaft gelten kann. Krähenbeerenheiden werden daher die nordfriesischen Inselheiden genannt. Im Gegensatz zu den Heiden des Festlandes sind die Empetrum(= Krähenbeere)-Heiden der Geestinseln nicht unter anthropogenem Einfluß (Waldweide, Abholzung) entstanden. Sie stellen Klimaxvegetation dar, markieren also einen Gleichgewichtsendzustand natürlicher Pflanzenbesiedlung unter den gegenwärtigen Klima- und Bodenverhältnissen. Die Entstehung von Dünenwald ist windabhängig. Wo der Wind zu stark ist, kommt kein Wald auf. Lediglich im Lee von Dünen bildet sich vereinzelt anspruchsloser Baumbestand. Die Dünenwälder von Amrum (Kiefer) und St. Pe-

Abb. 8: Weißdüne auf Sylt.

Abb. 9: Küstenschutzpflanzung mit Strandhafer (Sylt).

ter-Ording (Fichten und Kiefern) sind allerdings aufgeforstet worden. Häufiger findet man auf Braundünen Buschbewuchs (z. B. Sanddorn, Holunder und die „Friesenwälle" um die Häuser, gebildet von der Kamtschatkarose).

Eine eigene Vegetationsgesellschaft wächst in den feuchten Dünentälern. Dies sind Deflationsmulden, in denen durch Auswehung der eiszeitliche Untergrund erreicht wird. Die vorhandene Feuchtigkeit nutzen Torfmoose, Glockenheide, Moosbeere, Binsenarten und der „fleischfressende" Sonnentau, der mit seinen klebrigen Blättern Insekten fängt.

Die Dünentypen – Vordüne, Weißdüne, Graudüne, Braundüne – ordnen sich in dieser Reihenfolge von West nach Ost (vgl. Abb. 12, S. 62). Ihre Abfolge ist abhängig von der vorherrschenden Windrichtung. Sie gehen im Osten entweder in Marschland oder in Watt über. Die Dünenvorkommen an der Außenküste der Nordsee beschränken sich auf die Inseln Sylt, Amrum und die Vogelinsel Trischen in der Meldorfer Bucht sowie auf den Eiderstedter Festlandsabschnitt bei St. Peter-Ording.

Ostseedünen

Gibt es Dünenkomplexe an der schleswig-holsteinischen Ostseeküste? Die Voraussetzungen sind denkbar ungünstig. Für die vorherrschend westlichen Winde liegt der Ostseestrand im Lee, also windabgewandt. Die Reibungswirkung der Landoberfläche schwächt die Geschwindigkeit der Westwinde ab. Die verbreiteten Steilufer mindern den unmittelbaren Einfluß des Windes auf die Küste zusätzlich. Die schwache Wellenwirkung spült wenig Sand auf den Strand. Die Breite des Strandes ist gering und liefert dem Wind nicht die großen Sandmengen, die zur Dünenbildung erforderlich wären.

Aus diesen Gründen beschränkt sich die vom Meersand abhängige Vegetation im allgemeinen auf die Standorte der Sandstrandwälle. Die ökologischen Bedingungen entsprechen allerdings im wesentlichen denen der Dünen an der Nordseeküste, so daß sich ähnliche Vegetationsgesellschaften einstellen (Abb. 10).

Wirkliche Dünen an der Ostseeküste können nur dort entstehen, wo einerseits ausreichendes Sandmaterial bereitgestellt wird und andererseits auflandiger Wind herrscht. Die Betrachtung einer Landkarte ergibt, daß diese Bedingungen in der Hohwachter Bucht im Raum Weißenhaus/Oldenburger Graben anzutreffen sind. Infolge der weit geschwungenen Küstenlinie sind hier auflandiger Wind und Brandungswirkung gegeben. Das Material liefert das westlich gelegene Kliff. Es wird von einer küstenparallelen Strömung nach Weißenhaus versetzt und dort im Bereich des Ferienzentrums und des angrenzenden Truppenübungsplatzes Putlos auf den Strand geworfen. Hier trocknet der auflandige Wind den Sand, weht ihn auf und trägt ihn zu beachtlichen Dünenkomplexen zusammen, die mehrere Meter Mächtigkeit erreichen. Andeutungen von Dünen gibt es noch am Bottsand, im Bereich der För-

Abb. 10: Die Vegetation der flachen Ostseedünen und Strandwälle wird – wie hier bei Grömitz – vor dem Vertritt durch den Menschen geschützt und eingezäunt.

den und Buchen. Sie kommen allerdings kaum über die Größe kleiner Sandverwehungen hinaus.

Die pflanzliche Besiedelung der Dünen unterscheidet sich von den Nordseedünen vor allem durch das Fehlen der Binsenquecke. Offensichtlich ist die Binsenquecke nicht nur salzresistent, sondern sogar salzliebend. Sie braucht für ein optimales Wachstum eine bestimmte Menge an Salz. Der schwache Salzgehalt der Ostsee und die seltenen Strandüberflutungen mit Salzwasser reichen dafür nicht aus. Statt der Binsenquecke fängt deshalb an der Ostsee der salzempfindliche Baltische Strandhafer den Flugsand auf und leitet die Bildung von Primärdünen ein. Die Pionierfunktion der Binsenquecke ist hier überflüssig (vgl. Abb 11).

Wattspezialisten – Pflanzen zwischen Ebbe und Flut

Der Lebensraum des Wattenmeeres stellt an die Anpassungsfähigkeit der Vegetation die härtesten Bedingungen. Die Pflanzen sind den Gezeiten und der mechanischen Kraft der Brandung ausgesetzt, müssen Überflutung und Trockenfallen ertragen, Salzwasser des Meeres und Süßwasser des Niederschlags dürfen ihnen nichts anhaben, und hohe Temperaturunterschiede im raschen Wechsel sind ebenso auszuhalten wie der weiche Schlickboden, der das Wurzelschlagen erschwert. Nur robuste Naturen überleben unter diesen besonderen Streßfaktoren im Lebensraum Wattenmeer (s. Abb. 12).

Die wichtigsten Samenpflanzen, die es verstanden haben, sich den widrigen Lebensbedingungen anzupassen, sind das Schlickgras, der Queller und die

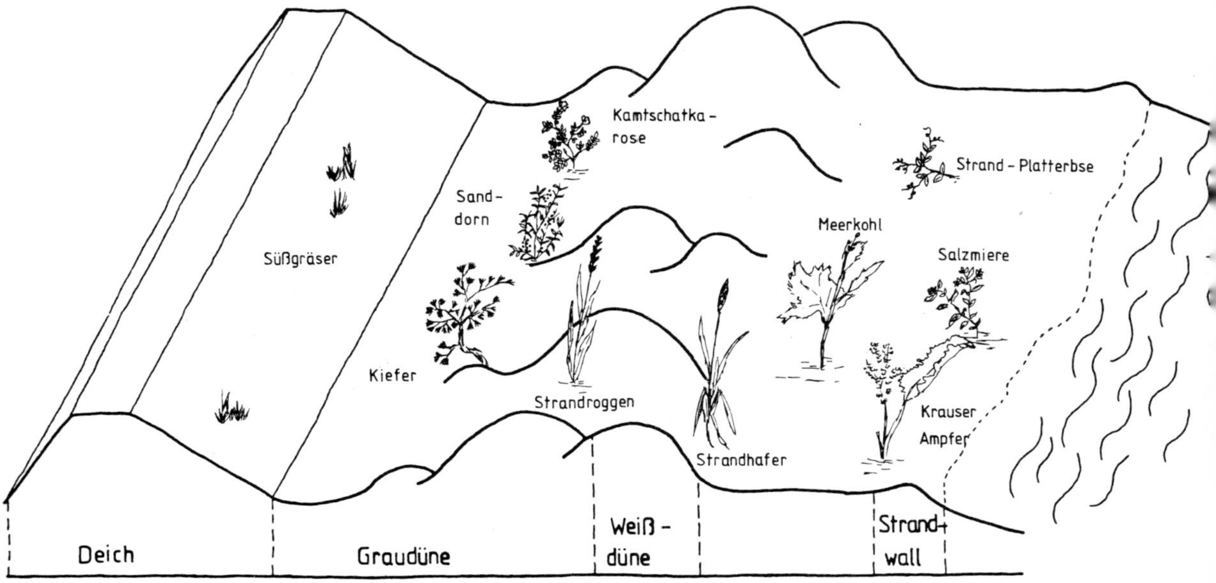

Abb. 11: Vegetationsprofil an der Dünenküste der Ostsee (z. B. Weißenhäuser Strand).

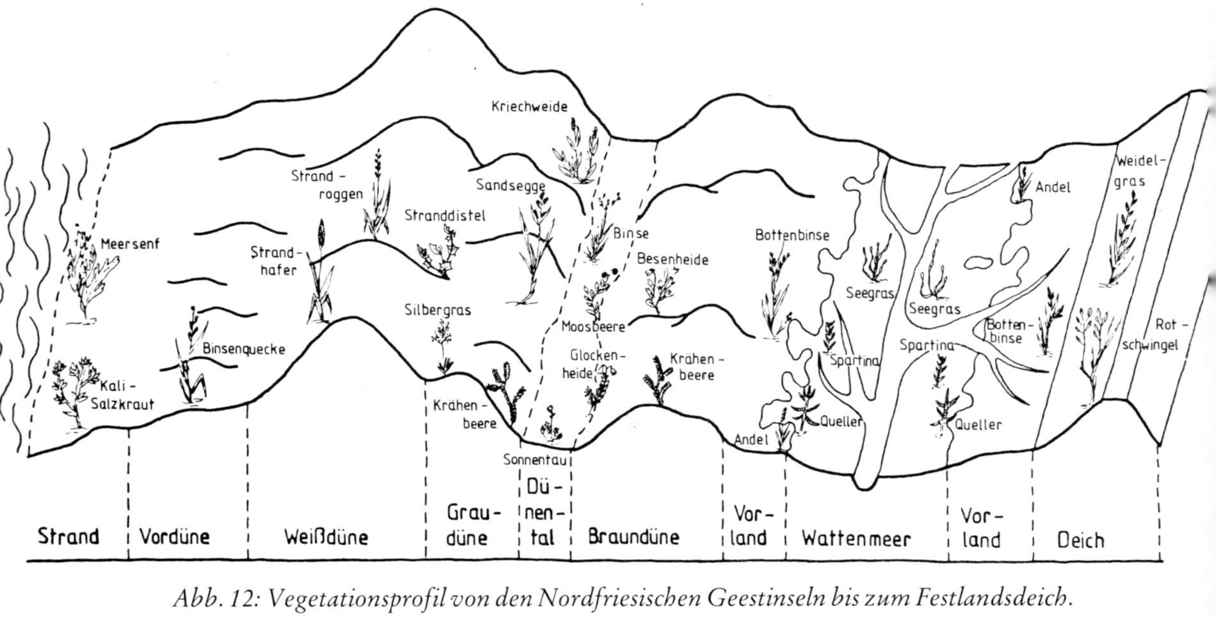

Abb. 12: Vegetationsprofil von den Nordfriesischen Geestinseln bis zum Festlandsdeich.

Abb. 13: Das ökologisch bedenkliche Schlickgras (Spartina) wurde als Verlandungshilfe zur beschleunigten Aufschlickung aus England importiert.

Seegräser. Das Schlickgras bildet Bülten aus, die das Wattenniveau deutlich überragen (Abb. 13). Die horstbildende Pflanze zählt – wie alle anderen Wattpflanzen auch – zu den Halophyten, das sind salzresistente Pflanzen. Das Schlickgras mit den scharfkantigen, schilfartigen Blättern ist an der deutschen Nordseeküste nicht heimisch, sondern wurde hierher in den Jahren 1927/28 in 12 000 Exemplaren aus England importiert, weil man in der Pflanze einen entscheidenden Aufschlickungs- und Verlandungsfaktor erblickte. Zwischen den Blättern bildet sich eine strömungsarme Zone, in der sich die Schwebstoffe des Watts verstärkt absetzen. Außerdem wird der Schlick durch das dichte Wurzelwerk der Pflanze extrem verfestigt.

Diesen Vorzügen des Schlickgrases bei der Unterstützung der natürlichen Watterhöhung stehen gravierende ökologische sowie – für den Fall der Eindeichung – landwirtschaftliche Nachteile entgegen. Die Lebenskraft der Pflanze ist so groß, daß sie sich an der Nordseeküste verselbständigte und sich unter Verdrängung der bedeutendsten Verlandungs- und Charakterpflanze des Watts, des Quellers, ausbreitete. Ferner ist das Wurzelwerk des Schlickgrashorstes so dicht und fest verflochten, daß es nicht einmal von einem Spatenstich durchstoßen wird. Dies hat Folgen für die Bodenlebewesen. Würmer, Schnecken, Muscheln meiden das Schlickgras. Die erwünschte Durcharbeitung, Auflockerung und Durchlüftung des Bodens unterbleibt. Wo sich daher Schlickgras in großen Beständen ausbreitet, verliert das Watt seine ökologische Bedeutung. Auch die sonst zahlreichen Vögel im Watt halten sich wegen fehlender Nahrung von Schlickgras-Beständen fern. Im unmittelbaren Vorland der Deiche verdrängt Schlickgras das von Schafen geschätzte Andelgras, und wenn Schlickgras-Bestände eingedeicht werden, ärgert sich der Landwirt über die festen Bülten, die eine Bodenbearbeitung erschweren und keinen fruchtbaren Marschenschlick abgeben. Das Wort von den Geistern, die man rief und nun nicht mehr los wird, hat im Hinblick auf das Schlickgras eine tiefe Berechtigung.

Seewärts schließen sich die verschiedenen Arten Seegräser an. Sie sind ebenfalls Blütenpflanzen. Ihre Samen verbreitet der Gezeitenstrom. Er übernimmt statt des Windes die Bestäubungsfunktion. Die Seegräser tragen auf vorgeschobenem Posten zur Verlandung bei. Mit ihren Wurzelstöcken (Rhizome), von denen das Wurzelgeflecht ausgeht, sind sie im Watt verankert und sorgen zugleich für die Befestigung des Bodens. Das bestandsbildende Seegras bietet vielen Tieren Schutz und sichere Laichplätze. In früheren Zeiten gewann man Jod aus den grasartigen langen Blättern und erntete die Seegraswiesen ab, um daraus Polstermaterial herzustellen. Den im Bereich des Wattenmeeres überwinternden Ringelgänsen dienen die Seegräser im Eulitoral des Watts als Hauptnahrungsquelle.

Die eigentliche Pionierpflanze im Watt ist der schon erwähnte, ebenfalls samenbildende Queller. Wo er vom Schlickgras noch nicht verdrängt wurde, besiedelt er das küstennahe Watt in einem Niveau von 30 cm unter und wenigen Zentimetern über MTHW (Mittel-Tide-Hochwasserlinie), also im unmittelbaren Grenzbereich des Vorlandes. Sein Wurzelwerk dient der Bodenbefestigung, und seine dicken, fleischigen Sprossen brechen die letzten Wellenausläufer. Er besitzt eine Fangwirkung auf Feinstsedimente, die quantitativ unter der von Schlickgrasbeständen liegen dürfte, allerdings ohne deren Nachteile aufzuweisen. Daher wird der Queller gern zur Verlandungshilfe in Aufschlickungsgebieten ausgesät.

Die Quellergesellschaft tritt in mehreren Ausbildungsphasen auf. Die Initialphase zeigt den Queller vereinzelt. Etwa 30 cm unter MTHW beginnt die Optimalphase, in der sich die Pflanzen zu einem dichten Rasen zusammenschließen und den Niederschlag von Feinstkorn (Schlickbildung) stark fördern. In der Abbauphase – sie liegt etwa im Niveau der MTHW-Linie – wird der Quellerrasen von anderen Pflanzenarten durchsetzt und landeinwärts allmählich verdrängt.

Die Fähigkeit des Quellers, in hohem Maße Salz zu tolerieren, basiert auf seiner Dickfleischigkeit (Sukkulenz) als Voraussetzung zur Regulation des Salzgehaltes in den Pflanzenzellen. Da eine zu hohe Salzakkumulation giftig auf den Stoffwechsel wirkt, erniedrigt der Queller die NaCl-Konzentration durch Verdünnung der Zellsäfte, indem er Wasser einlagert. Die Wasseraufnahme kann nur geschehen, wenn die Pflanze den negativen Druckgradienten überwindet, der die Folge der Salzkonzentration im Boden ist. Je salziger der Boden ist, umso schwieriger wird die Wasseraufnahme für die Pflanze. Durch verstärkte Salzanreicherung kehrt der Queller den osmotischen Druck gleichsam um und kompensiert die hohe Saugspannung des salzigen Außenmediums. Bis zu 100 bar Saugkraft (Atmosphärendruck) kann die Pflanze auf diese Weise entwickeln und dadurch die ungünstigen Lebensbedingungen ihres amphibischen Biotopes mühelos ausgleichen. Um den Druckwert richtig einzuschätzen, bedenke man, daß ein Autoreifen nur mit 2 bis 3 bar aufgepumpt wird. Wem es nichts ausmacht, der sollte einmal in einen Quellerstengel hineinbeißen. Man spürt die große Wassermenge (Sukkulenz) und schmeckt den hohen Salzgehalt. Übrigens – früher erntete man Queller und verbrannte ihn, um aus seiner Asche Soda für Glasbläsereien und für die Seifenherstellung zu gewinnen.

Neben den bodenständigen Pflanzen, die sich mit verzweigten Wurzelgeflechten im schlickigen oder sandigen Untergrund festklammern, gibt es im Watt Pflanzen, die sich im weichen Bodenmaterial nicht verankern können. Sie verzichten deshalb auf Wurzeln und haben Haftscheiben ausgebildet, mit denen sie an festen Gegenständen aufsitzen. Steine, Lahnungen, Muscheln sind die bevorzugten Fundamente für Meersalat und Blasentang. Sie gehören zu den Grün- bzw. Braunalgen im Watt.

Die meisten Algen existieren freischwimmend in der Nordsee, und zwar in mikroskopischer Milliardenmasse. Als Phytoplankton treiben sie im Wasser. Hier sind in erster Linie die einzelligen Kieselalgen zu nennen, Diatomeen genannt. Ein einziger Liter Oberflächenwasser soll davon 2 bis 5 Millionen enthalten. Auch diese winzigen Algen wirken im Aufschlickungsmechanismus mit. Bei Ebbe erfolgt die Vermehrung der Kieselalge so rasch, daß bereits kurze Zeit nach Einsetzen der Ebbe – Sonnenschein vorausgesetzt – bräunliche Flecken aus Diatomeenfilm das Watt überziehen. Ihre Erscheinung bleibt dem aufmerksamen Wattwanderer nicht verborgen. Die Einzeller verfestigen den Schlickboden mit schleimigen Ausscheidungen, verkleben die frischen Lockersedimente und tragen so zur Landerhöhung bei. Den Watt- und Strandschnecken sind die Diatomeenflecken eine bevorzugte Weide.

Salzwiese oder Salzweide? – Die Vegetation des Nordsee-Vorlandes

Landeinwärts der ungeschützten Wattlandschaft und oberhalb des Quellerniveaus schließt sich ein Vorlandgürtel an, der bei Sturmflut immer wieder einmal mit salzhaltigem Meerwasser überflutet wird und darüber hinaus – entsprechende Windstärken vorausgesetzt – vom Salzspray der Brandung erreicht wird. Die hier gedeihenden Pflanzen des festen Landes vor dem Deich (Vorland, Heller oder Groden genannt) müssen daher in begrenztem Umfang Salz ertragen können. Die Arten in diesem Salzpflanzengürtel regulieren den Salzgehalt überwiegend durch salzabscheidende Drüsen und nicht – wie beim Queller – durch Sukkulenz. Dickfleischigkeit findet sich nur unmittelbar an der Abbruchkante, wo sich die ebenfalls sukkulente Strand-Sode in die Quellergesellschaft mischt.

Charakteristische Pflanzengesellschaften besiedeln das über normales Hochwasser emporgewachsene, aber nicht ausgesüßte Außendeichsland. Die unterschiedliche Salzverträglichkeit der Pflanzen, der wechselnde Salzgehalt des Bodens, verschiedene Höhenstufen und ungleiche Überflutungszeit bzw. -häufigkeit führen zu einer monoton erscheinenden, gesetzmäßigen Zonierungsabfolge der Vorlandvegetation an der Nordseeküste: Queller, Andel, Bottenbinse, Rotschwingel besiedeln in dieser Reihenfolge das Vorland von der Abbruchkante bis zum Deich. Unter MTHW liegt die Queller-Schlickgras-Flur. Sie wird regelmäßig zweimal täglich bei Flut überspült. Im MTHW-Niveau beginnt der Andelrasen. Er reicht etwa 30 cm hoch. Die nächsthöhere Zone zwischen 30 und 40 cm über MTHW wird von der Bottenbinsen-Gesellschaft eingenommen. Sie ist von rosafarbenen Strandnelken durchsetzt. Mit steigender Höhe nimmt die Aussüßung zu. Die Glykophyten (Süßpflanzen) treten zunehmend in Konkurrenz zu den Halophyten. Die Gesellschaft des Rotschwingelrasens schließt sich an. Sie wird ab 1,50 m bis 1,80 m über MTHW von der Weidelgras-Weißklee-Flur abgelöst. Am Deich haben schließlich die Glykophyten die Halophyten verdrängt. Bei dieser regelmäßigen, in sämtlichen Vorländereien der deutschen Nordseeküste vorkommenden Profilverteilung fällt ihre Monotonie und relative Artenarmut auf.

Die Artenarmut eines Biotopes ist stets Ausdruck extremer, einseitiger, schwieriger Lebensbedingungen. Zu untersuchen ist, wodurch diese Bedingungen hervorgerufen werden. Ein Blick in die Fauna des Watts läßt ebenfalls Artenarmut mit sehr hohen Individuenzahlen erkennen. Extreme Verhältnisse durch Überflutung und Trockenfallen, Wechsel von Hitze und Kälte, Salz-

Abb. 14: Durch Schafbiß und Schafvertritt wird die natürliche Vegetationsvielfalt zurückgedrängt.

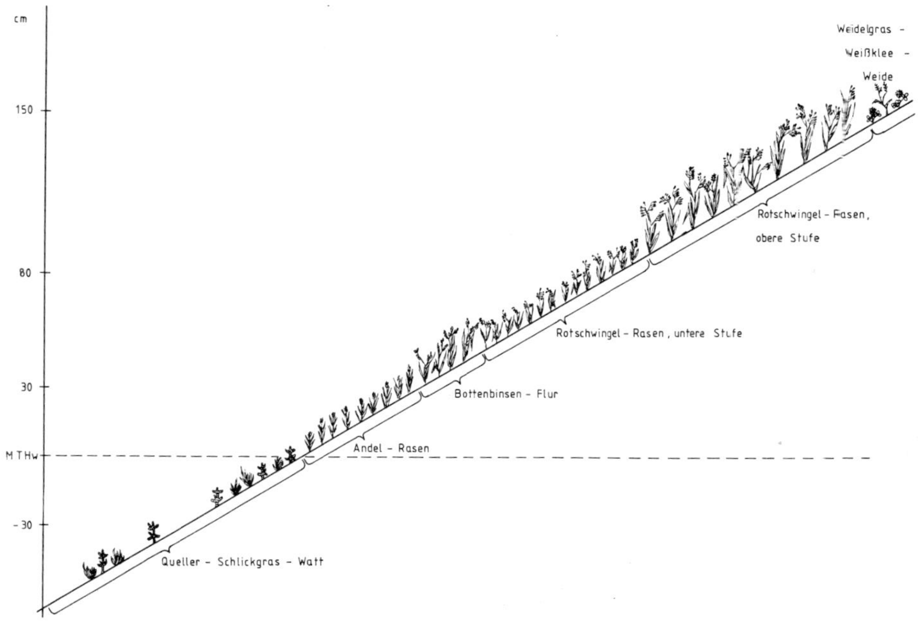

Abb. 15: Das Wirtschaftsvorland an der Nordseeküste (nach Raabe).

wasser und Süßwasser weisen die Biozönose des Watts als natürliche Bildung, als Lebensraum von Ernährungs- und Anpassungsspezialisten aus. Was liegt näher, als dies auch für die Vegetation des Vorlandes anzunehmen.

Tatsächlich zweifelt kaum ein Besucher der Nordseeküste daran, daß der Vorlandbewuchs natürlich ist, also eine primäre Vegetationsgesellschaft darstellt. Im Einflußbereich der Naturgewalten Meer und Wind und die Tatsache der einheitlichen Ausprägung des gesamten Vorlandes der Nordseeküste in der beschriebenen Weise lassen einen Zweifel an der Natürlichkeit der Vegetation nicht zu.

Hier unterliegt man einem klassischen Irrtum. Richtig ist die gesetzmäßige Anordnung der Vorlandvegetation vor den Deichen der Nordseeküste. Gesetzmäßige Zonierung ja, aber nicht primäre Vegetation, sondern sekundäre Pflanzengesellschaften; nicht Naturprodukt, sondern Kulturprodukt.

Für das gesamte Vorland trifft zu, daß es beweidet wird, also anthropogenen Einwirkungen unterliegt. Die auffälligste Erscheinung im Außendeichsland ist deshalb nicht etwa eine Pflanze, sondern das Schaf.

Das Bild der auf Deich und Vorland weidenden Schafe gehört zur Nordsee wie das Rufen von Rotschenkel oder Austernfischer. Die vielen Schafe dienen als lebende Rasenmäher und Bodenverfestiger. Maulform und Gebiß der Schafe bringen es mit sich, daß die Pflanzen ganz kurz abgebissen und nicht – wie von Rindern – abgerissen werden (Abb. 14). Die signifikanten Vegetationstypen des Vorlandes vertragen den Verbiß gut, ja sie bestocken sich derart, daß eine potentielle Vegetationsvielfalt geradezu unterdrückt wird.

Eine ähnliche selektive Wirkung geht von den Hufen der Tiere aus. Mit ihren spitzen Hufen – Schafe sind Zehenspitzengänger – dringen sie tief in den Kleiboden ein und verfestigen ihn besonders stark. Manche Pflanzen vertragen diesen Vertritt, andere werden verdrängt und an der Entwicklung gehindert. Von Verbiß und Vertritt durch intensive Beweidung geht also eine Selektion innerhalb eines den Standort duldenden breiteren Pflanzenspektrums aus. Der Selektion entspricht die Degradation der Vegetation. Das Wirtschaftsvorland (Abb. 15) entsteht, dessen Artenzusammensetzung sich deutlich vom urwüchsigen Vorland abhebt. Nur – wo gibt es dieses urwüchsige Vorland, das den Vergleich mit dem allgegenwärtigen Wirtschaftsvorland ermöglichen würde? Wo immer man die Vorländereien der schleswig-holsteinischen Nordseeküste in Augenschein nimmt, sie ähneln sich wie ein Ei dem anderen. Das ist nicht verwunderlich, da der Vorlandrasen überall die Pflege durch Schafe erfährt. Er ist daher fast hundertprozentig durch Überweidung verhunzt und in diesem Zustand egalisiert worden.

Man muß schon suchen, um das urwüchsige Vorland zu finden, in dem keine Auslese unter den Vorlandpflanzen als Folge menschlicher Einwirkungen stattfindet. Ein Flecken ungestörter Vegetationsentwicklung liegt auf der nordwestlich von Husum gelegenen Insel Nordstrand. Das winzige Areal umfaßt gerade 2,5 ha (400 m lang und 60 m breit). Genetisch, höhen- und bodenmäßig unterscheidet es sich in keiner Weise vom übrigen Vorland. Es liegt zwischen einem Straßendeich und einem Priel am Hafenbecken von Süderhafen (Abb. 16). Nur über die Autostraße und den Deich von Westen her ist das Gelände zugänglich – eine Situation, die als Schafweide ungünstig ist. Auf diese Weise konnte sich das Vorland zwischen Priel und Deich ungestört entwickeln, was in der Artenzusammensetzung auffällig zum Ausdruck kommt (Abb. 17).

Es erübrigt sich, die Feinheiten biologischer Vegetationsaufgliederung nachzuvollziehen. Einige signifikante Details mögen allerdings die abweichende Entwicklung dieses Vorlandrasens dokumentieren, die bereits durch Augenschein vom Deich aus deutlich erkennbar ist. In dem abgekapselten Vorlandflecken gibt es allein sieben Vegetationstypen im Andelniveau (im beweideten Vorland sind es maximal drei). In charakteristischer Artenkombination treten zusammen mit der Andel Milchkraut, Strand-Wegerich, Strand-Aster, Keilmelde, Strand-Schuppenmiere, Halligflieder, Strand-Beifuß und auch bereits Rotschwingel auf.

In der eigentlichen Höhenstufe des Rotschwingelrasens, von dem im gesamten Wirtschaftsvorland lediglich drei Typen erkennbar sind, werden in dem Sonderareal bei Süderhafen acht verschiedene Ausprägungen nachgewiesen, in denen Bottenbinse, Salz-Sode, Weißes Straußgras, Halligflieder, Küsten-Quecke, Strand-Aster, Strand-Schuppenmiere, Strand-Beifuß in wechselnden Zusammensetzungen und Differenzierungen vorkommen.

Abb. 16: Das gegen Vertritt und Verbiß geschützte Vorlandareal von Süderhafen/ Nordstrand.

Abb. 17: Natürliches Vegetationsbild im unbeweideten Vorland diesseits des Priels (Süderhafen/Nordstrand).

Die Entwicklung dieses Vorlandrasens verläuft seit ca. 50 Jahren (nach Deicherrichtung) ungestört. Sie beweist, daß die Artenarmut der Vorländereien an der deutschen Nordseeküste durch Schaftritt und Schafverbiß anthropogen bedingt ist, daß das bekannte Vegetationsschema nur für beweidete Flächen gilt, daß die natürliche Vegetation wie Strand-Beifuß (Wermut), Keilmelde, Halligflieder u. a. unter Beweidungseinfluß sofort verschwindet. Die Vielgestaltigkeit des Vegetationsareals von Süderhafen ist die Folge der besonderen Lagegunst, die Beweidung verhindert. Allerdings stellt die Vegetationsvielfalt sicher noch keinen Endzustand dar, keine Klimax-Vegetation. Zu Recht fordert Raabe (1981, S. 54 u. 110) daher, diese ungewollte Versuchsanlage unter strengen Naturschutz zu stellen.

Das Profil ungestörter Vorlandvegetation würde einen ganz anderen Charakter einnehmen als das verbreitete Wirtschaftsvorland. Ohne menschliche Einflußnahme ergäbe sich ein Ursprungsbild der Vegetation, wie sie in der Abb. 18 rekonstruiert ist. Die Gegenüberstellung von realer und potentieller Vegetation zeigt, daß schon das heutige Andelniveau im urwüchsigen Vorland von Keilmeldengestrüpp eingenommen würde, während der Rotschwingelrasen mit Halligflieder und Strand-Beifuß durchsetzt wäre. Selbst das Schlickgras im Wirtschaftsvorland ist nicht natürlich. Es wurde 1927/28 von der englischen Kanalküste importiert, um an der holsteinischen Küste zur Anschlickung angepflanzt zu werden.

Gebildet und immer wieder neu vom Meerwasser überspült, ist an der Nordseeküste ein amphibisches Land entstanden, dessen Entwicklung zwar vom Menschen beschleunigt, dessen pflanzen-soziologische Eroberung aber gerade unter dem Einfluß des Naturfaktors Meer gewöhnlich als Musterbeispiel natürlicher Zonierungsfolge gilt. Regelmäßigkeit der Zonierung und der Artenzusammensetzung scheinen auf einem ökologischen Gleichgewichtszustand zu beruhen. Entsprechend bieten Lehrbücher diesen Sachverhalt dar. Schlickgras, Queller, Andel, Bottenbinse, Rotschwingel, Weißklee – erst beim Auftreten der letztgenannten Pflanze griff der Mensch früher durch Eindeichung ein. Scheinbar selbstverständlich folgen dem Queller die Andelwiese, die Bottenbinsenflur usf.

Die Wechselwirkung zwischen den verschiedenen Komponenten des Geokomplexes im Tidenbereich des Meeres scheint eindeutig. Tatsächlich aber beweist die Physiognomie des Vorlandareals von Süderhafen, daß das sogenannte primäre Milieu schon längst dem Eingriff des Mensch ausgesetzt ist und die natürliche Artenzusammensetzung des Vorlandes bereits einen solchen Seltenheitswert besitzt, daß wir sie nur noch zufällig entdecken und wir den anthropogen veränderten Standort als natürlich empfinden.

Am Beispiel Süderhafen – im Vergleich mit den sonstigen Vorländereien der deutschen Nordseeküste – wird die Umwertung des Raumes durch den Eingriff des Menschen in ein natürliches Wirkungsgefüge beispielhaft dokumentiert und die Frage beantwortet: In welchem Umfang verträgt der Naturhaushalt Störungen? Die Antwort ist fast zu simpel:

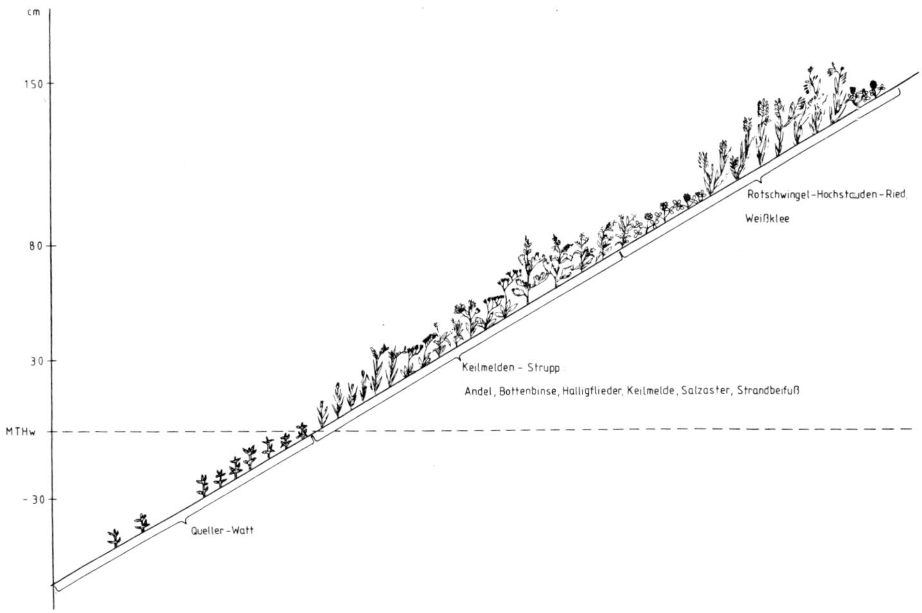

Abb. 18: Das urwüchsige Vorland an der Nordseeküste (nach Raabe).

Um das ökologische Zusammenspiel der Naturfaktoren durcheinanderzubringen, genügt das Schaf. Vom Willen des Menschen auf das Vorland getrieben, trottet es hier und tritt es dort, und Pflanzen weichen dem Druck des Zehenspitzengängers.Es beißt hier und rupft dort, und weitere Pflanzen verabschieden sich aus der Vegetationsgesellschaft. Durch vermehrte Ausbreitung bedanken sich dafür jene Pflanzen, die Tritt und Biß vertragen. So einfach und – wie die Nordseeküste zeigt – so vollständig gelungen ist der anthropogene Landschaftseingriff in diesen amphibischen Raum.

Nunmehr kann auch die eingangs gestellte Frage beantwortet werden, ob die Vorländereien Salzwiesen oder Salzweiden darstellen. Nur selten findet man in der Literatur den Begriff „Salzweide“. Fast ausschließlich wird von Salzwiesen geschrieben. Dies ist genauso fragwürdig wie die verbreitete Meinung, an der Nordseeküste handele es sich um Naturvegetation.

Man unterscheidet natürliche Wiesen, die an bestimmte Standorte gebunden sind wie Salzwiesen oder Trockenrasen, und es gibt (seltener) die künstlich angelegten landwirtschaftlichenNutzwiesen, auf denen gezielt ausgewählte Gräser und Kleearten ausgesät werden. Gemeinsames Kennzeichen der Wiesen ist ihre ein- bis mehrmalige Mahd zum Zweck der Heugewinnung.

Unter Weide versteht man meist eingezäuntes, künstlich angelegtes Grünland, auf dem Rinder, Schafe und andere Tiere gehalten werden. Der Weidegang von Schafen ist in Deutschland, wenn man von Hutungen absieht, auf die Vorländereien und Deiche der Nordseeküste begrenzt. Die Flora der Weide ist dem Tritt und Biß der Weidetiere angepaßt. Nach Heydemann ergibt die Schafbeweidung eine sehr kurze, zumeist nur 2 bis 4 cm aufsteigende Vegetation mit geringem Anteil der zweikeimblättrigen Blütenpflanzen. Daraus folgt die monotone Zusammensetzung der Weideflächen.

Gemessen an den Definitionen von Weide und Wiese müssen die Vorländereien der Küste mit ihrer halophilen Vegetation als Salzweiden bezeichnet werden. Von der Ausnahme des kleinen Vegetationsareals bei Süderhafen/Nordstrand und weniger anderer Flecken wie z. B. in der Südostecke des Hindenburgdammes gibt es keine Salzwiesen an der schleswig-holsteinischen Westküste. Allenfalls punktuell konnte sich hier und dort inselartig für Schafe unzugängliche, sich natürlich entwickelnde Vegetation erhalten. Das physiognomische Bild des Vorlandes ist somit von trittfesten Weidegräsern bestimmt, weil es grundsätzlich von Schafen beweidet wird.

Die salzertragende Vegetation an der Innenküste der Ostsee

An der Ostsee gibt es keine Gezeiten. Das ist der wesentliche Grund, weshalb an der Ostseeküste die großen Mengen organischer Sinkstoffe fehlen, wie sie die Nordseefluten zweimal täglich heranführen. Nährstoffreiche Sedimente größeren Umfanges können sich nur dort ablagern, wo die Wasserbewegung in stillen Buchten und in Strandseen auf ein Minimum reduziert ist. Das schließt die Bildung nennenswerten Vorlandes aus. Trotzdem gibt es auch hier salzertragende Pflanzengesellschaften.

Verfolgt man die Küstenlinie der Ostsee, dann kann man im allgemeinen Salzwiesen im Schutz der wenigen Deiche erwarten bzw. dort, wo durch küstenparallele Strömungen die Küste verkürzt und Buchten abgeschlossen wurden (Haken- und Nehrungsküste mit abgeschnürten Strandseen oder Nooren).

Die brackigen Strandseen markieren jüngere geologische Vorgänge mit – geologisch betrachtet – rascher Vergänglichkeit. Wie alle anderen Seen unterliegen sie der natürlichen Verlandung. Schilfbewuchs und Binsen, Brackwasser-Hochstaudenried umschließen mitunter in breiten Beständen die Strandseen. Die Gewässer sind flach und nahrungsreich. Die Eutrophierung resultiert aus dem beständigen Zustrom von Oberflächenwasser. Es führt laufend frische Nährstoffe heran und bewirkt eine allmähliche Aussüßung. Die Produktion der Biomasse, die hier als fruchtbarer Faulschlamm zu Boden sinkt, überwiegt die organische Sedimentation der Ostsee um ein Vielfaches. In natürlicher See- und Vegetationsentwicklung erwachsen aus den verlandenden Strandseen Niederungsmoore mit typischen Pflanzengesellschaften, die allerdings vielfach entwässert und landwirtschaftlich genutzt werden. Zwischen den abriegelnden Strandwällen oder Nehrungen und den Strandseen erstreckt sich in der Regel ein Gürtel von Salzpflanzengesellschaften (Abb. 19).

Strandseen in verschiedenen Entwicklungs- bzw. Verlandungs- und Aus-

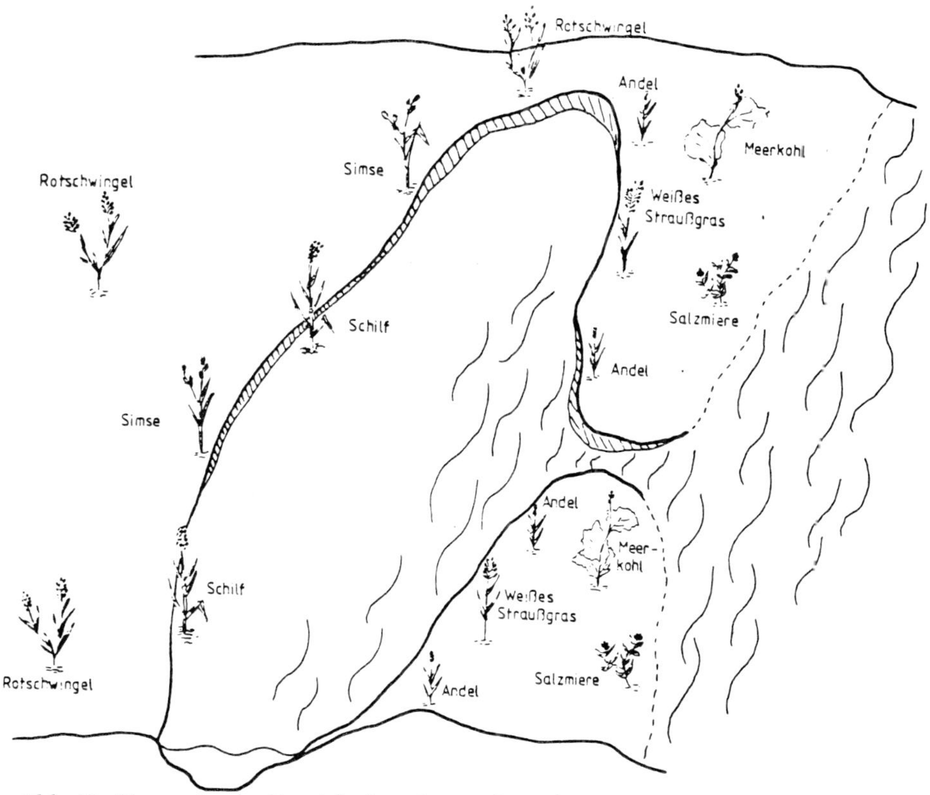

Abb. 19: Vegetation im Bereich eines Ostsee-Strandsees.

süßungsstadien erkennen wir z. B. an der Nord- und Westküste Fehmarns, am Hemmelsdorfer See, bei Heiligenhafen, am Großen Binnensee bei Hohwacht, am Windebyer Noor und am Schwansener See.

Salzwiesen siedeln sich entweder hinter Strandwällen bzw. Strandhaken an oder liegen hinter Deichen. In letzterem Fall markieren sie weniger den natürlichen, wattähnlichen Landanwuchs als vielmehr sehr flache Grundmoränenplatten in einer ausgedehnten Küstenniederung, die infolge häufiger Meeresüberflutungen salzige bis brackige Bodenverhältnisse bekamen und seit dem 19. Jahrhundert systematisch eingedeicht wurden. Damit wurde das Hinterland dem direkten Einfluß des Meerwassers entzogen. Ein klassisches Beispiel hierfür liefert das Küstenhinterland der Probstei. Die im Laufe der Zeit erfolgte Aussüßung hat die meisten Salzpflanzen wieder verschwinden lassen.

Wo sich vereinzelt Salzwiesen erhalten konnten, werden sie in der Regel als Weideland genutzt und entsprechen damit den Salzweiden des Nordsee-Vorlandes. Die Beweidung erfolgt allerdings extensiv, d. h. mit geringem Vieh- bzw. Schafbesatz. Die Artenvielfalt der Salzvegetation hängt entscheidend von dem Nutzungsgrad ab. Je extensiver die Beweidung, um so größer ist die Artenvielfalt. Daher ist trotz der Beweidung ein weitgehend natürlicher Salzwiesencharakter erhalten geblieben. Bottenbinse, Meerstrandschwingel,

Strandnelke, Milchkraut, Strandwegerich, Strandbinse bilden einen bunten und abwechslungsreichen Pflanzenteppich. Wer diese Vegetationsgesellschaft sucht, findet sie z. B. bei Gelting, Schleimünde, am Bottsand, bei Heiligenhafen, auf Fehmarn.

Wind- und Salzwirkung an Pflanzen

Baumbewuchs ist an der Innen- bzw. Außenküste der Nordsee selten. Die schon erwähnten Aufforstungen von Amrum und St. Peter-Ording, die für Windschutzzwecke angepflanzten Bäume um die Häuser der Marsch sind Ausnahmen. Zwergsträucher der Heiden statt der Bäume stellen natürlichen Bewuchs dar und sind nicht etwa die Folge von Abholzung oder Waldweide, jedenfalls nicht auf den Geestkerninseln. Kriechweiden drücken sich auf dem Boden entlang. Hier könnte man von Wäldern im Miniformat sprechen. Sie sind leicht zu übersehen. Wo doch ein Baum wächst, ragt er kaum über die Dünenkämme hinaus und weist beträchtliche Deformationen auf.

Die Pflanzen sind den Elementen des Wetters ausgesetzt: Sonnenschein und Strahlung, Wärme und Kälte, Wind und Niederschlag spielen für das Wachstum der Pflanzen eine große Rolle. An den Küsten ist es der ungehemmt andrängende Wind, der für höhere Pflanzen Wachstumserschwernisse bringt. Wo dennoch höhere Bäume oder Sträucher wachsen, ist die Windwirkung gut zu erkennen: Die nach Osten gebogenen Baumkronen bilden ein auffälliges und unübersehbares Landschaftselement.

Die Ursache liefert der Wind, und zwar gleich in dreifacher Wirkung:

1. mechanisch
2. physiologisch
3. als Transporteur

Die mechanische Komponente beinhaltet den Winddruck. Wo der Wind – vom reibungsschwachen Meer wehend – mit großer Geschwindigkeit an der Küste auflaufen kann, werden Äste und Zweige geknickt und Blätter abgerissen. Der Baum wird geschoren. Er entwickelt sich zur Leeseite stärker. Wichtiger noch ist die physiologische Komponente. Je höher die Windgeschwindigkeit liegt, um so mehr steigt die Verdunstung einer Pflanze. Da der Wind im Luv stärker angreift als im windgeschützten Leebereich, werden im Luv deutlich höhere Verdunstungswerte erreicht. Die luvseitige Erhöhung der Transpirationswerte und die entsprechenden Wasserverluste lassen die Blätter welken und besonders die empfindlichen Knospen vertrocknen. Durch diese physiologische Windwirkung wird die windzugewandte Seite der Pflanze im Wachstum gehemmt. Hieraus ergibt sich die Deformation.

Wer als Brillenträger im Brandungsbereich der Küste – also am Strand oder auf dem Deich – spazierengeht, dessen Blick trübt sich rasch. Brandungssprühwasser, feiner Gischtnebel treibt durch die Luft, setzt sich auf den Brillengläsern ab, verdunstet dort und hinterläßt die trübenden Ablagerungen des Meersalzes. Damit erfahren wir die dritte Wirkung des Windes, nämlich als

Abb. 20: Wind- und Salzschur an der Hohwachter Bucht.

Abb. 21: Strandvandalismus und Treibgut. In weniger als 10 Minuten haben 3 Kinder diesen Müllberg an einem 100 m langen Strandabschnitt der Ostsee gesammelt.

Transporteur von Salz. Diese Salzzufuhr müssen die küstennahen Pflanzen ertragen. Der salzige Sprühregen trifft die Luvseite der Vegetation mit höherer Konzentration als die Leeseite und kann dort zu schweren Schädigungen der Pflanze, zum Absterben ihrer Vegetationspunkte führen. Wieder sind es die besonders empfindsamen Knospen, aber auch die Blätter, die absterben, während der Strauch oder Baum auf der vom Salz geschützten Leeseite weiterwächst.

Die Wind- bzw. Salzschur an küstennahen Standorten ist an der Nordsee aus offensichtlichen Gründen wirkungsvoller als an der Ostsee. Die Windstärken und die Salzkonzentration des Wellensprühwassers liegen höher. Trotzdem finden wir Wind- und Salzschur auch an der Ostseeküste. Insbesondere die westexponierte Küste von Weißenhaus liefert anschauliche Beispiele für das Anpassen der Vegetation an die vorherrschende Windrichtung sowie für ihr Ausweichen vor dem Salzspray (Abb. 20).

Die Gefährdung der Küstenvegetation

An den Küsten von Nord- und Ostsee haben sich natürliche Vegetationsareale in großer Vielfalt entwickelt. Die entscheidenden Ursachen dafür sind die differenzierten Bodenverhältnisse, die Windsituation, die Überflutungsdauer und der Salzeinfluß. Die Lage am Meer und die Abhängigkeit vom Meer bedeuten jedoch zunehmend eine Gefährdung der Vegetation. Dabei sind die standortspezifischen Arten der Watt-, Salzwiesen- und Sandbiotope auf unterschiedliche Weise gefährdet. Allerdings erweist sich stets der wirtschaftende und erholungssuchende Mensch als Auslöser für die wachsende Verarmung der Vegetation (Abb. 22).

Intensive Beweidung der Salzwiesen mit 5 bis 9 Schafen/ha reduziert den Artenbestand durch Verbiß und Vertritt. Ihr natürlicher Charakter wandelt sich um in eine kulturbeeinflußte Rasengesellschaft.

Der Zivilsationsabfall an unseren Küsten in Form von Plastikpackungen, Eimern, Dosen zeigt, daß der wirtschaftende Mensch das Meer als bequeme Müllgrube mißversteht (Abb. 21). Sind die Fremdkörper in erster Linie eine optische Verschandelung des Küstenraumes, so sind Industriemüll, Abwasser und Verklappung von Dünnsäuren eine echte Bedrohung der Ökosysteme an unseren Küsten, vor allem des Wattenmeeres und des Vorlandes. Wird der weiteren Belastung mit Schadstoffen, nicht zuletzt über die Abwasserfracht der Flüsse, kein Einhalt geboten, besteht die Gefahr einer restlosen Zerstörung eines in unseren Breiten ersatzlosen Naturraumes.

Eine weitere Gefahr geht von der Realisierung großer Eindeichungsprojekte zur Verkürzung der bestehenden Deichlinien aus. In den siebziger Jahren ging ein großes Watt- und Vorlandgebiet in der Meldorfer Bucht durch Eindeichung verloren. Von der 1983 in Angriff genommenen Vordeichung der Nordstrander Bucht ist ein ähnlich großes Areal betroffen. Beide Projekte zusammen werden über 50 % der schleswig-holsteinischen Salzwiesen in Süß-

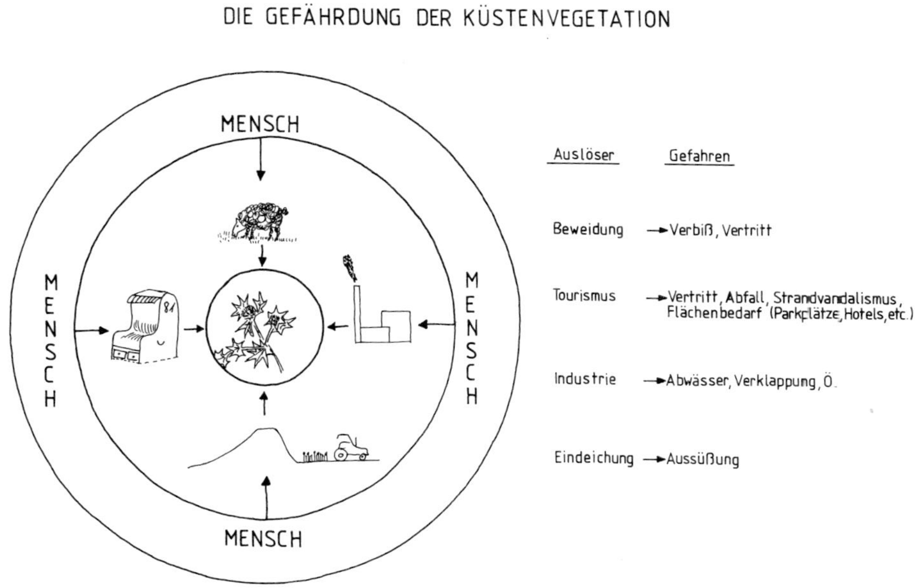

Abb. 22:

wasserlandschaften verwandeln mit entsprechenden ökologischen Konsequenzen im Vegetationsbild. Die Vorverlegung der Küstenlinie auf den tieferen Wattsockel in Richtung auf die vorwiegend westlichen Winde und Strömungen führt zu direkt aufbrandenden Fluten und verhindert die neue Vorlandgewinnung. Daher empfehlen Küstenforscher dringend die weitere Errichtung ostwestlich verlaufende Dämme, wie sie z. B. zur Insel Sylt und nach Nordstrand bereits existieren. Diese Dämme reduzieren nicht nur die Erosionswirkung der großen Wattströme, sondern fördern in beträchtlichem Umfang die Vorlandgewinnung, was jeder Sylturlauber bei der Fahrt über den Hindenburgdamm beobachten kann.

Die vierte Gefährdung geht von übermäßigem Tourismus aus. Der Fremdenverkehr spielt an den Küsten von Nord- und Ostsee eine große Rolle. Überall wo Sandstrand zu finden ist, sind Freizeiteinrichtungen, Camping- und Badeplätze entstanden. Nur im Bereich weniger Geröllstrände an der Ostsee wirkt sich der Erholungsbetrieb kaum auf den Artenbestand aus. Vegetationsvernichtend ist die Anlage von Parkplätzen (Sylter Dünen) und sonstiger flächenbeanspruchender Freizeiteinrichtungen. Starke Gefährdung ergibt sich aus dem Vertritt an grünen Stränden (Deichen), in Dünen und am Ufersaum. Die Stranddistel – von Urlaubern gern als Trockenpflanze und Erinnerungsstück gepflückt – ist auf Sylt fast ausgerottet. Außerordentlich vertrittgefährdet ist der Meerstrandkohl der Ostseeküste. Ein Refugium bieten ihm nur die Geröllstrandwälle.

Es sollen an dieser Stelle die wirtschaftlichen Aktivitäten des Menschen nicht angeprangert werden. Aber die nüchtern-sachliche Bestandsaufnahme fordert dazu heraus, daß der Naturschutz und die landschaftspflegerischen Aufgaben in vernünftigen Einklang zu bringen sind mit den Sicherheitsinteressen und Erholungsbedürfnissen des Menschen an den Küsten Schleswig-Holsteins.

Literatur

W. Christiansen: Pflanzenkunde von Schleswig-Holstein, Neumünster 1954

Christian Degn u. Uwe Muuß: Luftbildatlas Schleswig-Holstein, Neumünster 1968

Christian Degn u. Uwe Muuß: Topographischer Atlas Schleswig-Holstein und Hamburg, Neumünster 1966

R. Dircksen, A. Gerhardt (Hrsg.): Biologieunterricht im Freiland – Das Wattenmeer, Reihe: Naturwissenschaften im Unterricht Biologie, Themenheft 9, Mai 1982

W. Emeis: Einführung in das Pflanzen- und Tierleben Schleswig-Holsteins, Rendsburg 1950

Frank Gerhard (Hrsg.): Naturraum Wattenmeer, München 1981

Fritz Gessner: Meer und Strand, Berlin 1957

Frank Grube/Gerhard Richter: Die Deutschen Küsten, Frankfurt 1979

Berndt Heydemann, Jutta Müller-Karch: Biologischer Atlas Schleswig-Holstein, Lebensgemeinschaften des Landes, Neumünster 1980

Berndt Heydemann: Wattenmeer, Bedeutung – Gefährdung – Schutz, Neumünster 1981

Klaus Hingst: Landschaftswandel in Schleswig-Holstein, Neumünster 1977

Horst Janus: Das Watt, Stuttgart 1980

Bruno P. Kremer: Pflanzen unserer Küsten, Stuttgart 1977

Meynen, E. u. a. (Hrsg.): Naturräumliche Gliederung Deutschlands. 2 Bde, Bad Godesberg 1959-1962

Uwe Muuß, M. Petersen: Die Küsten Schleswig-Holsteins, Neumünster 1978

Wilhelm Pollex: An der Meeresküste, Hannover 1983

Ernst-Wilhelm Raabe: Über das Vorland der östlichen Nordsee-Küsten. Mitteilungen der Arbeitsgemeinschaft Geobotanik in Schleswig-Holstein und Hamburg, H. 31, Kiel 1981

Gustav Reitz: Windschur oder Salzschur? Untersuchungen über Ursachen von Kronendeformationen, in: Erdkunde, H. 1, 1978

Carl Schott: Die Naturlandschaften Schleswig-Holsteins, Neumünster 1960

Reinhard Stewig: Landeskunde von Schleswig-Holstein, Kiel 1978

Heinz Streble: Was finde ich am Strand, Stuttgart 1978

Jürgen Newig

Große Seebäder an Nord- und Ostsee und ihre Strände

Nordsee und Ostsee im Spiegel von Meinungen und Fakten

„Die Nordsee wirkt rauh und herausfordernd, die Ostsee ruhig und lieblich.“ Auf diese kurze Formel läßt sich das Ergebnis einer Studie über Urlaub in Schleswig-Holstein von K. D. Hartmann bringen. Er hatte 272 Personen in nord- und westdeutschen Städten nach ihrer Meinung über Schleswig-Holstein als Ferienland befragt. Zwar betont er, daß sich das Resultat nicht ohne weiteres hochrechnen lasse, also keinen Anspruch auf Allgemeingültigkeit erheben könne. Aber der Leser möge selbst urteilen, ob er die im folgenden dargestellten Auffassungen teilen kann oder nicht! Nach den Forschungen Hartmanns liegt das Anziehende eines Urlaubs an der *Nordsee* vor allem im Erleben der ständig bewegten, ungezähmten Natur. In erster Linie wird hier das Spiel der Gezeiten genannt, in dem sich die Naturkräfte ausdrücken. Dazu gehört die Brandung, „das wilde Meer“. Die Nordsee zeige ein ständig wechselhaftes Aussehen, je nach Witterung und Beleuchtung, „von idyllisch bis zu wild, gefährlich und düster“. Man sagt ihr eine gewisse Unberechenbarkeit nach. Hartmann kommt zu dem Schluß, daß derjenige, der an der Nordsee Urlaub macht, in gewisser Weise bereit sein muß, die Launen der Natur zu ertragen; er darf nicht mit vorher genau festgelegten Plänen in den Urlaub gehen (S. 142). Zu den besonders häufig genannten Anziehungsfaktoren der Nordsee gehört die frische Seeluft, die ständig wehende Brise, die im Gegensatz zu der als gleichmäßig empfundenen Hitze der Mittelmeergebiete ein Gefühl der Erfrischung mit sich bringt. Man erwartet von dem Reizklima der Nordsee eine gesundheitsfördernde Wirkung. Mit dem Begriff „Nordsee“ verbindet man Vorstellungen von Härte und Herbheit. Der Nordsee werden Attribute wie „kämpferisch, sportlich, wild, ungestüm, rauh, dynamisch“ zugeordnet, die ein „betont männliches Image“ verraten. Der Nordsee-Urlaub stelle eine Art Herausforderung dar, man möchte sich irgendwie bewähren. Das gelte für Männer wie für Frauen.

Das Image der *Ostsee* wird als friedlich, still, freundlich, harmonisch bezeichnet. An der Ostsee liebt man den schönen flachen Strand. Das Meer wird als ungefährlich empfunden. Auch sei der Wind weniger stark. Die Ostsee sei besonders geeignet für kleinere Kinder. Die Eltern könnten sie länger allein lassen, brauchten nicht ständig aufzupassen. Wegen des reizvollen Hinterlandes könne man hier mehr spazieren gehen. An den Stränden der Ostsee wird von einer Reihe von Befragten eine gewisse Überfüllung verspürt, und schließlich fehle den Angeboten oft die individuelle Note.

Auch die Holsteinische Schweiz wurde untersucht, aber sie gehört nicht zu unserem Thema und hat auch objektiv keine so erhebliche Bedeutung wie die

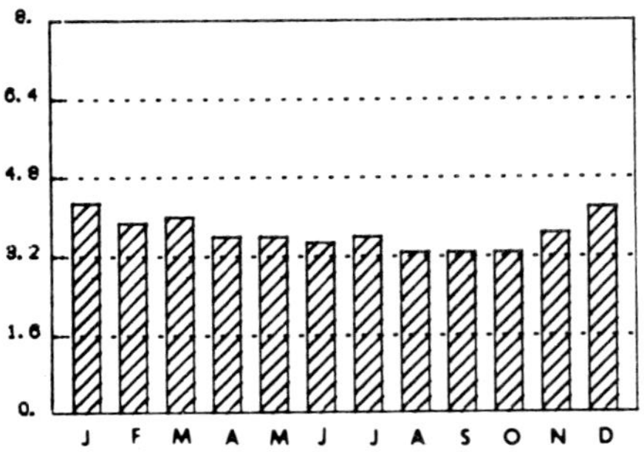

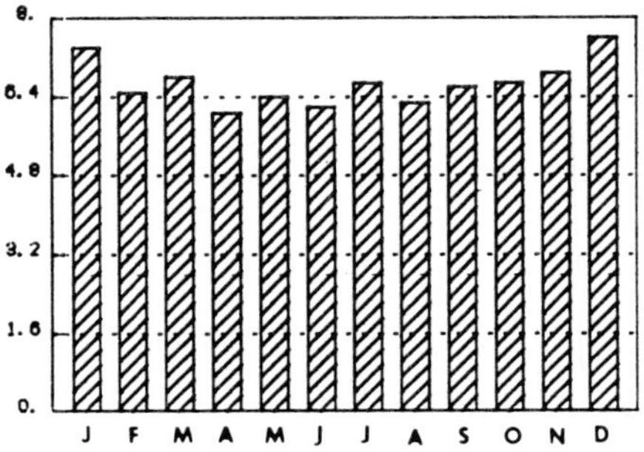

Abb. 1:
a) Diagramm der langjährig gemessenen Windstärken (m/sec.) für Lübeck –
b) Diagramm der langjährig gemessenen Windstärken (m/sec.) für List auf Sylt (Daten aus Müller, 1980)

Küste, denn in Schleswig-Holstein werden über drei Viertel aller Übernachtungen in den Badeorten der Küste gezählt, davon je zur Hälfte in Nordsee- und in Ostseebädern. Wenn Sie andere Zahlen lesen sollten: Ab 1981 wurde leider die statistische Erhebungsmethode geändert. Privatquartiere (und fast jedes zweite Touristenbett steht in einem Privatquartier) unter 9 Betten werden nicht mehr gezählt. Ein Schildbürgerstreich! Wenn uns also die Statistik für das Jahr 1983 etwa 28 Millionen Übernachtungen in Schleswig-Holstein konzediert, davon knapp eine Million in Jugendherbergen und 12 Millionen auf Campingplätzen, so wissen wir, daß es in Wirklichkeit viel mehr sind. Im Bettenangebot steht Schleswig-Holstein auf Platz drei in der Reihe der Bundesländer. Nur Bayern und Baden-Württemberg bieten (1980) mehr Betten an.

Lassen sich nun die Meinungen über Nord- und Ostsee auch durch Fakten bestätigen? Um die Antwort gleich zu geben: Im großen und ganzen treffen sie zu. Dabei müssen wir bedenken, daß zahlreiche Wirkungszusammenhänge noch nicht naturwissenschaftlich erforscht sind.

Am einfachsten kann man leicht zu ermittelnde Meßwerte, wie z. B. die Klimaangaben im Vergleich zwischen Nord- und Ostsee nachprüfen. So verfügen wir über langjährige Aufzeichnungen, z. B. für List an der Nordsee und für Lübeck (aus Müller, 1980).

Aus der Abb. 1 lassen sich die erheblich höheren Windstärken an der Nordsee schon auf den ersten Blick erkennen. Im Durchschnitt herrscht eine Windgeschwindigkeit von 6,7 Meter pro Sekunde, während es an der Ostsee nur 3,7 Meter pro Sekunde sind. Im Winter, besonders in den Monaten Januar und Dezember, herrschen die höchsten Windgeschwindigkeiten. Der Wind ist der Motor der Brandung, und deshalb besteht die Assoziation: „Nordseeküste" und „Brandung" zu Recht. Es kommt hinzu, daß wegen unserer Lage in der Westwindzone die Nordsee in der Regel auflandigen, d. h. von der See aufs Land gerichteten Wind erhält, was die Wellenbildung stark begünstigt, während die Ostsee meist ablandigen Wind aufweist. Ablandige Winde glätten strandnahe Wogen. In der Sonnenscheindauer liegen beide Stationen nahezu gleich auf 1780 Stunden pro Jahr, allerdings sind im Sommer die Temperaturen in Lübeck leicht höher, im Winter jedoch niedriger. Hier macht sich schon der zunehmende kontinentale Einfluß bemerkbar.

Bevor wir auf einen weiteren wesentlichen Unterschied zwischen Nord- und Ostsee zu sprechen kommen, wollen wir einen Blick auf die Strände unserer Meere werfen, denn dieses Naturkapital spielt ja eine ganz wesentliche Rolle für die Attraktivität der Fremdenverkehrsorte an der Küste. Ohne daß wir hier in Einzelheiten gehen können, sei doch so viel angemerkt, daß Schleswig-Holstein als Hinterlassenschaft der Eiszeit(en) fast ausschließlich aus Lockergesteinen aufgebaut ist, die die Entstehung von schönen Sandstränden begünstigen. Ursprünglich war sowohl die Nordsee- als auch die Ostseeküste sehr stark gebuchtet, d. h. Buchten und Vorsprünge wechselten miteinander ab. Die Küstenlinie wies eine viel größere Länge auf als heute. Der Vorgang, der für eine Verkürzung der Küstenlinie, d. h. für einen Abtrag der Vorsprünge und eine Auffüllung der Buchten sorgt, wird als „Küstenversatz" bezeichnet. Unter dem Einfluß von Wind und Wellen wird ein weit ins Meer vorspringendes Landstück allmählich abgetragen. Ein Kliff entsteht. Das abgeschlagene Material, vor allem der Sand, wandert windbedingt zu der einen oder anderen Flanke des Kliffs und lagert sich dort ab. Jedes Sandkörnchen bewegt sich dabei zickzackförmig an der Küste entlang; wird an Land gewor-

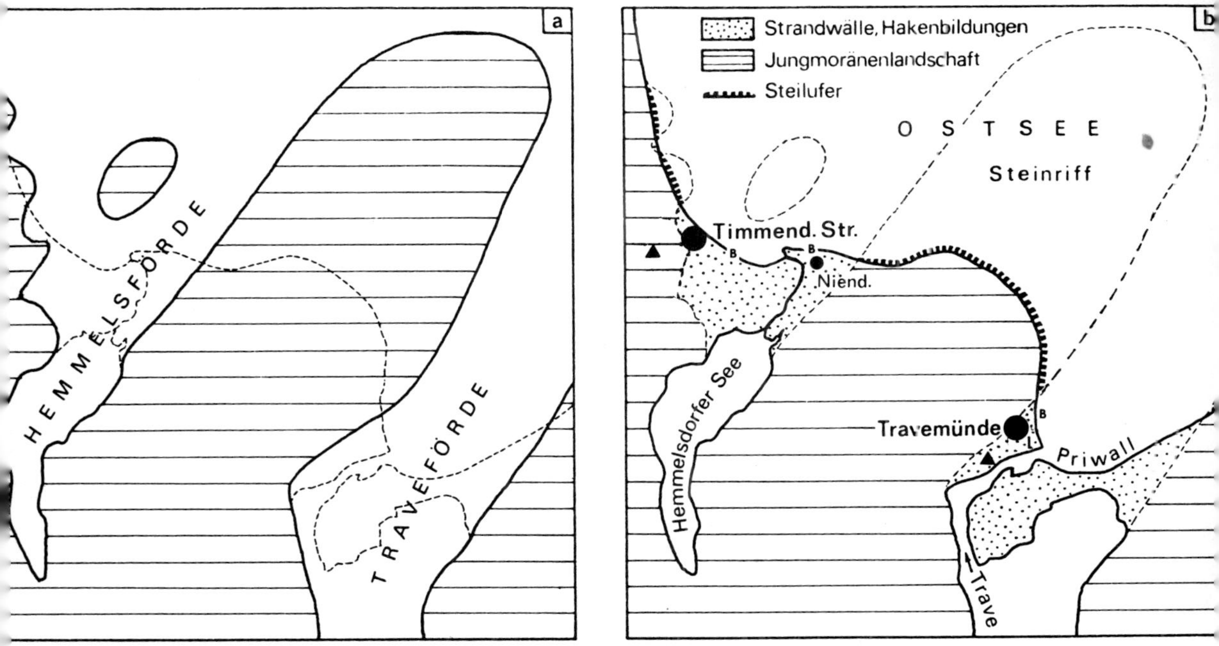

Abb. 2: Die Bildung einer Ausgleichsküste an der inneren Lübecker Bucht (nach Degn/Muuß, Topographischer Atlas Schleswig-Holstein – verändert) Die Küstenlinie ist in der Abb. 2b gegenüber Abb. 2a stark verkürzt.

fen, zieht mit der Unterströmung der Wellen, dem Gefälle folgend, wieder ins Wasser, wird aufgewirbelt und gemäß der Windrichtung wieder an den Strand geworfen. Dieses Spiel wiederholt sich millionenfach, und so bilden sich neben den Kliffen die Sandhaken, wie sich auf Abb. 2 gut erkennen läßt (s. auch Abb. 20). Die ursprünglich als Gletscherbecken sehr tiefen Förden (Hemmelsförde und Traveförde) wurden zu einem guten Teil durch die Sandmassen aufgefüllt, die seinerzeit auf dem Steinriff lagen. Noch heute zeugen die Abbrüche des Brodtener Ufers bei Travemünde von der Wirkung des Küstenversatzes, denn der Prozeß der Küstenlinienverkürzung setzt sich auch in der Zukunft fort. Zu weit noch ragt das Brodtener Ufer ins Meer. Jährlich geht ein halber Meter Land verloren (Abb. 2). Auf dem Sand der Nehrung, die den Hemmelsdorfer See abgeschnürt hat, breitet sich heute Timmendorfer Strand aus. Der See selbst hat eine Tiefe von 45 Meter unter Normal-Null und dürfte damit den tiefsten Punkt Deutschlands aufweisen. Er hat nur noch einen kleinen Abfluß, die Aalbek. Sie durchschneidet die Nehrung, auf deren Ostseite der Badeort Niendorf liegt. Der Weg, den sich die Trave durch ihre Nehrung, den Priwall bahnt, ist breiter, da der Fluß viel mehr Wasser führt. Außerdem erfordert der rege Schiffsverkehr (Fähren nach Travemünde) häufig eine Ausbaggerung der Fahrrinne. Ein Stück „Priwall", also Sandablagerung, hat die Natur auf der Travemünder Seite belassen, und auf diesem Stück hat sich – landeinwärts, in geschützter Lage – die Altstadt entwickelt. An der offenen See liegt der Badestrand. Es fällt auf: Timmendorfer Strand, Niendorf und Travemünde – alle drei Badeorte liegen auf bzw. an sandigen Nehrungen, nicht jedoch im Bereich von hohen Kliffen. In der Vergangenheit lud ein Kliff grundsätzlich nicht zur Ortsgründung ein, da es hafenfeindlich ist. In den Buchten haben die Boote mehr Schutz. Aber auch der moderne Tourist scheut den Kliffstrand. Hier ruhen die vielen Geschiebe, die sich aufgrund ihrer Größe dem Abtransport durch den Küstenversatz widersetzt haben, oft dicht an dicht, so daß das Laufen beschwerlich ist und das Liegen zur Tortur werden kann. Kliffstrände sind wegen der exponierten Lage oft auch schmaler als die Nehrungsstrände, und der untermeerische Teil, die Schorre, fällt steiler ab. Auf den Nehrungsstränden hingegen böscht die Schorre, unterbrochen durch mehrere untermeerische Riffe, auf denen die Badenden gern stehen, wenn sie sich ausruhen wollen, ziemlich sanft zum Meer hin ab. Im breiten Flachwasserbereich können die kleinen Kinder ungefährdet baden. Sie können das sehr lange tun, denn die Wassertemperatur liegt hier deutlich höher als im Schwimmerbereich. Nach sporadischen Messungen des Verfassers macht die Differenz im Sommer an Sonnentagen rund 3–5 Grad aus, und das ist nicht wenig.

Die eben geschilderte Küstengestaltung gilt grundsätzlich auch für die Nordseeküste, allerdings in abgewandelter Form, denn hier tritt der *Gezeitenunterschied* als neuer gestaltender Faktor hinzu. Und hier liegt der schon angedeutete weitere wesentliche Unterschied zwischen Nord- und Ostsee. Durch den „Flaschenhals" von Skagerrak und Kattegat macht sich der Gezeitenunterschied des Weltmeeres nur noch wenig bemerkbar: Eine Handspanne hoch, mehr ist es nicht an unseren Ostseestränden. Man kann daher an der Ostsee die Strandkörbe bis dicht vor der Wasserlinie aufstellen, an der Nordsee hingegen bleibt zur Niedrigwasserzeit stets ein breiter „nasser Strand“ (so nennen ihn die Fachleute tatsächlich), auf dem man dann gern Sport treibt. Eine noch größere Bedeutung haben die Gezeiten für die Gestaltung der Küste. Wir wollen das wieder am Beispiel des Hemmelsdorfer Sees bzw. der alten Hemmelsförde erläutern. Stellen wir uns einen Tidenhub (das ist der Unterschied zwischen dem täglich zweimal eintretenden Hoch- und Niedrigwasserzustand) von rund 2,20 m vor, also übermannshoch, dann treffen wir etwa den Durchschnittswert für die Seebäder an der deutschen Nordseeküste. Bei Flut würde also viel Wasser durch die Aalbek in den See laufen, bei Ebbe, sechs Stunden später, müßten diese mehrere Millionen Kubikmeter Wasser wieder in der Ostsee sein. Der Ebbstrom würde binnen kurzem die Aalbek vertiefen und zu einer breiten Rinne formen, die nicht ohne weiteres zu überwinden ist. Solche Rinnen, an der Nordsee auch Tiefs oder Gatts genannt, können bis über 30 m tief werden (z. B. Lister Tief). Ihre Gezeitenströmung ist stärker als der Küstenversatz, und daher bleiben die vielen Inseln der Nordseeküste voneinander getrennt. Die Strömung im Wattenmeerbereich sorgt überdies dafür, daß die Inseln nicht mit dem Festland zusammenwachsen, und so ist es auch kein Zufall, daß wir an der Nordsee so viele Inseln haben.

Während die Ostfriesischen Inseln reine „Spielbälle“ der Strömungen sind, ähnlich den Außensänden im Wattenmeer, haben die drei nordfriesischen Inseln Sylt, Föhr und Amrum noch einen alten Kern aus eiszeitlichen Ablagerungen, die sich bis heute der völligen Abtragung durch das Meer widersetzen konnten. Wegen der Gezeiten sprechen wir an der Nordsee von einer Außen- und einer Innenküste. Die Außenküste am offenen Meer weist eine relativ starke Brandung auf und ist daher stets sandig. Die Innenküste am Wattenmeer kennt in der Regel schluffige bis tonige Ablagerungen. Da die Außenküste sich etwa 20 bis 30 Kilometer vor der Innenküste befindet und stets durch Tiefs unterbrochen ist, muß man sich auf längeren „Stegen“ (Abb. 3) dorthin bewegen, nämlich auf Dämmen. Am bekanntesten sind der Hindenburgdamm (Eisenbahndamm) und der Nordstrander Damm (Straßendamm). Als einen solchen Steg können wir auch die Bundesstraße 202 auf der Halbinsel Eiderstedt ansehen. Durch ein „Rückgrat“ aus sandigen Ablagerungen trotzte Eiderstedt mit St. Peter-Ording an der Spitze den Sturmfluten am Ausgang des Mittelalters.

Wo die Stege fehlen, überbrückt man mit Fähren das Wattenmeer, so z. B. bei Amrum und Föhr sowie bei allen Ostfriesischen Inseln.

An der Ostseeküste hingegen gibt es keine tidebedingten Strömungen, die den Prozeß einer durchgehenden Ausgleichsküstenbildung behindern könnten. An der Lübecker Bucht sind die ehemals vorhanden gewesenen tiefen Einschnitte durch den Küstenversatz oft so perfekt abgeschnürt, daß nicht

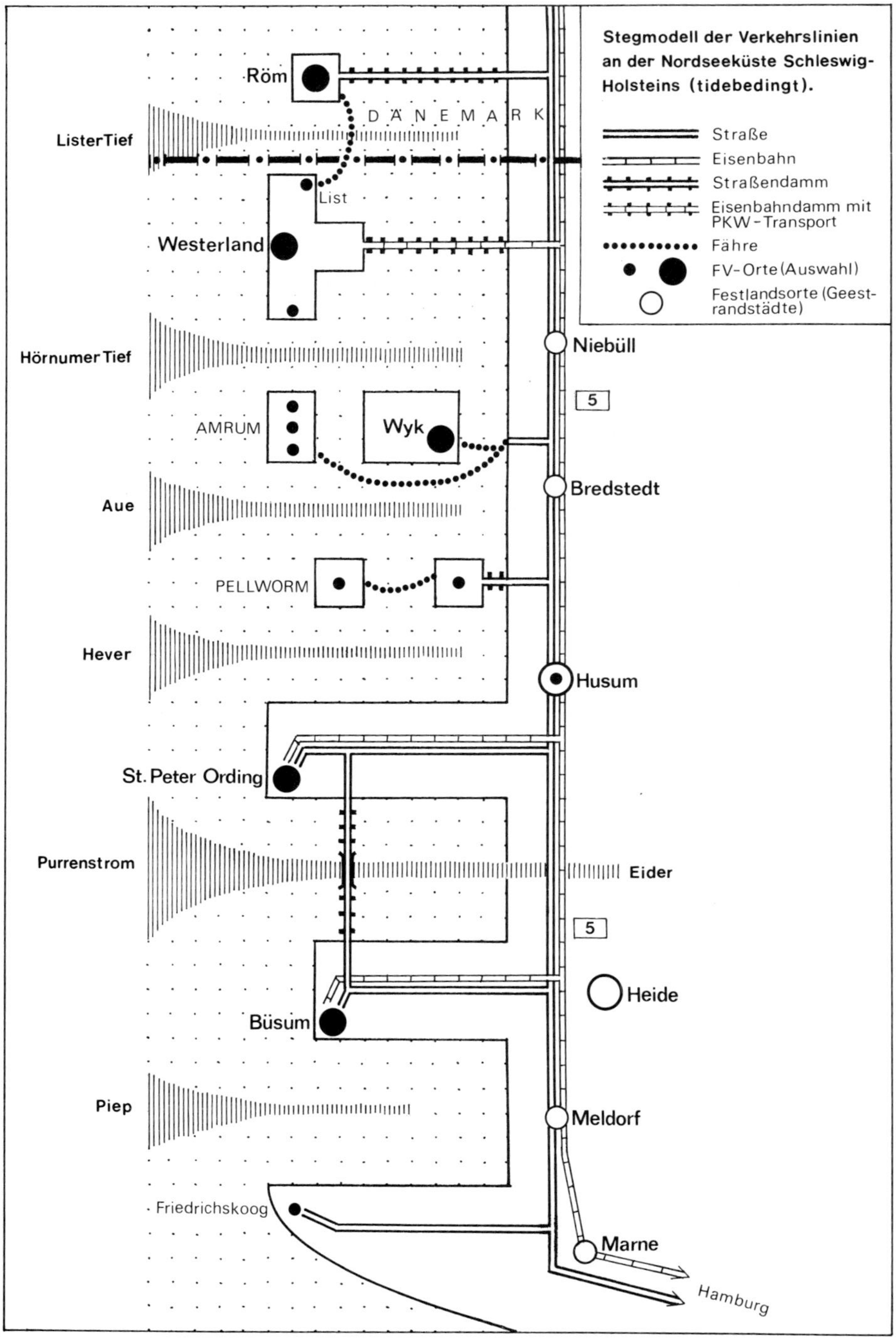

Abb. 3: Stegmodell der Verkehrslinien an der Nordseeküste Schleswig-Holsteins (stark schematisiert).

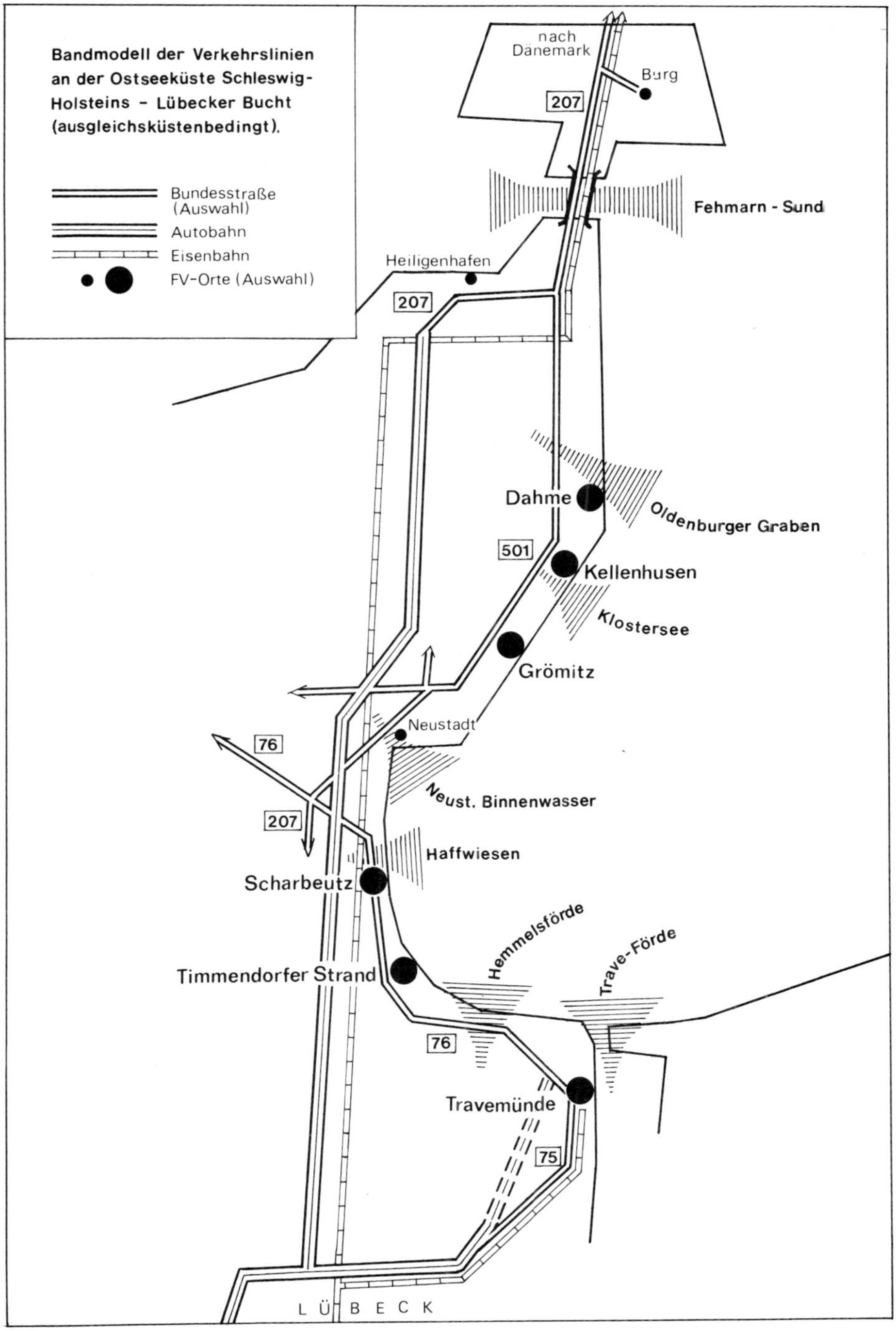

Abb. 4: Bandmodell der Verkehrslinien an der Ostseeküste Schleswig-Holsteins – Lübecker Bucht

einmal mehr ein Fluß die Nehrung durchschneidet. Die Strandseen der „inneren“ Küste sind somit völlig ausgesüßt und zum Teil verlandet. Man gelangt leicht von einem Ort zu anderen, und so sind manche Nachbargemeinden im Laufe der Zeit zusammengewachsen, z. B. Timmendorfer Strand und Niendorf, Haffkrug und Scharbeutz, und auch Dahme und Kellenhusen rücken immer mehr zusammen. Eine beliebte Beschäftigung der Gäste, gerade auch bei bedecktem Wetter, sind „Erkundungsfahrten“ in die benachbarten Fremdenverkehrsgemeinden. So konnte sich hier an der Ostsee, bedingt durch die fehlenden Gezeiten, eine Bandstruktur entwickeln, die durch die modernen Verkehrslinien akzentuiert wird (Abb. 4).

Die Fremdenverkehrszentren an der schleswig-holsteinischen Nordseeküste

Die Abb. 5 zeigt die Verteilung der Übernachtungen von Touristen an der Nordseeküste und ihrem Hinterland. Bezeichnend ist die Ballung an der Außenküste und die rapide Abnahme zum Landesinnern hin. An der Innenküste liegen nur noch zwei große Fremdenverkehrsorte mit jährlich über 750 000 Übernachtungen: Wyk und Büsum. Die Dichte der Schraffur in den Kreisen zeigt übrigens an, wie viele Gästeübernachtungen (x 100) auf die Wohnbevölkerung des Ortes entfallen. So gehört Hooge in die Spitzengruppe, obwohl es nur eine bescheidene Zahl von Gästeübernachtungen verbuchen kann – pro Kopf der Einwohner sind es aber doch verhältnismäßig viele Gäste. Westerland hingegen hat mit rund 10 000 Einwohnern eine so große Wohnbevölkerung, daß selbst weit über eine Million Gäste nicht ausreichen, um den Ort in die Spitzengruppe der fremdenverkehrsintensivsten Orte zu bringen.

Im Anschluß an die Ausbreitung von Fakten fragen wir stets nach dem „Warum?“. Warum also sind die Nordfriesischen Inseln von den Gästen so begehrt, wie es die Abb. 5 darstellt? Zum Teil ist die Ursache physischer Natur: Die Strände der Außenküste mit ihrer Brandung sind die schönsten. Zweifellos spielt aber auch ein zweiter Grund eine große Rolle, der mehr in der Natur des Menschen liegt. Man kann es als das „Inselgefühl“ bezeichnen, das Bewußtsein, auf einer überschaubaren Fläche zu sein (Becker, 1969). Für die ersten Gäste von Sylt, von denen man weiß, daß es meist Hamburger Kaufleute waren, spielte auch die Verkehrszugänglichkeit eine große Rolle. So kamen 1855 die Hamburger in größerer Zahl, nachdem 1854 die Eisenbahn über Rendsburg hinaus nach Husum und Flensburg fuhr. Endlich konnte der damals schon termingeplagte Großstädter die Fahrtdauer einigermaßen kalkulieren. Für die lange Fahrt, zum Schluß mit Boot und Pferdefuhrwerk, wurde der Gast mit einer besonders reizvollen Landschaft entschädigt, mit einem Wechsel von sanftwelligen Altmoränenflächen, flacher Marsch und kuppigen Dünen, und so kann man verstehen, daß Sylt zur meistbesuchten Ferieninsel Deutschlands geworden ist.

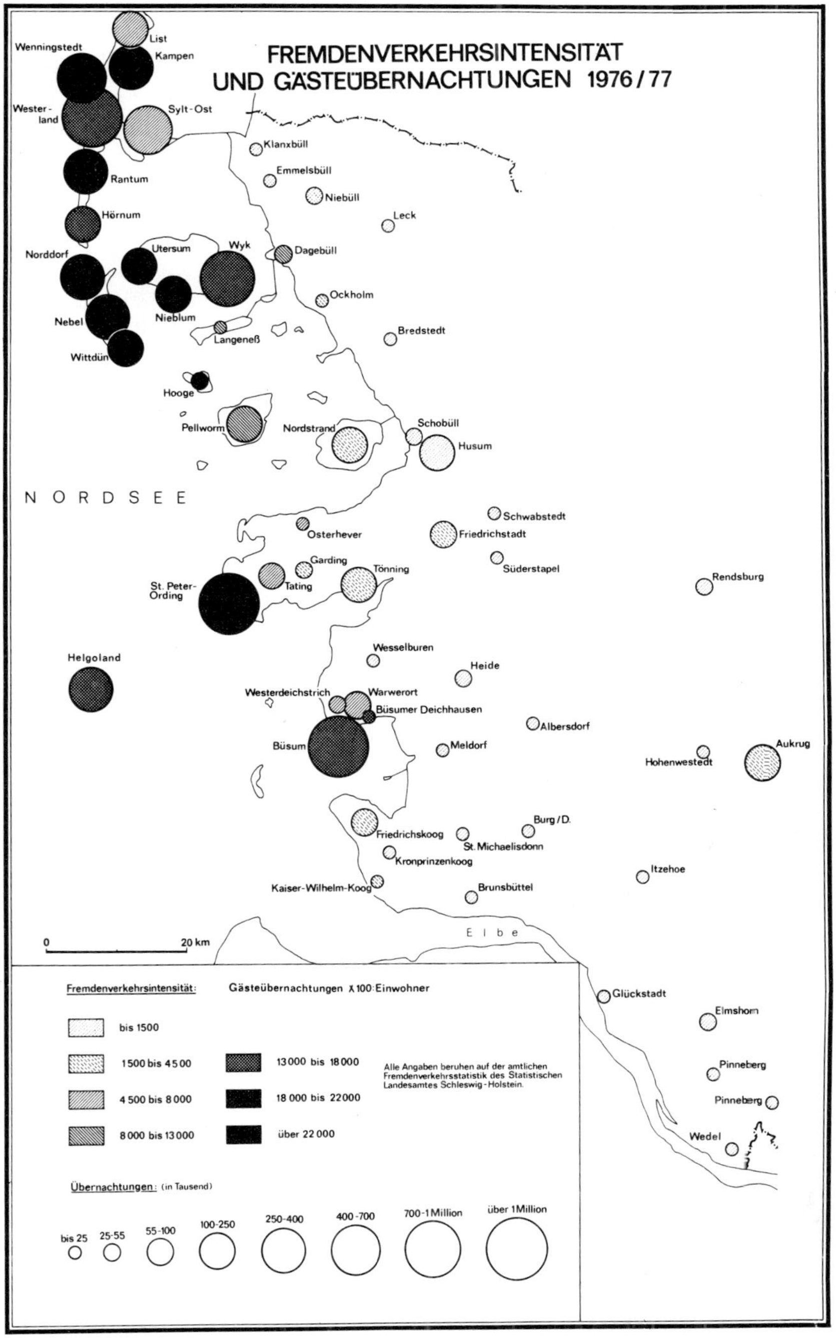

Abb. 5: Fremdenverkehrsintensität und Gästeübernachtungen im Westen Schleswig-Holsteins. Die Größe der Kreise entspricht der Anzahl der jährlichen Übernachtungen

Westerland, Zentrum von Sylt

Westerland befindet sich in der Mitte der Außenküste der Insel Sylt an der Südwestecke des zentralen Geestkerns, der nach Norden hin ansteigt und sich im Roten Kliff auf fast 30 m Höhe erhebt. In Kampen fällt das Kliff, nachdem es die größte Höhe erreicht hat, auf wenigen hundert Metern Länge bis unter den Meeresspiegel ab. Es wird von jungen Sanden überdeckt (Abb. 6). Der aufmerksame Leser ahnt schon, daß wir hier wiederum die Übergangszone vom Kliff auf den zugehörigen Haken vor uns haben.

Bei letzterem handelt es sich um die dünenbestandene Nehrung von List. List, die nördlichste Gemeinde Deutschlands, hat als Besonderheit zwei Badestrände aufzuweisen. Der relativ weit vom Ort entfernte Weststrand gehört zur Außenküste und wird landwärts von den Dünen des Lister Hakens begrenzt. Hier, am Inselende, ist der Küstenverlust besonders groß, und die erst nach dem Kriege erbaute Strandhalle wird eines Tages vom Absturz bedroht sein. Der Lister Oststrand liegt am Wattenmeer und müßte eigentlich grau gefärbt sein. Durch die heftigen Wasserbewegungen im Bereich des Lister Tiefs können sich aber keine feinkörnigen Wattschlickteilchen absetzen, und so

Abb. 6: Das Rote Kliff im Norden von Kampen auf Sylt, Blickrichtung N; ganz vorn links: Kupstenbildung auf Flugsand, der auf das Kliff geweht wurde. Rechts über dem Stock: alte Bodenbildung unmittelbar über dem gelbbraunen Lehm der vorletzten Vereisung, darüber Flugsandhorizonte. Ganz hinten am Horizont: Der Nehrungshaken des Listlandes. Braune diagonale Linie am Strand: Faschinenpackungen als Sandfänger zum Schutz des Kliffs.

Abb. 7: Westerland – die Kurpromenade, Blick nach N. Ganz rechts der 15-geschossige Mittelblock des Neuen Kurzentrums (vorwiegend Appartementwohnungen). In der Mitte der Sturmbläser, das Wahrzeichen Westerlands. Links hinter der Musikmuschel der Abfall der Strandmauer zum Strand hin (schlecht erkennbar). Die Aufnahme wurde nach der zweiten Sandvorspülung von 1978 gemacht, daher der breite Strand mit bepflanztem Schutzstreifen und seewärts die Zone für die Strandkörbe.

bleibt nur der von den Gästen so erwünschte Sand liegen. Allerdings ist der Strand nur schmal, und auch die zur Strömungsminderung eingesetzten Eisenbuhnen (von denen manche durch den Sandschliff zu gefährlichen Spießen geworden sind) bringen nicht viel. Wegen der großen Wassertiefe fällt der untermeerische Strand auch bei Niedrigwasser nicht trocken. Dazu trägt auch bei, daß der Tidenhub im Gebiet von Sylt nicht mehr so groß ist (knapp 2 m) wie im Zentrum der Deutschen Bucht. So werden bei Husum noch über 3 m gemessen. Ein gern besuchter Hafen mit einer Fährverbindung nach Havneby auf der dänischen Insel Röm, Ausflugsfahrtmöglichkeiten zu den Seehundsbänken und Fischereibetrieb (Anlandung von Krabben) steigern die Beliebtheit von List als Ausflugsziel vieler Inselgäste.

Südlich, auf dem Geestkern gelegen, schließt sich Kampen an, das hinreichend bekannte Modebad, das ursprünglich von Künstlern aufgesucht wurde. Es folgt Wenningstedt – hier soll vor 1000 Jahren der sagenhafte Friesenhafen gelegen haben – mit seinem idyllischen Dorfteich und reizvollen, um den Teich gelegenen Friesenhäusern. Aber auch diese Idylle kann die im Fremdenverkehrsbereich begangenen Bausünden kaum verbergen. Dennoch ist das alte Familienbad der zweitgrößte Fremdenverkehrsort auf Sylt geblieben. Wenningstedt hat nur einen *Kliff*strand, und der ist – keine Regel ohne Ausnahme – durchaus feinsandig. Wir erklären das so: Einerseits enthält das Kliff weniger Geschiebe, als es an der Ostsee üblich ist, und zum anderen ist der Strand im Winter, wenn die Stürme das Kliff annagen (wie auch überall sonst vor Sylt), um etwa einen Meter gegenüber dem Sommerhalbjahr erniedrigt. Dann liegen zwischen Kampen und Wenningstedt Geschiebe von recht beachtlichen Durchmessern frei. Im nächsten Sommer, wenn die Gäste kommen, ist alles wieder mit feinem Strandsand, den Wind und Wellen auf den Strand bringen, bedeckt, so daß wir im Grunde zwei „Strandstockwerke" vor uns haben, die die Natur im Wechsel von Sommer- und Winterhalbjahr eingerichtet.

Westerland, die Metropole der Insel, besticht durch die mehr als einen Kilometer lange Kurpromenade (Abb. 7), in deren Mitte seit vielen Jahrzehnten die Kurkonzerte stattfinden. Man erfreut die Gäste durch ein gut ausgestattetes Sinfonieorchester. Der Sturmbläser – vorn auf Abb. 7 – ist das Geschenk eines dankbaren Kurgastes an seinen Badeort. Ganz rechts im Bild erkennt man den 15-geschossigen Mittelbau des „neuen" Kurzentrums, einer Appartementanlage, die Ende der 60er Jahre erbaut wurde. Insgesamt zählt Westerland gegenwärtig etwa 4000 Appartementwohnungen. Die Haupteinkaufsstraße, die Friedrichstraße, glänzt mit zahlreichen Geschäften der Spitzenklasse. Bei Regenwetter trifft sich hier ein großer Teil der Inselgäste; und lange Pkw-Staus und ein großes Gedränge in der Innenstadt beweisen das eindringlich. Westerland liegt recht exponiert an einem leichten Knick der Insel und hat neben der schönsten Brandung auch die größten Küstenschutzprobleme. Da man sich in der Vergangenheit nicht genug klar gemacht hat, daß man sich an einer Rückgangsküste befindet (langfristig verliert die Westküste der Insel im Durchschnitt einen Meter pro Jahr – Westerland selbst etwas weniger), wurde sehr dicht am Meer gebaut. Bis heute gibt es kein Gesetz, das das Bauen im 100-m-Bereich an der Küste untersagt. Die Fachleute halten es für dringend erforderlich. Nachdem man Ende der fünfziger Jahre festgestellt hatte, daß die Buhnen vor Mittelsylt keinen besonderen Nutzen bringen, begann man mit Sandvorspülungen: 1972 zum ersten Mal, 1978 zum zweiten Mal und 1984 zum dritten Mal. Stets wählte man eine andere Form (s. Abb. 8). Zunächst probierte man es mit einer Sandbuhne von einem halben Kilometer Länge, dann mit einer strandparallelen Vorspülung (Abb. 7, ganz links) und schließlich mit einer dreigipfligen Bogenform („Zeltmodell"). Da man seit 1907 die Strandlinie vor Westerland durch Mauern festgelegt hat, wird man auch in Zukunft Sand vorspülen müssen. Probleme bereitet die Sandentnahmestelle. Die beiden ersten Male entnahm man den Sand dem Wattenmeer östlich des Rantum-Beckens (je 1 Mio. Kubikmeter). Um das Watt nicht weiter zu zerstören, wurde diesmal der Sand vom Sockel der Insel, einige Kilometer westlich vor Westerland gebaggert. Dies ist natürlich eine preiswerte, aber nach Ansicht des Verfassers auch bedenkliche Methode. Kein Bauherr würde auf die Idee kommen, die Steine, die ihm im aufgehenden Mauerwerk fehlen, aus dem Fundament zu brechen.

Verlassen wir Westerland und begeben wir uns auf den südlichen Nehrungshaken, von dem sich unlängst herausstellte, daß er teilweise gar kein richtiger Haken ist. Rantum, der nächste Badeort, liegt nämlich auf einer ganz flachen Geestkuppe. Sie ist so flach, daß sie erst vor wenigen Jahren zweifelsfrei identifiziert wurde. Als der Verfasser vor über 20 Jahren als Student nach einer Sturmflut gegenüber seinen akademischen Lehrern die Meinung äußerte, hier müsse eigentlich ein Geestkern sein, weil der vom Strandsand befreite Untergrund gar keinen anderen Schluß zuließe, zeigte man sich recht reserviert, und da die Beweise nach 24 Stunden wieder eingesandet waren, blieb es beim Verdacht. Als nun 1983 ein respektabler Grabhügel (dessen äußerer Steinkranz sogar noch erhalten war) von über drei Meter Höhe unter den Dünen nach einer Sturmflut zum Vorschein kam, waren alle Zweifel beseitigt. Rantum liegt also auf einem inzwischen vom Strand- und Dünensand überlagerten Geestkern, auf dem schon vor Christi Geburt Menschen gesiedelt und geakkert haben. Im Gegensatz zum Nachbarort Hörnum hat Rantum auf seiner Ostseite stets einen breiten Marschstreifen gehabt, und seit 150 Jahren wohnen die Alt-Einwohner auf fünf Warften ganz nahe der östlichen Abbruchkante. Seit 1962 stand das Wasser bei Sturmflut mehrfach bis zur Höhe der Fensterbänke in diesen schönen alten Häusern. Es handelt sich wahrscheinlich um eine unerwünschte „Nebenwirkung“ des Hindenburgdamms, der bei Südwest einen Stau im südlichen Nehrungsbecken bewirkt und das Wasser viel höher auflaufen läßt als vor dem Bau (im Jahre 1927).

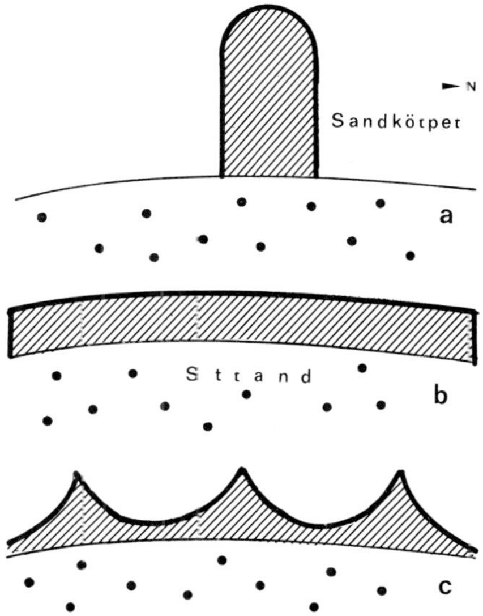

Abb. 8: Die Gestaltung der Sandvorspülungen vor Westerland (schematisch)
a) Sandbuhne (1972)
b) küstenparallele Strandverbreiterung (1978)
c) dreigipflige Bogenform („Zeltmodell“) (1984)

Der Damm endet bei Nösse, einem Teil der Großgemeinde Sylt-Ost, deren Mittelpunkt das hübsche Friesendorf Keitum mit seiner markanten St.-Severins-Kirche ist. Sie war früher das beherrschende Seezeichen der Insel, und alle Gemeinden mußten Beiträge zum Erhalt des Turmes bezahlen. Die Kirche liegt in Luftlinie mit den großen Kirchen von Nieblum auf Föhr und Pellworm sowie der Kirche von Tating auf Eiderstedt. Der Sage nach sollen sie alle von demselben Baumeister, einem Engländer, erbaut worden sein, der mit dem Pferd von Baustelle zu Baustelle ritt. Es gibt Indizien, daß diese Sage der Wahrheit entsprechen könnte.

Wyk, das Tor zu Föhr und Amrum

Mit der Johannis-Kirche von Nieblum (Abb. 9) wenden wir uns der Insel Föhr zu, und daß wir sie an den Anfang stellen, geschieht nicht ohne Grund. Auf Föhr beherrschen nämlich die Kirchen nach wie vor die Silhouette der Insel, während auf Sylt die Appartementbauten das Bild prägen. Föhr besteht überwiegend aus flacher Marsch, während der Geestkern sich auf den Süden der Insel beschränkt. Am östlichen Übergang von Marsch und Geest in hochwasserfreier Lage konnte sich am Aue-Tief (Hafengunst) der Flecken Wyk entwickeln, der schon zum Fremdenverkehrsort wurde (1819), als Westerland noch ein niedergehendes Bauern- und Seefahrerdorf war (Badgründung in Westerland: 1855). Wyk erfreute sich als Fremdenverkehrsort bald der Förderung durch die dänische Krone. So stiftete König Friedrich VI. tausend Bäume zur Bepflanzung des „Sandwalls“, um eine Allee entstehen zu lassen. Noch heute trägt die Promenierstraße direkt am Meer diesen Schmuck. Zwischen den Stämmen blickt man auf die Halligen, ein Ausblick, den kein anderer Nordsee-Badeort aufweisen kann. Mit dem Stichwort „Sandwall“ sind wir wieder bei unserem „Leitmotiv“. Beim Sandwall handelt es sich um eine Nehrungsbildung östlich des Geestkerns. Das Aue-Tief ist nämlich kräftig genug, um Sand zu transportieren und einen Sandstrand zu schaffen. Dies ist an der Innenküste sehr selten und ein besonderer Vorzug Wyks vor anderen Orten der Innenküste. Der Sandwall bot wohl ursprünglich dem Hafen Schutz,

Abb. 9: Die St.-Johannis-Kirche in Nieblum auf Föhr, ein spätromanischer Backsteinbau unter Verwendung von Granitquadern. Letztere deuten auf einen Vorgängerbau aus Natursteinen hin.

Abb. 10: Die Mittelstraße in Wyk auf Föhr, Haupt-Einkaufsstraße, Fußgängerzone; Blickrichtung N

wurde aber im Laufe der Zeit durch ständige Neu-Anlandung von Sand eher zum Hindernis für den Hafen, so daß man direkt am Strand einen Fähranleger baute. Heute ist das Freihalten einer Fahrrinne technisch kein Problem mehr, so daß die modernen Fährschiffe wieder im modernisierten Hafen festmachen.

Eine erste Blüte erlebte Wyk ab 1842, als der dänische König Christian VIII. zu seinem ersten Sommeraufenthalt nach Wyk kam. 1844 weilte der Märchendichter Hans-Christian Andersen unter den Gästen des Hofes. Seiner Beschreibung entnehmen wir, daß Wyks Häuser noch alle mit Reet gedeckt waren. Nach den großen Bränden von 1857 und 1869, die jeweils fast die halbe Stadt vernichteten, wurden sie mit Hartdächern wieder aufgebaut. Ein einzelnes Exemplar steht noch an der Mittelstraße, die vor einigen Jahren zur Fußgängerzone ausgebaut worden ist. Sie beginnt an der Landungsbrücke und führt quer durch die Stadt zu den Dörfern. Als Hauptgeschäftsstraße konkurriert sie mit dem küstenparallelen Sandwall.

Reetdachhäuser in größerer Zahl sieht man noch im Nachbardorf Nieblum, das eine gewisse Ähnlichkeit mit Keitum auf Sylt aufweist. Das reizvolle Nieblum hat Anteil am Strandbereich und ist zum zweitgrößten Fremdenverkehrsort auf der Insel geworden. Den dritten Platz hält Utersum an der Südwestecke Föhrs. Die Erschließung der Dörfer für den Fremdenverkehr ist auf Föhr noch nicht so stark vorangeschritten wie auf Sylt oder Amrum.

Alle drei Gemeinden Amrums – Wittdün im Süden, Nebel in der Mitte und schließlich Norddorf – tragen den Status von Badeorten, und sie alle haben Anteil an dem breiten Weststrand, dem Kniepsand, der früher eine Sandbank war. Die größte Fläche Amrums als Insel an der Außenküste wird von Sand und Dünen eingenommen, und dadurch unterscheidet sich diese Insel erheblich von Föhr. Östlich der Dünen, wo der Flugsandsaum die Qualität der einstigen Ackerböden stark verringert hatte, wurde durch Aufforstung eine durchgehende Waldzone geschaffen mit vielen Wanderwegen – ein besonderes Geschenk der Insel an ihre Gäste. Amrums Marschfläche ist die kleinste aller drei nordfriesischen Inseln. Die südlich gelegenen Halligen sowie Pellworm und Nordstrand hingegen sind reine Marschbildungen im Bereich der Innenküste, wo der geringe Wellenschlag keine Sandstrände zu schaffen in der Lage ist. Die Gäste, die hier immer zahlreicher werden, suchen die Weite der Landschaft, die frische Luft, das Wattwandern in der freien Natur und genießen die Ruhe dieser amphibischen Welt.

St. Peter-Ording – in Westeiderstedt an der Spitze

Die Halbinsel Eiderstedt, wo die Bauern früher so reich waren, daß man dort nach einem alten Sprichwort mehr Silber als Eisen fand, mußte in den vergangenen Jahrzehnten aus mancherlei Gründen einen steten Bedeutungsverlust hinnehmen. Die zahlreichen leerstehenden Warften verraten, daß die Einwohnerzahl stark gesunken ist. Daß dieser peripher gelegene Raum mit seiner großen Zahl an Arbeitslosen dennoch seinen guten Klang erhalten kann, verdankt er dem Fremdenverkehr. An der Spitze der Halbinsel liegt die einzige Gemeinde mit stark ansteigender Bedeutung: St. Peter-Ording. Wer St. Peter-Ording kennt, denkt zunächst an die weiten Sandbänke und die auf hohen Stelzen erbauten Restaurants mit ihrem herrlichen Ausblick auf die See und auf den Ort. Die Sandbänke verlagern sich ständig. Gegenüber der Zeit um die Jahrhundertwende, als man am neuerbauten Ortsteil „Bad" unmittelbar am Hotel (das erste Hotel wurde 1877 erbaut und nannte sich „Strandhotel", s. Abb. 11) in die Fluten steigen konnte, hat sich viel geändert. In wenigen Jahrzehnten wuchs – von Ording her – eine Sandbank, eine Art Nehrung, nach Süden und degradierte die alte Badestelle zu einem „Sandpriel". Ihn überwand man im Jahre 1926 mit einer Holzbrücke (seit 1952 aus Beton), um trokkenen Fußes auf die Sandbank zu kommen, nach deren Überquerung man dann den neuen Badestrand erreichte. 1951 wurde auf der Sandbank das auf Stelzen gestellte Restaurant „Arche Noah" eröffnet, das den Gästen tagsüber den langen Weg in den Ort ersparte. Inzwischen schob sich eine neue Sandbank vor den Ort. Das Badewasser vor der Arche Noah wurde zum Badepriel, die neue Sandbank, „Außensandbank" genannt, mußte nunmehr zusätzlich überwunden werden, um an das offene Meer zu kommen. So nutzten in der Folgezeit die meisten Gäste die Möglichkeit, weiter im Norden, in Ording, direkt mit dem Pkw auf den Strand fahren zu dürfen. Dort draußen, in

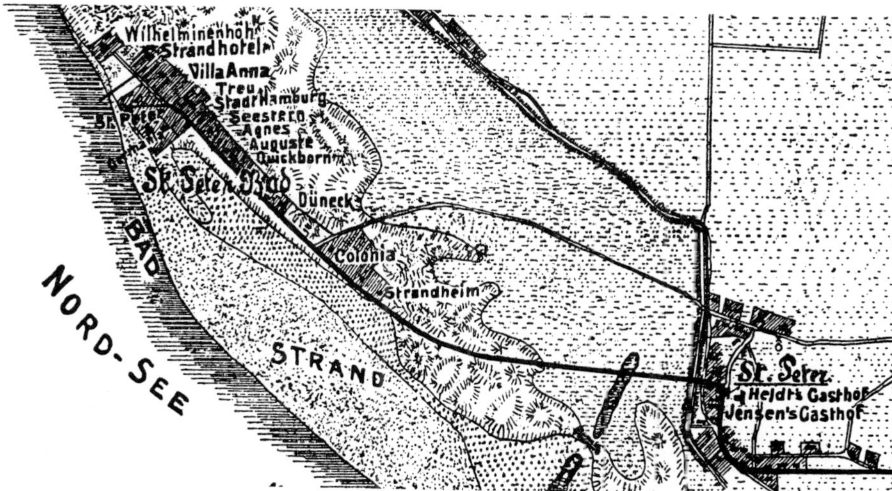

Abb. 11: St. Peter-Ording mit den Ortsteilen St. Peter (altes Kirchdorf) und Bad („neue" Fremdenverkehrssiedlung) – aus einem Prospekt des Jahres 1909. Man konnte damals noch unmittelbar vor dem Ortsteil Bad baden, daher der Name. Heute beginnt das offenen Meer mehr als einen Kilometer weiter westlich. Dazwischen liegen zwei Sandbänke, die Badesandbank und die Außensandbank.

unmittelbarer Meeresnähe, werden auch die Strandkörbe aufgestellt und Burgen gebaut. Bei höheren Wasserständen können die Strandkörbe auf flutsicheren Podesten gelagert werden. Die Sandbänke sind ein Dorado für Strandsegler (Abb. 12). Auch im Süden, bei den Ortsteilen Süd (altes Kirchdorf St. Peter) und Böhl, kann man mit dem eigenen Wagen direkt auf die Sandbank fahren. Die Beliebtheit der südlichen Badestrände nahm in den 70er Jahren etwas ab, nachdem seit dem Bau des Eidersperrwerks eine gewisse Verschlikkung einsetzte. Kein Wissenschaftler kann bis heute beweisen, daß hier ein Zusammenhang besteht, aber es ist eine Tatsache, daß mit der Abschnürung des Eidertrichters die spülende Kraft des Ebbstroms nachgelassen hat. Hier könnte durchaus eine „Fernwirkung", eine unerwünschte Nebenwirkung des Eidersperrwerks, aufgetreten sein. Wie sich aus der Zahl der aufgestellten Strandkörbe erschließen läßt, hat sich in den letzten Jahren der Strand von Ording zum Favoriten der Gäste entwickelt. Aber seit 1983, seit man den Damm nördlich Nordstrand baut, gibt es auch dort Probleme. Die Sandbank hat sich um mehrere Dezimeter erniedrigt, so daß selbst bei mäßig erhöhten Wasserständen die Autos nicht mehr auf der Sandbank parken können. Die Tendenz setzte sich 1984 fort. Es bleibt abzuwarten, ob sie nur temporär oder längerfristig existiert. Man betrachtet die Entwicklung jedenfalls mit Aufmerksamkeit und Sorge.

St. Peter-Ording erhielt das Prädikat eines Nordseeheil- und Schwefelbades, nachdem man 1957 während der Bauarbeiten zum Kurmittelhaus zufällig eine Schwefelquelle entdeckte, die sogleich an Ort und Stelle nutzbar gemacht wurde.

Abb. 12: Strandsegler auf der Sandbank vor Ording. Im Hintergrund rechts einige parkende Autos und eines der hochwasserfreien Restaurants.

Abb. 13: Das Watt vor Büsum, auflaufendes Wasser, Krabbenkutter vor dem Einlaufen in den Büsumer Hafen.

Büsum – Dorado für Wattläufer

Um die Jahrhundertwende hatte ein Gast aus Hamburg die Idee, die gerade in Mode gekommenen Wattwanderungen durch eine voranmarschierende Musikkapelle attraktiver zu gestalten, und so wurde das fröhliche Gruppenerlebnis im Watt zu einer Spezialität dieses freundlichen Nordseebades. Wenn die Kapelle nicht marschiert, gestaltet jeder das Wattlaufen nach seinen eigenen Vorstellungen, und dazu gehört auch das Sammeln von Muscheln und Schneckengehäusen (Abb. 13). Weiterhin typisch für Büsum: der „grüne Strand", mit dem gern geworben wird. Mit anderen Worten: Da der Bereich vor dem Deich im Wechsel der Gezeiten überflutet wird, stellt man die Strandkörbe auf der Deich-Außenseite auf (Abb. 14). Burgenbauen ist weder möglich noch nötig. Viele ältere Menschen begrüßen dies. Sie können ohne Kleidungswechsel von der Promenade auf der Deichkrone in den Strandkorb überwechseln oder nach einem Aufenthalt im Strandkorb sich auf der Promenade „die Füße vertreten". Für diejenigen, die auf den Sand nicht verzichten wollen, hat man vor einiger Zeit die nördlich gelegene Perlebucht mit Sand aufgespült, ein Experiment, dessen endgültiger Ausgang noch abgewartet werden muß. Dabei geht es nicht um die Haltbarkeit des Sandkörpers, denn die Abrasion, die abtragende Tätigkeit des Meeres, ist hier – im Gegensatz zu Westerland – sehr gering. Wohl aber bewirkt die zu geringe Brandungsenergie nicht den erforderlichen Reinigungseffekt, so daß die feinkörnigen dunklen Wattsedimente, die gelegentlich bei hohen Wasserständen abgelagert werden, den Sand allmählich durchsetzen und vergrauen. Am anderen, südlichen Ende des Deiches, befindet sich der relativ große Hafen mit Werft und Krabbenfischerflotte.Damit spielt Büsums alte Funktion als Fischer- und Hafensiedlung noch immer eine Rolle.

Büsum ist wohl das unauffälligste und bescheidenste unter den vier großen Fremdenverkehrszentren an der schleswig-holsteinischen Nordseeküste. Nach einer Befragung des Verfassers aus dem Jahre 1978 (367 Befragte in Büsum, ähnlich viele in den anderen Orten) empfinden 99 % aller Büsumer Gäste ihren Urlaubsort als „solide". Vorgegeben war die Alternative: „Elegant oder solide". Also nur 1 % stuften ihn als eher elegant ein. Hinsichtlich der Eleganz liegt Büsum am Ende in der Reihe der Vergleichsorte, denn Wyk wurde von 3 % der dort befragten Gäste, St. Peter-Ording von 5 % und Westerland gar von 41 % der Befragten als „elegant" eingestuft. Dafür kann Büsum beim Begriffspaar „preiswert – teuer/anspruchsvoll" für sich in Anspruch nehmen, von 78 % der Gäste als preiswert apostrophiert zu werden, während auf der anderen Seite Westerland von nur 13 % der Gäste als preiswert angesehen wird. Unübertroffen ist auch die Zustimmung der Gäste zu Büsums städtebaulichem Charakter. Das große Hochhaus (Abb. 14) wird dem Ort von fast allen Gästen verziehen. 94 % aller befragten Büsumer Gäste halten den Ortscharakter für „gerade richtig", während Westerland von einem Drittel seiner Gäste als zu städtisch empfunden wird und St. Pter-Ording von 13 % als zu ländlich bzw. zu wenig städtisch angesehen wird. Wyk liegt hinsichtlich der

Abb. 14: Der „grüne Strand" (Deich) von Büsum, vorn die Kurpromenade auf der Deichkrone, im Hintergrund das Appartement-Hochhaus.

Zustimmung hinter Büsum auf dem zweiten Platz. Was die Berufsstruktur der Gäste angeht, so hält Büsum den höchsten Arbeiteranteil unter den genannten Orten: 15,5 % (Westerland: 4,0 %). Hingegen halten sich nur 7,7 % Selbständige und Freiberufler in Büsum auf (21,9 % in Westerland).

Wer nun aber meint, die Westerländer Gäste seien mit ihrem Bad sehr unzufrieden und würden ihm etwa wegen des zu städtischen Charakters bald den Rücken zeigen, hat weit gefehlt. Auch die Meinung, Büsums bescheidenes Äußere und der hohe Arbeiteranteil unter den Gästen würden sich sicherlich in einem einfacheren Einzelhandelsangebot widerspiegeln, wäre eine vorschnelle Interpretation. Wenn die menschliche Psyche, und letztlich sind es ja psychische Momente, die hinter den Erscheinungen stehen, derart einfach strukturiert wäre, dann hätten die Sozialwissenschaftler den Menschen bald ausgeleuchtet. Glücklicherweise ist es nicht so. So müssen wir also zur Kenntnis nehmen, daß in Westerland die Zahl der Stammgäste überdurchschnittlich hoch ist und daß in Büsum die Zahl der Geschäfte des gehobenen Bedarfs (Pelze, Schmuck, hochwertige Textilien usw.) beachtlich ist, und das trotz der Nähe des Mittelzentrums Heide.

Die eben durchgeführten Zahlenspielereien sollten noch einmal deutlich machen, was wir bei der Strandgestaltung schon festgestellt hatten: Die Nordseebäder sind *Individualisten* unter den Seebädern; die Außenküstenorte Westerland mit der Brandung und St. Peter-Ording mit den Sandbänken und Stelzenbauten darauf; die Innenküstenorte Wyk mit der einmaligen Halligkulisse und Büsum mit dem grünen Strand: Jedes hat sein unverwechselbares eigenes Gesicht.

Die Fremdenverkehrszentren an der schleswig-holsteinischen Ostseeküste

Im Gegensatz zur Nordseeküste, wo der Schwerpunkt der Gäste-Übernachtungen weit entfernt von jeder Großstadt liegt, fällt an der Ostseeküste – wie die Abb. 15 zeigt – die Ballung an der Lübecker Bucht auf. Tatsächlich begann hier der Fremdenverkehr im „Hausbad" von Lübeck, dem nahen und mit Pferdekutsche oder Schiff leicht erreichbaren Travemünde, schon im Jahre 1802; und nachdem der Bäderseeverkehr etabliert war, eroberte sich der Fremdenverkehr ein Fischerdorf an der Lübecker Bucht nach dem anderen. Fehmarn als Insel war damals noch zu weit abseits gelegen, und die Hohwachter Bucht oder die Küste von Schwansen entzogen sich noch bis in die Mitte unseres Jahrhunderts wegen der Eigentumsstruktur (hier grenzten die Güter mit ihrem Landbesitz direkt an die Ostsee) dem Fremdenverkehr. Auch die Bäder an der Kieler Förde entwickelten sich spät, da Kiel erst nach dem Ausbau zum Reichskriegshafen in den Jahren ab 1871 zu einer großen Stadt wurde.

Die größten Fremdenverkehrsorte der schleswig-holsteinischen Ostseeküste sind heute (in der Reihenfolge ihrer Übernachtungszahlen) Grömitz, Timmendorfer Strand und Damp 2000. Das ehrwürdige Travemünde steht – was die Übernachtungsziffern angeht – jetzt in Konkurrenz zu Scharbeutz, Heiligenhafen und Burg auf Fehmarn. Letztere haben durch die Ferienzentren ihren Ruf als verschlafene Land- und Hafenstädtchen aufbessern können. Insbesondere die Heiligenhafener begrüßen es, neben dem Landeskrankenhaus nun diese wesentliche neue Funktion in ihren Mauern zu wissen.

Beginnen wir unseren Überlick über die großen Fremdenverkehrsorte an der Ostsee im Norden mit Damp.

Damp 2000 – Ferienzentrum auf der „grünen Wiese"

Nein, es war nicht die überwältigende Nachfrage der Gäste, die an dieser nichtssagenden Stelle der Ostseeküste eines der größten Ferienzentren Deutschlands entstehen ließ. Das Ferienzentrum liegt auf einer flachen Moränenkuppe, die im Westen rund 9 m Höhe erreicht, zum Osten hin jedoch auf eine so geringe Höhe absinkt, daß ein Kliff nicht mehr sichtbar wird. Da die Ausgleichsküstenbildung am äußersten Rand der Eckernförder Bucht schon sehr weit fortgeschritten ist (keine schützenden vorspringenden Kliffpartien), ist der Strand von Natur aus nie sehr breit gewesen – ein Übel, das man auch erkannt und durch Sandvorspülungen zu beheben versucht hat.

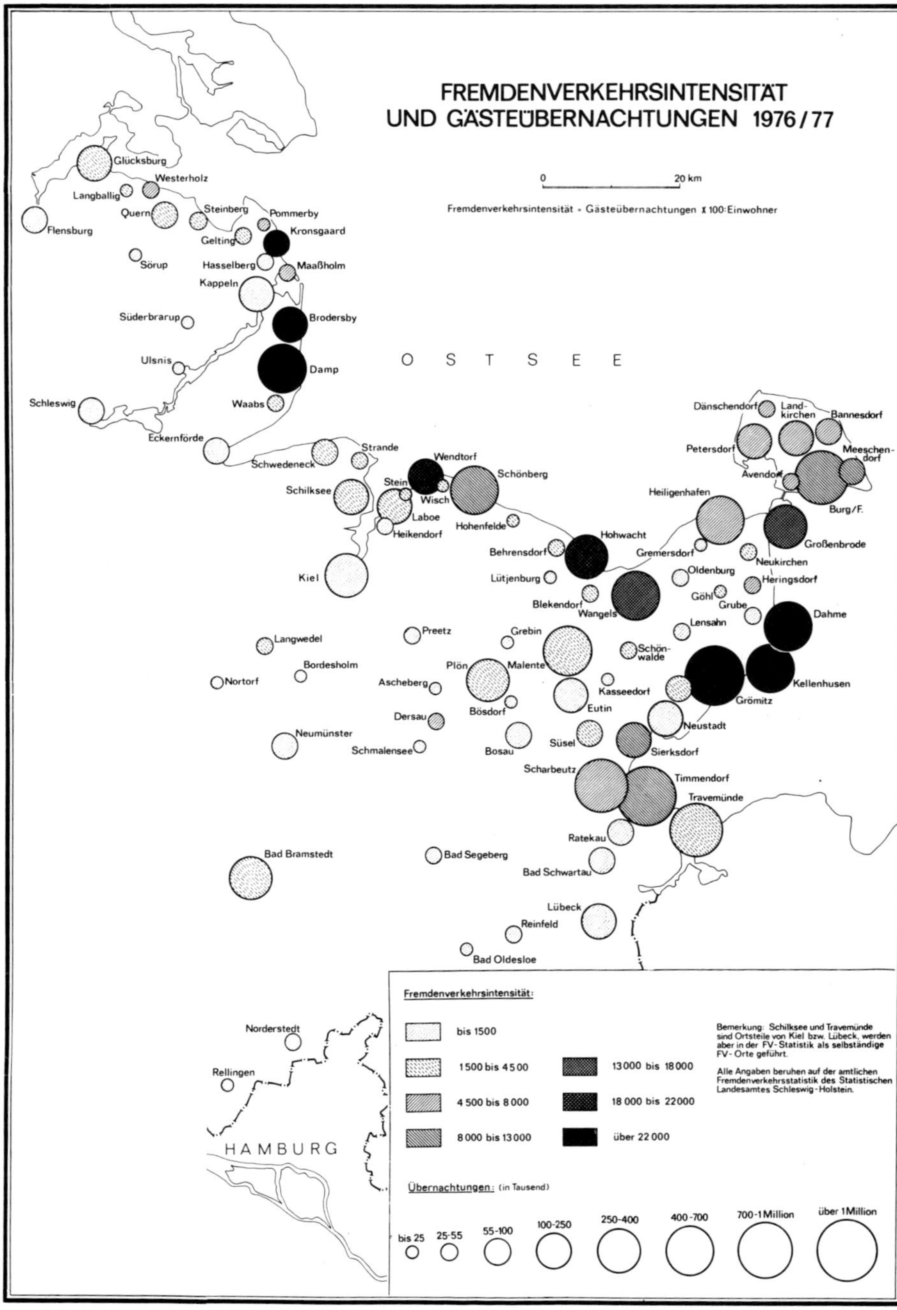

Abb. 15: Fremdenverkehrsintensität und Gästeübernachtungen im Osten Schleswig-Holsteins. Die Größe der Kreise entspricht der Anzahl der jährlichen Übernachtungen.

Abb. 16: Das Ferienzentrum Damp 2000, Gemeinde Damp, Blickrichtung S; im Vordergrund Pultdachhäuser, die zum Teil inzwischen als Ferienhäuser an Privatleute verkauft worden sind, zum Teil noch zum Ferienzentrum gehören, im Hintergrund eines der drei dreiflügligen Hochhäuser.

Die Ursache für das Zustandekommen des Projekts ist wohl in einer „konzertierten Aktion“ zwischen dem Eigentümer des ehemaligen Gutsgeländes, dem Land Schleswig-Holstein und den Geldgebern zu sehen. Alle drei Beteiligten hatten ein großes Interesse, gerade hier ein Ferienzentrum entstehen zu lassen: der Eigentümer (aus verständlichem Grund), das Land Schleswig-Holstein, weil sich hier eine Chance bot, dem strukturschwachen Raum Schwansen zu helfen, und schließlich die Geldgeber, die hier ein geeignetes Gelände vorfanden, auf das sich ein steuersparendes Objekt stellen ließ. Die Finanzierung des Bauvorhabens wurde vielfältig aus öffentlichen Mitteln gefördert: Der Bund konzedierte Sonderabschreibungen, Investitionszulagen und Zonenrandgebiets-Förderungsmittel; das Land förderte durch Zuschüsse aus dem „Regionalen Förderungsprogramm“, der Gemeinschaftsaufgabe „Verbesserung der regionalen Wirtschaftsstruktur“ und durch Kredite aus dem Kommunalen Investitionsfonds sowie aus dem ERP-Programm. Insgesamt 2500 Kommanditisten, meistens Angehörige freier Berufe, erbrachten das Eigenkapital für den Bau von Damp 2000 (nach Becker, 1976). Schon bald nach Baubeginn, aber besonders in den Jahren nach der Fertigstellung (1973) merkte man, daß das Konzept eines reinen Vermietungs-Zentrums nicht erfolgreich sein würde. Die geplanten Auslastungsziffern erwiesen sich als

Wunschträume. Es spricht für das Management des Ferienzentrums, daß es sehr bald den medizinischen Sektor (Klinik) ausbaute und durch den Verkauf eines Teils der kleinen Ferienhäuschen (Abb. 16, Vordergrund) sowie den Neubau eines Appartement-Blocks zusätzliche Einnahmen erwirtschaftete, die es vor dem Schicksal anderer Feriengroßprojekte an der schleswig-holsteinischen Ostseeküste (Konkurs, Zwangsverwaltung) bewahrte. Im Rahmen der Gegebenheiten kann das Ferienzentrum zufrieden sein: Prinzipiell wurde dieses Angebot von den Gästen angenommen, und die Zahl der Stammgäste – wenngleich natürlich nicht vergleichbar mit den alten etablierten Bädern – steigt. Auch das Land Schleswig-Holstein ist zufrieden: Es sind mehrere hundert Arbeitsplätze geschaffen worden. Die Einwohnerzahl des Dorfes stieg seit 1970 um rund 200 Prozent. Nach Westerland hat Damp die höchste Anzahl von Gäste-Übernachtungen im Winterhalbjahr aufzuweisen.

Bezeichnend für ein Ferienzentrum ist die Ballung der Freizeiteinrichtungen auf einer kleinen Fläche, so daß sie alle leicht erreichbar sind. Neben dem Hallenschwimm- und dem Freibad, dem Haus des Kurgastes und dem Kurmittelhaus, die zur Standardausstattung eines großen Seebades in Schleswig-Holstein gehören, sind als zusätzliche Einrichtungen zu nennen: ein großer Yachthafen, ein Sportplatz, eine Sporthalle und anderes mehr.

Von Damp an die Lübecker Bucht

Blicken wir noch einmal auf die Abb. 15 und begeben uns von Damp aus in Gedanken an die Lübecker Bucht, so passieren wir einige größere Fremdenverkehrsorte: Schönberg, das „Hausbad" von Kiel, Hohwacht mit der südlich anschließenden abgeschnürten Bucht von Sehlendorf und lehrbuchartig ideal geschwungenen Nehrung, Wangels, das seine Übernachtungsziffern vor allem dem Ferienzentrum Weißenhäuser Strand verdankt und schließlich als südlichsten Fremdenverkehrsort Heiligenhafen mit seinem riesigen Ferienzentrum und zahlreichen reizvollen Strandabschnitten. Wer den Ausgleichsküstenvorgang eindrucksvoll vor Augen geführt haben möchte, muß nach Heiligenhafen fahren und sich das ausgedehnte Nehrungssystem ansehen. Von besonderem Reiz ist Graswarder mit seinen fingerförmig gebogenen Hakenteilen, die meerwärts zu einer geschlossenen Nehrung zusammenwachsen. Der Abschnürprozeß der Bucht von Heiligenhafen ist in vollem Gange. Auch Burg auf Fehmarn, das östlichste der bundesdeutschen Ostseebäder, ließ sein Ferienzentrum auf einer Nehrung bauen. Sie umschließt den Burger Binnensee, der noch eine recht breite Öffnung (Fahrrinne des Burger Hafens) zum Meer hin hat. Der Fremdenverkehr begann in Fehmarn in größerem Stil erst nach dem Zweiten Weltkrieg – nach Vollendung der Brücke über den Fehmarnsund im Jahre 1963. Heute wird auf der einst überwiegend durch die Landwirtschaft geprägten Insel das meiste Geld mit dem Fremdenverkehr verdient.

Mit den beiden Bädern Dahme und Kellenhusen begeben wir uns an die Lü-

Abb. 17: Luftbild des Ostseebades Dahme aus der Zeit um 1930. Die Anlage ist typisch für einen Ostsee-Fremdenverkehrsort v. l. n. r.: Flachwasserzone der Ostsee, Badestrand mit Strandkörben, Nehrungshaken mit Freizeiteinrichtungen, Deich als Hochwasserschutz für die dahinter liegende Niederung (Strandsee, einst Meeresbucht), Deichende links bei der ansteigenden Moränenkuppe, mehrgeschossige Neubauten für den Fremdenverkehr hinter dem Deich in niedriger Lage, alte Dorfgebäude ganz links in nahezu bzw. absolut hochwasserfreier Lage.

becker Bucht. Von Dahme existiert ein Luftbild aus den 30er Jahren, als die Bebauung noch recht übersichtlich war, so daß alle Elemente des Ortes gut erkennbar sind (Abb. 17). Dahme darf in seiner klaren Grundrißgestaltung und Funktionsaufteilung als Musterbeispiel für einen Ostsee-Badeort gelten. Dahmes Ortszentrum liegt auf einer flachen Jungmoränenkuppe in gewöhnlich hochwasserfreier Lage. Bei der Jahrhundertflut von 1872 wurden jedoch mehrere Häuser zerstört (wie auch im benachbarten Kellenhusen). Man baute einen Deich, der als auffällige graue Linie die Abb. 17 durchzieht. Ganz links im Bild beginnt der Deich an der Moränenanhöhe. Dort setzt auch der Nehrungshaken an, der früher als Naturdeich diente, jedoch mit weniger als drei Metern Höhe keinen Jahrhundertfluten trotzen kann. Auf dem Haken baute man die ersten Einrichtungen für den Fremdenverkehr, heute befinden sich hier die Kurverwaltung, die Mehrzweckhalle, das Freibad, die Tennisplätze und vieles andere mehr. Davor ist der breite Strand mit den Burgen und Strandkörben erkennbar und davor schließlich der Flachwassersaum des Badestrandes mit der Landungsbrücke (früher erreichte man die Bäder dieser Gegend am besten mit dem Schiff von Travemünde aus). Die Häuser landeinwärts des Deiches liegen alle in einem Niederungsgebiet, das früher zum Teil unter dem Meeresspiegel lag. Es sind mehrgeschossige Bauten, die speziell dem Fremdenverkehr dienen. Die Ureinwohner des Ortes bauten ihre Häuser ganz links im Bild in (fast) hochwassersicherer Lage. Wenn man bedenkt, daß der Deich nur rund vier Meter hoch ist (das gleiche gilt für die Deiche von Kellenhusen und Grömitz), die Jahrhundertflut von 1872 jedoch deutlich höher als drei Meter war, so kann man sich vorstellen, daß es mit dem Schutz dieser Orte nicht besonders gut bestellt ist. Fachleute meinen, daß eine neue Jahrhundertflut an der schleswig-holsteinischen Ostseeküste mehr Menschenleben und Sachschäden verursachen würde als die große Sturmflut an der Nordsee im Jahre 1962. So ist also der Häuserbau in den Niederungsgebieten – vor oder hinter dem Deich – nicht unproblematisch. Das Niederungsgebiet von Dahme, durch das sich der Deich zieht, stellt den äußersten östlichen Teil des „Oldenburger Grabens“ dar. Noch in frühgeschichtlicher Zeit war er ein „Sund“, eine Wasserrinne, die sich von Dahme bis nach Weißenhäuser Strand erstreckte und damit das Gebiet von Oldenburg und Heiligenhafen zur Insel machte. Hätte man die Vogelfluglinie damals gebaut, so wäre die erste größere Brücke schon hier erforderlich gewesen. Noch heute liegen große Teile des Oldenburger Grabens unter dem Meeresspiegel, und nur die unermüdliche Arbeit der Pumpen in den Schöpfwerken sorgt dafür, daß hier kein Wasser mehr steht. Die Trennung des Oldenburger Grabens von der Ostsee ist durch den Küstenversatz bedingt, also das Wachsen von Nehrungen bei Dahme und bei Weißenhäuser Strand (an der Weißenhäuser Nehrung liegt der Strand für das Ferienzentrum).

Im südlichen Teil des Gemeindegebiets von Dahme fällt ein deutlicher Küstenknick auf (s. Abb. 4). Hier haben wir es mit einer Erscheinung zu tun, wie wir sie auch vor Westerland auf Sylt oder noch viel ausgeprägter in Blåvand in Dänemark finden. Nach allem, was wir bisher über die Ausgleichsküstenentwicklung gesagt haben, müßten solche kleinen und wenig hohen Vorsprünge längst abgetragen sein. Hier haben wir es aber mit folgender Situation zu tun: Der Landvorsprung von Dahme, „Dahmeshöved“, liegt an einer Stelle, wo zwei verschiedene Rotationssysteme der Ostsee aufeinandertreffen, ähnlich wie zwei Walzen einer Mangel. In dem „toten Winkel“ können sich Vorsprünge erhalten oder neu ausprägen. Es handelt sich sozusagen um das Übergangsstück von einem Küstenversatz-System auf ein benachbartes, in diesem Falle von der Lübecker Bucht auf die große Mecklenburger Bucht. Südwestlich von Dahme schließt der Nachbarort Kellenhusen an, ein Familienbad wie Dahme, mit fast gleicher Einwohner- und Gästezahl, mit einem Deich, mit den küstenparallel ausgerichteten Freizeiteinrichtungen – kurzum: es sind zwei außerordentlich ähnliche kleine Schwestern, die beide zusammen rund eine Million Übernachtungen pro Jahr zählen und damit die Größenordnung von Grömitz erreichen.

Grömitz – unter den Ostseebädern in Schleswig-Holstein das größte

Grömitz, von den Übernachtungsziffern her das größte Ostseebad in Schleswig-Holstein, gehört zu den wenigen Fremdenverkehrsorten in Schleswig-Holstein, die auf eine lange städtische Tradition zurückblicken können. Als

Abb. 18: Badeleben in Grömitz. Die Kinder spielen auf dem ersten untermeerischen Riff. Im Hintergrund rechts mehrgeschossige Appartementhäuser, links das Hotel Intermar, davor das Gebäude der Kurverwaltung mit Kurmittelhaus und Brandungsbad, Blick von der Seebrücke in Richtung N.

„Grobenitze“ kam der Ort 1322 zum Kloster Cismar. Letzteres, ein Benediktinerkloster, befand sich ursprünglich in Lübeck. Der zu lockere Lebenswandel der Mönche führte zu einer Strafverlegung an den Rand der Niederung (s. Abb. 4), die man dann Klostersee nannte und deren Flächen heute noch deutlich unter dem Meeresspiegel liegen. Cismar entwickelte sich zu einem bedeutenden Wallfahrtsort, und viele Gläubige, die auf dem Wasserwege kamen, werden den nicht unbedeutenden Hafen Grömitz angesteuert haben. 1440 erhielt Grömitz sogar den Status einer Stadt mit lübschem Recht. Heute, nachdem der unermüdliche Küstenversatz auch die Hafenbucht von Grömitz abgeschnürt hat, kann man sich die Hafenfunktion kaum mehr vorstellen. Wie Dahme und Kellenhusen auch, liegt das alte Grömitz auf einer Moränenkuppe. Kirche und Marktplatz sind in rund 15 Meter Höhe über dem Meeresspiegel absolut sturmflutsicher erbaut. Es gab allerdings auch ein kleines Fischerdorf, „Wicheldorf“, direkt am Strand, das bei der großen Flut von 1872 Schaden nahm. Einige Strohdachhäuser inmitten der Fremdenverkehrsbebauung erinnern noch an die alte Zeit. Da der hochgelegene Marktplatz der selbstverständliche Mittelpunkt des alten Grömitz war, errichtete man auch hier die ersten Hotels. Später, nach dem Deichbau im Anschluß an die große Flut, verlagerte sich der Schwerpunkt des Fremdenverkehrs immer mehr an die Küste. Noch heute ist der Straßenzug zwischen dem alten Markt und dem Hauptstrandübergang am belebtesten, d. h. er hat sich zur Hauptgeschäftsstraße entwickelt und ist vor kurzem teilweise in eine Fußgängerstraße umgewandelt worden. Im Schutze des sanft vorspringenden Kliffs südwestlich des Ortes hat sich der Strand von Grömitz in schöner Breite entwickeln können. Er liegt an einer Nehrung, die am Kliff von Grömitz ansetzt, in der Nähe des modernen Yachthafens. Die Freizeiteinrichtungen des Bades wurden – ähnlich wie man auf dem Luftbild von Dahme sieht – auf den Nehrungshaken vor dem Deich gesetzt. Außendeichs stehen inzwischen auch einige große Hotels und Appartementhäuser (s. Abb. 18). Für dieses Gebiet besteht Überschwemmungsgefahr bei größeren Sturmfluten, wie wir sie an der Ostsee allerdings nicht oft haben. Östlich des Ortes Grömitz – im Ortsteil Lensterstrand – erstrecken sich mehrere Campingplätze. Die meisten Stellplätze sind für Dauercamper reserviert. Die Bedeutung des Campingwesens ist nicht nur für Grömitz erheblich. Immerhin sind die Campingplätze zu über einem Drittel an den Fremdenübernachtungen in Schleswig-Holstein beteiligt. Mal liegen sie, wie in Grömitz oder Dahme, in der Nähe eines größeren Fremdenverkehrsortes, mal aber auch ganz entlegen, wie z. B. in Sehlendorf an der Hohwachter Bucht. Insgesamt finden wir mehr als die Hälfte der 300 größeren Campingplätze in Nicht-Fremdenverkehrsorten. Und schätzungsweise mehr als die Hälfte aller Stellplätze ist an Dauercamper vermietet, die ihren Platz über mehrere Jahre gemietet haben. Diese „Freizeitwohnsitze des kleinen Mannes" haben an Beliebtheit ebenso zugenommen wie die Freizeitwohnsitze im engeren Sinne, d. h. die Appartements und Ferienhäuser, von denen wir schätzungsweise 30 000 in Schleswig-Holstein zählen. Fest steht, daß die gewöhnliche Zimmervermietung allmählich immer mehr zurücktritt.

Timmendorfer Strand, das Ostseebad im Grünen

Der Titel wird den Timmerndorfern gefallen, denn mit diesem Slogan stellen sie sich selbst in der Werbung gern dar – immerhin trifft er genau den Eindruck, der sich dem Fremden beim Betreten des Ortes sofort aufdrängt. Selbst im städtischen Zentrum fehlt das natürliche Grün nicht (Abb. 19). Dieser Eindruck ist die Frucht einer sehr konsequenten Kommunalpolitik, eine Leistung, die umso höher zu bewerten ist, als die in Badeorten bekannt hohe Nachfrage nach Grundstücken überall zu einer Verdichtung drängt, der leider zunächst die Bäume und Sträucher zum Opfer fallen. Durch Bebauungspläne hat Timmendorfer Strand sein Gemeindegebiet vor unkontrolliertem Bauwesen in besonderer Weise geschützt. Daß die Gäste dies zu schätzen wissen, zeigt die schon erwähnte vergleichende Untersuchung des Verfassers im Jahre 1978, als er die größten Badeorte an Nord- und Ostseeküste unter die Lupe nahm. 97,8 % der befragten 454 Gäste in Timmendorfer Strand waren mit dem städtischen Charakter ihres Urlaubsortes zufrieden, das ist die höchste überhaupt genannte Zustimmung. Es zeigt sich hier, daß die Gäste – ähnlich wie in Büsum – ein einziges Hochhaus in der Größenordnung von 30 Geschossen ohne Verärgerung hinzunehmen bereit sind, zumal die beiden ande-

Abb. 19: Das Zentrum von Timmendorfer Strand mit starker Durchgrünung. Blickrichtung W.

ren ca. 10-geschossigen Bauten, das Maritim-Hotel (mit der Kurverwaltung – im Zentrum gelegen) und das „Seeschlößchen" (im Süden) in jeweils beträchtlicher Entfernung voneinander stehen.

Timmendorfer Strand ist ein besonders gutes Beispiel für die Dynamik und städtebildende Kraft des Fremdenverkehrs. Bis 1865 stand im Küstenbereich kein einziges Haus. In diesem Jahr erst baute sich ein Pastor Gleiß aus Curau ein Sommerhaus im Norden des heutigen Ortes, und 1868 richtete der Zimmermann Rix am anderen Ende des Ortes, nahe Niendorf, das erste Logierhaus für Gäste ein. Das nächste Dorf, von dem aus man an den Strand gelangte, war Klein-Timmendorf, und am Ende des alten Weges vom Dorf zum Strand befindet sich heute noch der Hauptstrandübergang (am Maritim-Hotel). Der Weg weist eine kleine Biegung nach Norden auf, um der Niederung des Hemmelsdorfer Sees auszuweichen. Man ging also auf leicht erhöhtem Gelände zum Strand, allerdings war die Höhe so gering, daß die Geländekuppe am Strand nur ein kleines Kliff bildete, so niedrig, daß es von dem Sand der Nehrung, die die Hemmelsförde abschnürte, überdeckt ist. Wie Dahme und andere schon genannte Orte liegt Timmendorfer Strand als Siedlung zum Teil auf niedriger Moräne (in der Umgebung des Hauptweges zum Strand), zum Teil am und hinter dem Nehrungshaken, an dessen seeseitigem Hang sich der Badestrand ausdehnt. Der Strand ist breit und durch seine Buchtenlage vor

Abtragung besonders gut geschützt. Die Buchtenlage bringt auch eine ausgedehnte Flachwasserzone mit sich. Die Siedlung, die inzwischen mit dem Dorf zusammengewachsen ist, kann als reine Fremdenverkehrssiedlung bezeichnet werden. Sie war allerdings lange Zeit in kommunaler Hinsicht nur ein Ortsteil der Gemeinde Ratekau. Mit großem Geschick machten sich die Vertreter Timmendorfs die unübersichtlichen Verhältnisse zur Zeit der britischen Besatzungsmacht zunutze und ließen sich auf Befehl derselben mit einem eigenen Bürgermeister ausstatten. Gegenüber Ratekaus verständlichen energischen Protesten stellte der Landrat im Frühjahr 1946 fest, daß Ratekau nicht das Recht zustehe, an der Militärregierung Kritik zu üben, und im übrigen entspräche die Bildung einer Gemeinde Timmendorfer Strand (mit Niendorf) einem alten Wunsch der Bevölkerung. Es sei auch die Entfernung bis zum Sitz der Gemeinde in Ratekau unzumutbar groß und vor allem: die Interessen der Bäderorte Timmendorfer Strand und Niendorf seien grundverschieden von denen der übrigen Ortschaften der Gemeinde Ratekau, die rein ländlichen Charakter hätten. Es war eine Gemeindebildung im Handstreich, deren Zweckmäßigkeit bald von keiner Seite mehr in Frage gestellt wurde, und inzwischen hat Timmendorfer Strand als Unterzentrum den Ort Ratekau in seiner Bedeutung längst überflügelt (nach: Chronik der Bädergemeinde Timmendorfer Strand, 1979). Timmendorfer Strand wird oft als ein „elegantes“ Bad bezeichnet. Die Untersuchung des Verfassers konnte dies bestätigen. Nach Westerland hält Timmendorfer Strand (vor Grömitz) mit 33 % den zweiten Platz (weitere Befragungsorte waren: Wyk, St. Peter-Ording, Büsum, Damp, Dahme/Kellenhusen). Travemünde konnte aus technischen Gründen nur mit einer sehr kleinen, nicht repräsentativen Stichprobe berücksichtigt werden, nach der es so scheint, als ob die Travemünder Gäste ihr Bad im Vergleich zu Timmendorfer Strand als noch eleganter einschätzen. Zum Eindruck der Eleganz gehört offenbar auch die Ausstattung mit anspruchsvollen Einzelhandelsgeschäften. Es ist immerhin auffällig, daß der Spitzenreiter Westerland 47 Geschäfte der ersten Bedarfsstufe aufweist; in Travemünde sind es 28, in Timmendorfer Strand 26 und in Grömitz 12 derartige Geschäfte.

Travemünde – Schleswig-Holsteins ältestes Seebad

Bei den Großstädtern war das Erholungsbedürfnis stets besonders ausgeprägt. Und so ist es nicht erstaunlich, daß Travemünde das „Hausbad“ der Lübecker wurde, so wie Warnemünde für die Rostocker und Cuxhaven für die Hamburger. 1802, als Travemünde Seebad wurde, waren die Verkehrsverhältnisse noch sehr mangelhaft. Mit dem Pferdefuhrwerk benötigte man für diese uns heute so klein erscheinende Strecke einige Stunden. So ist es verständlich, daß man möglichst nahegelegene Strände aufsuchte. Travemündes Hauptstrand liegt – wie schon eingangs erwähnt – im Ostteil des Ortes, in „Neu-Travemünde“ (s. Abb. 20). Er endete dort, wo das Kliff des Brodtener Steilufers den Nehrungshaken ablöst. Der Strand schmiegt sich in den inner-

Abb. 20: Travemünde – vom Maritim-Hochhaus aus. Vorn das berühmte Spielcasino, auf den jungen sandigen Ablagerungen gelegen, die der Küstenversatz im Laufe der letzten Jahrtausende herangeführt hat (vgl. Abb. 2). Im Hintergrund das Brodtener Steilufer. Der Bildausschnitt (Blickrichtung NW) zeigt einen Teil der Fremdenverkehrssiedlung Neu-Travemünde; die Altstadt liegt weiter im Süden außerhalb des Bildes.

sten Winkel der Lübecker Bucht und liegt daher geschützt. Die Mole, die die Trave-Fahrrinne vor allzu rascher Versandung schützt, bewahrt gleichzeitig den Strand vor Abtragung. Das Leben und Treiben am Strand konnte und kann man von der Strandpromenade aus betrachten, und nach dem Vorbild der Travemünder Strandpromenade hat man später auch in den übrigen Ostseebädern küstenparallele Wandelbahnen angelegt. Der Nehrungshaken auf der gegenüberliegenden Seite der Trave, der Priwall, wurde wegen seiner Abhängigkeit von einer Fährverbindung erst spät vom Fremdenverkehr „entdeckt“. Das Dreieck zwischen Trave und Badestrand, das „Leuchtenfeld“ (weil hier stets der Leuchtturm für die Einfahrt in die Trave stand), blieb unbebaut, um die Schiffahrt nicht zu irritieren. Travemünde lebte in der Vergangenheit stets von der Schiffahrt bzw. von der Fischerei und dem Lotsendienst zur Hansestadt Lübeck. Der Ort gehört damit zu den wenigen Seebädern, die schon vor Beginn des Fremdenverkehrs von Bedeutung waren. Allerdings ist vielfach überliefert, daß der im 12. Jahrhundert erstmalig erwähnte Ort immer nur ein bescheidener Vorposten Lübecks war, und die Lübecker achteten argwöhnisch darauf, daß Travemünde nicht zu eigenständig wurde. 1913 wurde Travemünde nach Lübeck eingemeindet. Für einen Hafenort war es unumgänglich, daß die Häuser direkt an das Wasser gebaut wurden. Man hat Travemündes Altstadtkern daher ganz und gar auf den Nehrungsteil gegenüber dem Priwall erbaut (s. Abb. 2) und nahm gelegentliche Überflutungen als notwendiges Übel in Kauf.

Daß sich einen Aufenthalt in einem Seebad seinerzeit nur begüterte Menschen erlauben konnten, versteht sich von selbst. Und so bot es sich auch an, hier eine Spielbank zu errichten, was daheim in der Hansestadt nie genehmigt worden wäre. 1822 öffnete die große Spielbank ihre Pforten (Abb. 20 – das große Gebäude vorn). Man mag über diese Einrichtung denken, wie man will, es ist eine Tatsache, daß Travemünde sein berühmtes Flair nicht zuletzt der Spielbank verdankt. Gern wurde die Bank auch von den zahlreichen Transitreisenden in Anspruch genommen, die hier eine Ostseefähre verließen oder bestiegen. Man darf nicht vergessen, daß der Transitverkehr zwischen St. Petersburg, der alten Hauptstadt Rußlands, dem heutigen Leningrad und dem Westen zu einem guten Teil über Travemünde gegangen ist. Manche dieser Reisenden legten freiwillig einige Ruhetage in diesem schönen Ort ein, andere wurden bei Stürmen zwangsweise Besucher von Travemünde. Der bekannte russische Dichter Turgenjew hielt sich schon 1831 in Travemünde auf und verlor viel Geld in der Spielbank. Richard Wagner gehörte zu denjenigen, die hier zwangsweise pausieren mußten (1837 vor einer Fahrt nach Riga). Thomas Mann hingegen kam als Sommerfrischler von Lübeck aus immer wieder gern nach Travemünde, und daß er das Bad in den „Buddenbrooks" ausführlich würdigte, ist allgemein bekannt.

Der Fährverkehr über die Ostsee wird nach wie vor in großem Stil von Travemünde aus abgewickelt, und nach wie vor bleiben die Reisenden gern den einen oder anderen Tag in diesem schönen Ort. Dieses Verhalten schlägt sich auch in der Übernachtungsstatistik nieder. Travemündes Gäste halten sich im Durchschnitt nur halb so lange am Ort auf wie in den anderen großen Seebädern Schleswig-Holsteins.

Hat Travemünde heute, in einer Zeit, da Spielbanken auch in den Hansestädten stehen und die Anfahrtswege keine große Rolle mehr spielen, seine Stellung behaupten können? Die Antwort darf lauten: Im großen und ganzen – ja. Allerdings ist in Timmendorfer Strand eine Konkurrenz erwachsen, die zu einer gewissen Gleichrangigkeit beider Bäder geführt hat. Timmendorfer Strand kann mehr Ruhe und längere Gäste-Aufenthaltszeiten für sich verbuchen; Travemündes Stärke sind die zahlreichen Abwechslungsmöglichkeiten, und dazu gehört auch die Kulisse des lebhaften Schiffsverkehrs auf der Trave. Die Gleichrangigkeit beider Bäder wird rein optisch schon durch die Maritim-Hotels dokumentiert. Vielleicht war es symbolisch „gewollt", daß das Travemünder Hotel noch einige Stockwerke mehr erhielt als das Timmendorfer. Und selbst hier spielt die Hafenfunktion Travemündes hinein. In 115 Meter Höhe über dem Meeresspiegel hat die Wasser- und Schiffahrtsverwaltung eine Eigentumswohnung bekommen, in der das Leuchtfeuer für die internationale Schiffahrt eingebaut wurde. Das Hochhaus, erbaut am Rande des Leuchtenfeldes, hatte nämlich den alten Leuchtturm aus dem 13. Jahrhundert, der bisher diese Funktion wahrnahm, verdeckt. 19 Seemeilen weit strahlt das

den Jahren ab 1952 wurden nachstehende größere Gemeinschaftseinrichtungen für den Fremdenverkehr erstellt bzw. befinden sich im Bau:

I. Ostseebäder

II. Nordseebäder

Hallenbad		Freibad		„Haus des Kurgastes"		Kurmitteleinrichtungen	
I.							
Glücksburg	(1971)	–		Glücksburg	(1968)	Glücksburg	(alt, Ausbau 1959)
–		–		Brodersby	(1976)	–	
Damp	(1973)	Damp	(1973)	Damp	(1973)	Damp	(1973)
Eckernförde	(1972)	–		Eckernförde	(1973)	–	
Laboe	(1970)	–		Laboe	(1974)	–	
–		–		Stein	(1976)	–	
–		Schönberg-Holm	(1971)	–		–	
–		Hohwacht	(1973)	Hohwacht	(Kursaal; 1976)	–	
Heiligenhafen	(1970)	–		–		Heiligenhafen	(1970)
Burg/Fehmarn	(1972)	–		Burg/Fehmarn	(1970)	Burg/Fehmarn	(1971); Erw. im Bau
–		Dahme	(1969)	Dahme	(1962/63)	Dahme	(1958; Erw. 1976)
–		Kellenhusen	(1974)	Kellenhusen	(alt); Kursaal (1975)	Kellenhusen	(1964)
–		–		Großenbrode	(kl. 1967)	–	
				Großenbrode	(in Plan.)		
Grömitz	(alt)	Grömitz	(1969/70)	Grömitz	(1969/70)	Grömitz	(1957, Erw. 1962; Erweiterung 1976)
Grömitz	(1970)						
Haffkrug-Scharbeutz	(1970)	–		Haffkrug-Scharbeutz	(1965)	Haffkrug-Scharbeutz	(1970)
				+ ehem. Gemeinde Gleschendorf	(1968)		
Timmendorfer Straße	(1960)	–		Timmendorfer Strand	(1969)	Timmendorfer Strand	(1960)
+ Niendorf	(1975)	–		+ Niendorf	(1968)	–	
Travemünde	(1965)	–		–		Travemünde	(alt, Umbau 1957)
Travemünde	(1973)	Travemünde	(1973)	–		Travemünde	(1973)
II.							
–		–		List	(1977)	–	
–		–		Wenningstedt	(1966/67)	Wenningstedt	(1961; Erweit. 1975)
Westerland	(1964)	–		Westerland	(1969)	Westerland	(alt; Neubau i. Pl.)
–		Keitum	(1969)	Keitum	(1978)	–	
–		–		Kampen	(1968)	–	
–		–		Rantum	(kl. Ausb. 1968)	–	
–		–		Hörnum	(1977)	–	
–		–		–		–	
Wyk/Föhr	(1970)	–		–		Wyk/Föhr	(Erw. 1972)
–		–		Nieblum	(kl. 1968)	–	
–		–		Utersum	(kl. 1966)	–	
–		Norddorf	(1973)	Norddorf	(kl. 1967)	Norddorf	(1957; Erweit. 1976)
–		Wittdün	(1972)	Wittdün	(kl. 1967)	Wittdün	(1954; Erw. 1958; Erw. i. Pl.)
–		–		Nebel	(kl. 1969)	–	
				Nebel	(i. Pl.)		
Pellworm	(1974)	–		Pellworm	(1974)	–	
Nordstrand	(1973)	–		Nordstrand	(1973)	–	
–		Husum	(1972)	–		–	
–		Tönning	(1964)	–		Tönning	(i. Pl.)
St. Peter-Ording	(1968)	–		St. Peter-Ording	(i. Pl.)	St. Peter-O.	(1956–1961; Erw. 1973; Erweiterung im Bau)
Büsum	(1967)	–		Büsum	(1970)	Büsum	(Erw. 1961, 1968 und 1975)
–		Friedrichskoog	(i. Pl.)	Friedrichskoog	(1976)	–	
–		Helgoland	(1960)	Helgoland	(1967)	Helgoland	(1970; Neubau i. Pl.)

Fremdenverkehrseinrichtungen in den Nord- und Ostseebädern Schleswig-Holsteins, nach Raumordnungsbericht 1978 der Landesregierung Schleswig-Holstein.

wahrscheinlich höchste Leuchtfeuer der Welt heute in die Ostsee, ein Zeichen für die glückliche Verknüpfung von Bad und Hafen in Travemünde.

Am Ende dieser Reise durch große Fremdenverkehrszentren Schleswig-Holsteins können wir festhalten: Die Natur hat jeden Küstenabschnitt und damit auch jeden Strand besonders geprägt. Durch die lebhafte Gestaltung der Nordseeküste in eine Innen- und Außenküste und die tidebedingten wechselnden Wasserstände fallen die Unterschiede dort stärker auf, und auch die Fremdenverkehrsorte tragen mehr individuelle Züge. An der Ostsee treten die physischen Unterschiede zurück. Die weiten Strände liegen vor allem an den Nehrungshaken und böschen sanft zum Meer hin ab, so daß sich stets ein breiter Flachwassersaum ergibt, der durch das Fehlen ausgeprägter Gezeiten seine Höhe kaum verändert und damit besonders günstig für Kinder ist.

So hat jede der beiden Küsten ihr eigenes Gesicht.

Literatur

Becker, C.: Die Anziehungskraft kleiner Inseln auf den Urlaubsverkehr – das „Inselgefühl" als wichtigstes Motiv, in: Z. f. Wirtschaftsgrographie, Bd. 5, 1969, S. 111–124

Becker, N.: Das Ferienzentrum Damp 2000 – eine fremdenverkehrsgeographische Untersuchung, Kiel 1976 (unveröffentlichte Examensarbeit an der PH Kiel)

Brandt, A. v.: Wie das Seebad Travemünde entstand, Festrede zur 150-Jahr-Feier 1952, o. O., o. J.

Eckert, G.: Als die Badekarren rollten, Hamburg 1977

Gemeinde Timmendorfer Strand; Chronik der Bädergemeinde Timmendorfer Strand, Eutin 1979

Hansen, M. u. N.: (Hrsg.); Amrum, Geschichte und Gestalt einer Insel, Itzehoe 1964

dto. Sylt, Geschichte und Gestalt einer Insel, Itzehoe 1967

dto. Föhr, Geschichte und Gestalt einer Insel, Itzehoe 1971

Klose, W.: 100 Jahre Bad Sankt Peter-Ording, St. Peter-Ording 1977

Kurverwaltung des Nordseeheilbades Büsum; Büsum, Wege, Wanderung, Wissenswertes, Heide 1976

Der Ministerpräsident des Landes Schleswig-Holstein, Raumordnungsbericht der Landesregierung 1978, Kiel 1978

Müller, M. J.: Handbuch ausgewählter Klimastationen der Erde, Trier 1980

Nerong, O. C.: Die Insel Föhr, o. O. 1903

Wilhelm Pollex

Seehäfen in Schleswig-Holstein und ihre Funktionen

Es ist schwierig, die Anzahl der Seehäfen in Schleswig-Holstein genau anzugeben. Kühler (1971, S. 151) beziffert – Stand 1970 – die Seehäfen auf 52. Die Landesstatistik der Seeschiffahrt 1982 (König 1983 a, S. 6) verzeichnet an der Ostseeküste, der Nordseeküste und der Unterelbe 38 Häfen namentlich. Die Position 39 „Sonstige Häfen" verrät die Existenz weiterer kleiner Umschlagplätze bis hin zu den hafenähnlichen Ladeplätzen, abgesehen davon, daß kleine Spezialhäfen wie der Fischereistützpunkt Friedrichskoog in Dithmarschen, der Marinestützpunkt Olpenitz in Schwansen und der Sportboothafen Wendtorf in der Probstei in dieser Statistik fehlen. Die Frage, was ein Seehafen eigentlich ist, soll mit Schwarzrock vorläufig so beantwortet werden: „Als Seehafen sind in dieser Darstellung die Häfen mit öffentlichem Verkehr bezeichnet worden, die an Seeschiffahrtsstraßen liegen und von Seeschiffen erreichbar sind." (1970, S. 169) Unter Funktionen eines Seehafens sollen die Aufgaben verstanden werden, die er erfüllt, die Nutzungen, die er gestattet, und die Leistungen, die er erbringt; eingeschlossen sei seine Reichweite sowohl über See wie ins Binnenland hinein.

Die Verkehrslage Schleswig-Holsteins

Da es sich bei Seehäfen um eine besondere Art von Verkehrsplätzen handelt, die in mehr oder weniger weiträumige Beziehungen eingebettet sind, erscheint es angebracht, zunächst auf die Verkehrslage des Gesamtraumes, des Landes Schleswig-Holstein, einzugehen.

Die Seeschiffahrt hat in Europa einen hohen Stellenwert. „Die buchten- und binnenmeerreiche Gestalt des europäischen Kontinents gestattet der Seeschiffahrt, Transporte zu übernehmen, die in den anderen Kerngebieten die Landtransportmittel durchführen, . . . Wir dürfen also das europäische Kraftfeld als ein spezifisch maritimes ansprechen . . ." (Predöhl 1966, S. 24) Ähnlich wie das Mittelmeer am Südrande des Erdteils dringen Nord- und Ostsee tief in die nordeuropäischen Landmassen ein. Der Meeresraum vom Bottnischen Busen bis zu den Atlantikausgängen, der hier als naturgeographische Einheit aufgefaßt wird, war erstmals in der Hansezeit zu einem Handelsgebiet zusammengeschlossen. Quer in diesem Wasserzug liegen wie eine Sperre die Halbinsel Jütland und, etwas durchlässiger, der dänische Archipel mit seinen Meerengen Sund, Großer Belt und Kleiner Belt.

Weil die Fahrt um Skagen, die Nordspitze Jütlands, in der Regel mit einem Umweg verbunden ist und außerdem zur Zeit der Segelschiffe erhebliche Gefahren mit sich brachte, bestand seit dem frühen Mittelalter ein zunehmendes Bedürfnis, die Güterströme über die schmale, niedrige Barriere nördlich der Elbe zu leiten. Die Flüsse, die das Land durchziehen, begünstigten solche

Die Verkehrslage Schleswig-Holsteins

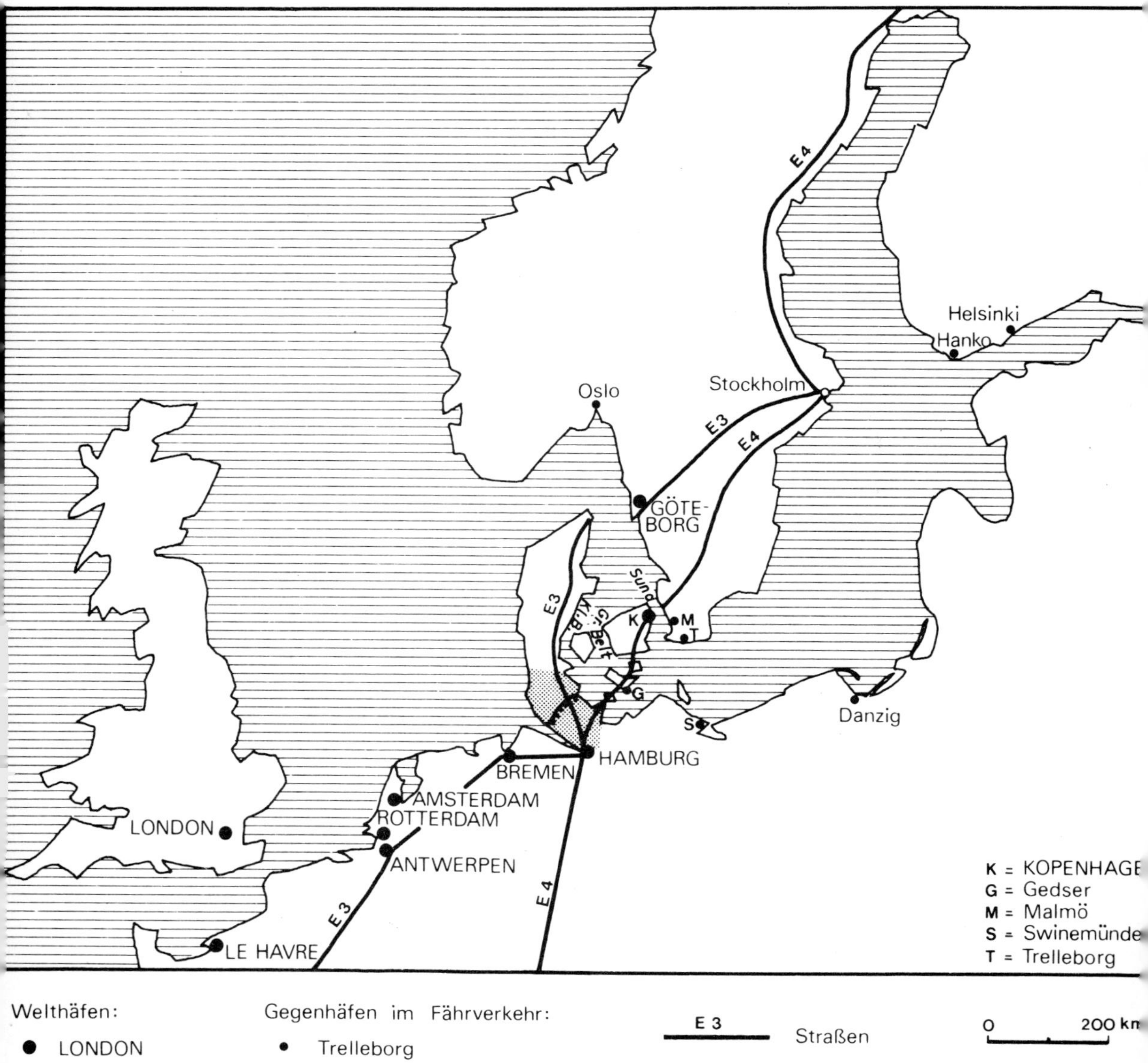

Abb. 1

Vorhaben ebenso wie die buchtenreichen Küsten: im Osten greifen die Förden, die Überlandwege verkürzend, tief ins Binnenland, im Westen die trichterförmigen Mündungen von Elbe und Eider.

Von den Verkehrslösungen, die in den vergangenen tausend Jahren verwirklicht wurden, seien nur drei erwähnt. Im 9. bis 11. Jahrhundert führte ein Handelsweg der Wikinger von der südlichen Nordsee über die Eider, die Treene und eine 15 km lange Landstrecke zum Stapelplatz Haithabu an der inneren Schlei und von dort zur offenen Ostsee. Am Ende des 18. Jahrhunderts entstand unter dänischer Herrschaft der 34 km lange Eiderkanal, der, teilweise dem Tal der Levensau folgend, die Kieler Förde mit der Untereider bei Rendsburg verband und damit kleineren Schiffen die Durchfahrt zur Nordsee ermöglichte. Der erheblich leistungsfähigere Nord-Ostsee-Kanal, der gut 100 Jahre später im deutschen Kaiserreich vor allem aus strategischen Gründen gebaut wurde, nutzte zwischen Kiel-Holtenau und Rendsburg weitgehend das Bett des Eiderkanals, bog dann jedoch auf einer neuen Trasse nach Südwesten ab, um Anschluß an das seeschifftiefe Fahrwasser der Unterelbe bei Brunsbüttel zu erhalten. Inzwischen mehrfach erweitert, gestatten seine Abmessungen gegenwärtig vollbeladenen Seeschiffen bis zu 25.000 tdw (tons dead weight = Gesamttragfähigkeit eines Schiffes einschließlich Treibstoff, Proviant, Ausrüstung und Besatzung) die 99 km lange Passage.

Schleswig-Holstein wirkt zwar als Schranke für den Seeverkehr zwischen dem Ostseeraum und Westeuropa, zugleich aber als Brücke für den Landverkehr zwischen Mittel- und Nordeuropa. Neben dem Ost-West-Verkehr kommt darum dem Nord-Süd-Verkehr eine große Bedeutung zu. Schon der uralte Heerweg, der die Halbinsel einst meridional durchzog, mied die Förden im Osten wie das überschwemmungsgefährdete Marschland im Westen. Auch in der Neuzeit wurden die Geestränder, im Osten zum Hügelland und im Westen zur Marsch hin, für die nordsüd verlaufenden Fernstraßen und Bahnen wichtige Leitlinien. Allerdings gilt das im Landesteil Holstein wegen der größeren Ostwest-Ausdehnung nur bedingt. Heute gehen alle bedeutenden Landverbindungen nach den nordischen Ländern, sofern sie durch Schleswig-Holstein führen, radial vom Ballungsraum Hamburg aus: nach Lübeck–Puttgarden, nach Neumünster–Kiel, nach Rendsburg–Flensburg und nach Itzehoe–Husum–Tondern. Soweit vorhanden, bilden die Autobahnen das Rückgrat dieser Verkehrsgassen.

Günstige Lagen für Siedlungen in Schleswig-Holstein ergaben sich dort, wo der Landverkehr in den Seeverkehr überging und wo sich, im Laufe der Geschichte räumlich alternierend, ostwestlicher Seeverkehr und nordsüdlicher Landverkehr kreuzten. So entstanden im Lande zwei küstenparallele Städtereihen, die zugleich die Seehäfen markieren, fern von den Außenküsten. Die größeren Seestädte wie Kiel und Flensburg liegen im Osten an den Enden der Förden, also an vorzüglichen Naturhäfen, die kleineren Seestädte im Westen entweder wie Brunsbüttel und Tönning an den Ästuaren von Elbe und

Seehäfen in Schleswig-Holstein

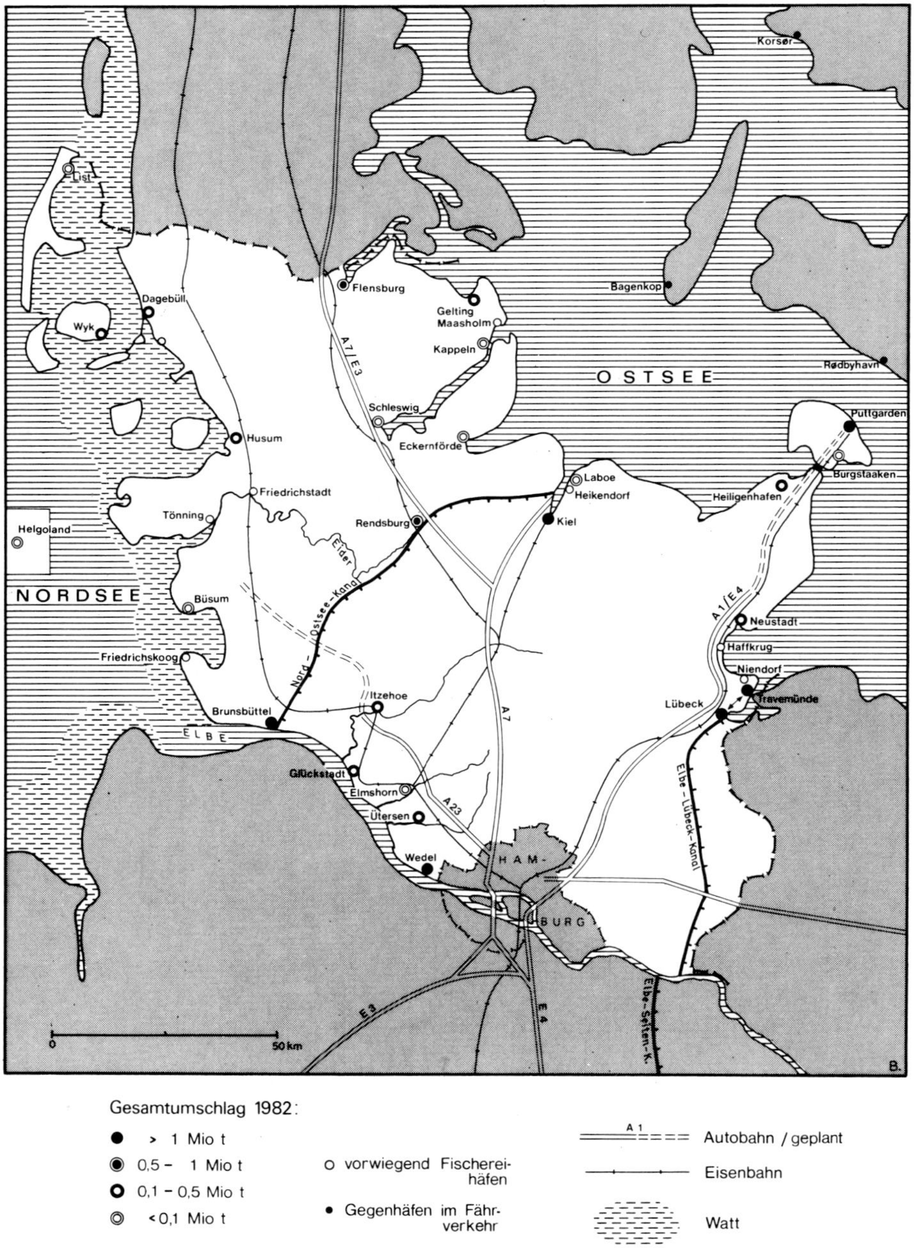

Abb. 2

Eider oder wie Itzehoe und Husum als Geestrandstädte an schmalen Flußläufen. Die vorgelagerten Marsch- und Wattengebiete erschweren die Zufahrten.

Daß Schleswig-Holsteins Küsten mit zahlreichen kleinen, aber nur wenigen mittleren Seehäfen besetzt sind und nicht einen Welthafen aufweisen, hängt vor allem mit dem Hafenfaktor Hinterland zusammen, d. h. mit dem binnenländischen Ziel- und Quellgebiet des Verkehrsaufkommens eines Hafens. Den schleswig-holsteinischen Seehäfen fehlt es an kontinentaler Tiefe, die etwa die Hafenstädte Bremen, Hamburg und insonderheit Rotterdam haben. Schleswig-Holstein als Hinterland ist zu klein und schmal und wird überdies noch von beiden Küsten aus bedient.

Um das großräumigere Hinterland Bundesrepublik Deutschland jedoch bemühen sich mit durchschlagendem Erfolg die hafenreichen Küsten zwischen Elbe und Rhein, wobei sich die Einzugsgebiete dieser Seehäfen häufig überschneiden. Weil sich die wirtschaftlichen Zentren der Bundesrepublik und der Europäischen Gemeinschaft, damit Produktion und Verbrauch, im Westen konzentrieren, befinden sich die deutschen Seehäfen nördlich der Elbe in einer ausgesprochenen Randlage, nachdem beträchtliche Hinterlandverluste bereits durch die politischen Grenzveränderungen seit 1945 eingetreten waren, in erster Linie für Lübeck und Hamburg. Der nach dem Kriege erbaute Überseehafen Rostock, der nun die Güterströme des entsprechenden DDR-Gebietes an sich zieht, ist ein sichtbarer Ausdruck des Wandels. Eine weitere Konkurrenz stellt der leistungsfähige Fährhafen Saßnitz auf Rügen dar, ein Komplementärhafen zu Trelleborg in Südschweden.

In den vergangenen Jahren milderten infrastrukturelle Maßnahmen die Randlage der schleswig-holsteinischen Häfen etwas. Von den drei traditionellen Binnenverkehrsträgern, die im Lande den An- und Abtransport der Umschlagsgüter bewältigen, nehmen die Autostraßen eine hervorragende Position ein. Im Osten wurde darum die alte Autobahn Hamburg–Lübeck in Richtung Puttgarden bis Oldenburg/Holstein ausgebaut, in der Landesmitte die Verbindung Hamburg–Flensburg mit der Abzweigung Kiel geschaffen und im Westen die Verlängerung der Strecke Hamburg–Itzehoe, zunächst bis Heide, beschlossen. Bei dem zweiten Binnenverkehrsträger Schiene läßt die Elektrifizierung, vor allem der Hauptstrecken, noch auf sich warten. Der Elbe-Seitenkanal verschafft der Binnenschiffahrt einen bundesdeutschen Anschluß an das mitteleuropäische Wasserstraßennetz, während der moderne Verkehrsträger Pipeline hafenwirksam nur im Raume Heide–Brunsbüttel auftritt. Insgesamt zeigt der Anschluß an die binnenländischen Verkehrsnetze erhebliche Leistungsunterschiede.

Die Gegebenheiten des Hinterlandes finden ihre Entsprechung im Hafenfaktor Vorland, d. h. in den überseeischen Ziel- und Quellgebieten des Verkehrsaufkommens eines Hafens (Böhme u. a. 1974, S. II 23) einschließlich der Zufahrtswege. Es versteht sich, daß die Ostseehäfen Schleswig-Holsteins Kontakte zu Umschlagplätzen an der deutschen Nordseeküste, in West- und Außereuropa pflegen, doch schwerpunktmäßig umfaßt ihr Vorland den Ostseeraum und angrenzende Seegebiete, vornehmlich die nordischen Länder Dänemark, Norwegen, Schweden und Finnland, deren zunehmende Industrialisierung und somit steigender Lebensstandard auch das Transportaufkommen ausweiten.

Allerdings gibt es im Binnenmeer Ostsee einige Wassertiefenprobleme. Die Ostseeausgänge, auf die der externe Ostseeverkehr angewiesen ist, verwehren Supertankern mit 20 m Eintauchtiefe die Passage. Immerhin läßt der Große Belt Tiefgänge von 15 m zu, der enge, gewundene Kleine Belt solche von 13 m, der meistbefahrene, künstliche Zugang Nord-Ostsee-Kanal von 9,5 m und der gleichfalls vielgenutzte Sund nur von 8 m. Im internen Verkehr des Ostseeraumes begrenzt die Darßer Schwelle zwischen Rügen und Falster die zulässige Tauchtiefe auf 13 m. In allen schleswig-holsteinischen Ostseehäfen liegt die Wassertiefe – oft weit – unter 12 m.

Die Nordseehäfen des Landes wenden sich zwar dem wirtschaftlich starken Westeuropa und darüber hinaus der weiten Welt zu. Sie sind jedoch, sofern sie nicht an der Unterelbe liegen, durch eine breite Wattzone und die sich daraus ergebenden geringen Wassertiefen der Hafenzufahrten – maximal um 5 m bei mittlerem Hochwasser – stark benachteiligt. Im Elbästuar aber stellt Hamburg, der größte deutsche Hafen überhaupt, in dem ca. 70 % der bundesdeutschen Handelstonnage beheimatet sind, alle übrigen Seehafenstädte in den Schatten.

Das Kraftfeld des Hamburger Hafens

Obgleich Hamburg politisch nicht zu Schleswig-Holstein gehört, darf es im Rahmen dieser Darlegungen nicht fehlen, weil zwischen der Millionenstadt unmittelbar an der Landesgrenze und dem nördlichsten Bundesland auf zahlreichen Gebieten und gerade in der Seewirtschaft Wechselbeziehungen und Abhängigkeiten bestehen. Die Verluste des mitteldeutschen Hinterlandes nach 1945 und die periphere Lage im Gebiet der EG, die man durch günstige Bahntarife abzuschwächen versucht, veranlaßten den Welthafen, die Beziehungen zur DDR, Tschechoslowakei und den Balkanstaaten bestmöglich zu pflegen, darüber hinaus jedoch sein Einzugsgebiet sowohl nach Süd- und Westdeutschland, die Schweiz und Österreich hinein als auch nach Dänemark und Südschweden auszuweiten. Daß Schleswig-Holstein trotz seiner Seehäfen zum seewirtschaftlichen Einflußgebiet Hamburgs zählt, liegt auf der Hand. Der Welthafen konkurriert nicht nur mit den schleswig-holsteinischen Häfen an Unterelbe und Nordsee, sondern auch, über den Nord-Ostsee-Kanal, mit den deutschen Ostseehäfen: er ist faktisch ebenfalls ein bedeutender Ostseehafen.

Einen vollausgestatteten Hafen wie Hamburg vorzustellen, der eine Wasserfläche von 4000 ha und eine Landfläche von rund 2000 ha beansprucht, heißt zugleich Maßstäbe setzen, die die spezifischen Leistungen und Defizite schleswig-holsteinischer Seehäfen erst richtig erkennen lassen. Durch die Gezeitenströme wurde die Unterelbe schlauchförmig erweitert und durch ständige Baggerung auf eine Fahrwassertiefe von 13,5 m unter mittlerem Tideniedrigwasser (MTnw), d. h. 16 m unter mittlerem Tidehochwasser (MThw) gebracht. Somit können vollbeladene Schiffe bis zu 110.000 tdw den Hafen ansteuern. Da die Transportkosten auf dem Wasserweg im allgemeinen niedriger als auf dem Landweg sind, erweist sich ein Hafenstandort möglichst tief im Lande, z. B. in Hamburg, als optimal. Die Binnenlage der Stadt, die etwa 110 km von der offenen Nordsee entfernt liegt, hängt also mit einer verkehrswirtschaftlichen Grundtatsache zusammen.

„Seehäfen sind Knotenpunkte des Weltverkehrs, man nennt sie Brückenköpfe des Außenhandels, sie stellen die Stützpunkte einer Volkswirtschaft in ihrer Betätigung auf dem Weltmarkt dar. Bedeutung, Aufgaben und Tätigkeiten der Seehäfen bestehen in der Umformung von Seegüterströmen in Landgüterströme und umgekehrt, d. h. über See ankommende und über See ausgehende Güter werden in der Regel im Seehafen von einem Verkehrsträger (etwa Eisenbahn) auf einen anderen (Seeschiffahrt) umgeschlagen.“ (Jolmes 1966, S. 387) Der Umschlag oder Transfer von Gütern und, in geringem Maße, von Personen – sprachlich bleibt das Umschlagen von Personen mißverständlich – ist auch die Grundfunktion des Hamburger Hafens. Hamburgs Gesamtumschlag betrug 1982 rund 62 Mio t, der Umschlag aller Häfen in Schleswig-Holstein weniger als die Hälfte, nämlich knapp 24 Mio t, was Hamburgs Position als seewirtschaftliches Gravitationszentrum im Norden der Bundesrepublik Deutschland unterstreicht. Allerdings verändert sich das Bild zugunsten Schleswig-Holsteins, wenn die dort mehr als 9 Mio t umgeschlagenen Reise- und Transportfahrzeuge und die mehr als 10 Mio über See eingereisten Personen im Fähr- und Ausflugsverkehr berücksichtigt werden.

Hamburg erzielte den Wert von 62 Mio t, mit dem es sich unter den 20 größten Seehäfen der Welt befindet, auf Grund der Vielseitigkeit seines Güterumschlages. Es verkörpert den Typ des Universalhafens, der verschiedene Spezialhäfen in sich vereinigt: Massen- und Stückguthafen, Fahrgast- und Fischereihafen, Bunker- und Werfthafen. Eine Vielzahl unterschiedlicher Hafenbecken, Umschlagseinrichtungen, Lagerflächen und sonstiger Hafendienste – all das wird unter dem Begriff der Fazilitäten zusammengefaßt (Jolmes 1966, S. 391) – trägt den mannigfaltigen Anforderungen Rechnung. Die breite Streuung der Funktionen macht den Hafen von Konjunkturrückschlägen unabhängiger.

Die Überlegenheit des Welthafens Hamburg beruht hauptsächlich auf seinem Vermögen, eine beständige Brücke zwischen einem Großteil der bundesdeutschen Volkswirtschaft und den namhaften Märkten in aller Welt zu schlagen, aus einem in der Tat weltweiten Vorland Nutzen zu ziehen. „Ein weitgespanntes engmaschiges Netz von über 300 regelmäßigen Schiffahrtslinien mit ca. 600 monatlichen Abfahrten verbindet Hamburg über See mit allen fünf Erdteilen, . . .“ (Ohne 1983, S. 145) Sein dichtes Überseenetz garantiert neben leistungsfähigen Hafeneinrichtungen und -diensten – jeder Hafen ist ein

Dienstleistungserzeuger – ein reichhaltiges Ladungsaufkommen, vielfältige Verschiffungsmöglichkeiten und statt unerwünschter Ballastfahrt eine ausreichende Rückfracht. Mürl beschreibt die Vorteile für Seeschiffahrt und Häfen: „Die Befrachter bevorzugen Häfen mit einem dichten Liniennetz, da ihnen der feste Fahrplan der Linienschiffahrt ihre Dispositionen erleichtert." (Mürl 1970, S. 31) Und an anderer Stelle: „Das größere Ladungsaufkommen erspart der Seeschiffahrt das mehrmalige Anlaufen von Umschlagplätzen und trägt somit zu einem schnelleren Schiffsumlauf bei. Die Häfen können auf Grund des besseren Ladungsaufkommens den Umschlagprozeß verstärkt rationalisieren, wodurch der Güterumschlag beschleunigt werden kann." (Mürl 1970, S. 192f.)

Je besser also ein Hafen an das Seeverkehrsnetz angeschlossen ist, desto ökonomischer arbeitet er, desto anziehender wirkt er. Alles läuft darauf hinaus, die Zahl der Transportwege und Anlaufhäfen zu vermindern. Im Nordseegebiet konzentrieren sich, auf Kosten kleinerer Häfen, die Welthäfen bemerkenswert: neben Hamburg Bremen, Amsterdam, Rotterdam, Antwerpen, Le Havre, London, Göteborg und Kopenhagen, offensichtlich die Ein- und Ausfuhrhäfen binnenländischer Industrie- und Konsumzentren.

Die Entwicklung der Schiffsgrößen begünstigt ebenfalls Seehäfen von der Größe Hamburgs. In den letzten Jahrzehnten wurden immer größere Seeschiffe, insbesondere Massengutschiffe, zur Beförderung von Mineralölen, Erz und Kohle, Getreide und Holz gebaut und eingesetzt; denn mit zunehmender Schiffsgröße sinken gemeinhin die Bau- und Personalkosten je Tragfähigkeitstonne.

Allerdings entstehen hohe Folgekosten für die Seehäfen. Wachsende Schiffsgrößen ziehen eine Erhöhung der Umschlags- und Lagerkapazitäten nach sich, übermäßige Tiefgänge erfordern entsprechende Wassertiefen bei Hafenbecken und -zufahrten. Nur große Häfen wie Hamburg sind überhaupt in der Lage, derart kostspielige Investitionen zu tätigen, kleine Häfen scheiden, weil finanziell überfordert, zwangsläufig aus dem Wettbewerb aus. Selbst in Hamburg beschäftigte man sich bereits mit dem Projekt eines Tiefwasser-Vorhafens vor der Elbmündung bei Neuwerk-Scharhörn.

Von der Transferfunktion, dem Umschlag zwischen Land und See, leiten sich zwei weitere wichtige Funktionen ab, über die der Großhafen Hamburg in reichem Maße verfügt: Handel und Industrie. Nicht zuletzt infolge langer Tradition ist das kaufmännische Gewerbe, das mit der Schiffahrt in Verbindung steht, hochentwickelt. Der sogenannte Eigenhandel, auch Loko-Handel genannt, versorgt die anlaufenden Schiffe, die hafenansässigen Industriebetriebe und die Bevölkerung des Ballungsraumes. „Je stärker der Eigenhandel eines Seehafens ausgeprägt ist, desto umfangreicher und bedeutender wird auch der Fernhandel sein. Die mit dem Eigenhandel befaßten Handelshäuser ziehen nämlich in der Regel auch die nicht für den Hafenplatz gehandelten Güter über den Sitz ihrer Firma, also den Seehafen." (Jolmes 1966, S. 391) Auf einem Umschlagplatz mit bedeutenden Handelsfunktionen wie Hamburg hängen außerdem Banken, Versicherungen und Warenbörsen zu erheblichen Teilen von der Hafenwirtschaft ab.

Eine umfangreiche und vielseitige Industrie mit rund 160 000 Beschäftigten (1982) trägt entscheidend zur wirtschaftlichen Kraft der Hansestadt bei. Zwar arbeiten zahlreiche Industriebetriebe hafenunabhängig; sie unterscheiden sich nicht von ähnlichen binnenländischen Produktionsstätten. Transportkostenorientierte Industrien dagegen wählten bewußt ihren Standort am seeschifftiefen Wasser des Hafens; sie beziehen die Rohstoffe und versenden ggf. die Produkte auf dem kostengünstigen Wasserweg, z. B., Raffinerien. Hierher gehören ferner Betriebe, in denen über See eingeführte Verbrauchsgüter, z. B. Kaffee, eine zusätzliche Bearbeitung erfahren. Letztlich verfügt Hamburg über eine schiffahrtsverbundene Industrie wie Schiffswerften und deren Zuliefererbetriebe; allerdings schrumpft dieser Sektor seit Jahren.

Der ungewöhnliche Umfang der Funktionen Transfer, Handel und Industrie sowie die engen Wechselbeziehungen zwischen ihnen ergeben die überragende Bedeutung des Welthafens Hamburg, die durch die Ballung der Bevölkerung verdeutlicht und den Status eines Bundeslandes bekräftigt wird. Schleswig-Holstein in direkter Nachbarschaft und dessen Seehäfen spüren den Hamburger Einfluß vielerorts.

Die Seehäfen an der Ostküste

Die Isthmuslage Schleswig-Holsteins zwischen zwei in mehrfacher Hinsicht verschiedenartigen Meeren läßt es geboten erscheinen, die Seehäfen an der Ost- und Westküste jeweils zu einer Gruppe zusammenzufassen.

Gesamtgüterumschlag in schleswig-holsteinischen Ostseehäfen 1982*)

	Gesamtumschlag in 1000t	Empfang in %	Versand in %
Lübeck	7100	57	43
Puttgarden	3080	44	56
Kiel	1773	71	29
Flensburg	741	95	5
Gelting**)	141	100	0
Heiligenhafen	117	15	85
Neustadt	106	58	42
Kappeln	78	33	67
Burgstaaken	58	17	83
Eckernförde	55	37	63
Schleswig	25	82	18
Laboe	23	32	68

*) König 1983b, S. 6.
**) In den Jahren 1981 und 1983 lag der Wert für Gelting unter 500 t.

Das relativ kleinräumige Westbecken des Baltischen Meeres findet seinen westlichen Abschluß in der buchtenreichen Ostküste des Landes, an der sich Moränenkliffe und Niederungen abwechseln. Unter günstigen Naturvoraussetzungen entwickelte sich auf einer Küstenlänge von 384 km – einschließlich Fehmarns, jedoch ohne die Schlei – eine Reihe von Seehafenplätzen unterschiedlicher Bedeutung, deren namhafte Vertreter in der vorstehenden Tabelle, nach dem Güterumschlag geordnet, zusammengestellt sind.

Von den kleineren Seehäfen, weit unter 500 000 t Gesamtumschlag je Ort, setzen sich vier größere Umschlagplätze sichtbar ab: Flensburg, Puttgarden, Kiel und Lübeck.

Die kleineren Ostseehäfen

Die kleineren Ostseehäfen, deren Umschlag 1982 insgesamt 600 000 t nicht überstieg, beschränken sich im großen und ganzen auf lokale Funktionen. Vereinzelte Industriebetriebe, z. B. die Zuckerfabrik in Schleswig, und klein- bis mittelstädtische Gewerbe in einem vorzugsweise agrarischen Umland erzeugen nur geringe Seeverkehrsbedürfnisse. Im Empfang herrschen Futter- und Düngemittel sowie Bau- und Kraftstoffe vor, im Versand Ölsaaten, Fette und Getreide.

Dank des Fremdenverkehrs und der Zollbegünstigungen hat der Passagierverkehr in Form des Ausflugs- und Einkaufsverkehrs in allen Ostseehäfen einen beachtlichen Umfang angenommen. Nach Weigand (1983, S. 23) meldeten z. B. Kappeln 423 000, Gelting 355 000 und Eckernförde 272 000 Einreisende im Jahre 1982. Man geht bei dieser Erfassung des Ausflugsverkehrs davon aus, daß Ein- und Ausreisende sich zahlenmäßig die Waage halten. Die organisierten Busreisen, die ganzjährig zu günstigen Preisen durchgeführt werden, gehen u. a. von Berlin, Hannover und Bremen aus. Weil dieser Verkehr in See, mit deutschen oder dänischen Häfen – vornehmlich zum Zwecke zollfreien Einkaufs – von Fahrgastschiffen geringerer Größe abgewickelt wird, stellt er an die erforderlichen Hafeneinrichtungen bescheidene Ansprüche, die auch kleinere Ostseehäfen erfüllen können.

Ähnliches trifft für die Kutterfischerei zu, die, nach 1945 durch die Ansiedlung ostpreußischer und pommerscher Fischer wesentlich verstärkt, ihre Heimathäfen in vier Gebieten konzentrierte: an der Schleimündung in Maasholm und Kappeln, an der Kieler Förde in Heikendorf und Laboe, am Fehmarnsund in Heiligenhafen und Burgstaaken und an der inneren Lübecker Bucht: Niendorf, Haffkrug und Travemünde. Erkennbar nahm die Bedeutung der Stützpunkte Eckernförde und Neustadt ab. Die Küstenfischerei, deren Einsatzdauer einen Tag nicht überschreitet, und die Kleine Hochseefischerei, also die Fernfischerei geringeren Ausmaßes, zählten neben zahllosen Booten 224 Kutter. Infolge internationaler Regelungen, die Fanggebiete und -quoten in der Ostsee festlegten, sanken die Anlandungen, hauptsächlich Hering und Dorsch, 1982 auf rund 18 000 t. Der Gesamterlös betrug 20,5 Mio DM. Fisch-

Abb. 3: Eckernförde: Der umfangreiche Einkaufs- und Ausflugsverkehr wird mit kleineren Seeschiffen abgewickelt.

verarbeitende Betriebe, etwa in Kiel und Kappeln, nahmen einen Teil der Fänge auf.

Abschließend seien die kleineren Ostseehäfen als Schutzhäfen im allgemeinen, als Außenstellen der Bundesmarine, die außer Schulen Minensuch-, Schnellboot- und/oder U-Bootgeschwader in Neustadt, Eckernförde und Olpenitz/Schlei unterhält, als Standorte des Bundesgrenzschutzes (Neustadt) sowie von Bootswerften (z. B. Eckernförde) und Sportboothäfen vermerkt. Rettung aus Seenot und Schutz der maritimen Umwelt wären ohne die Hafenbasen der entsprechenden Dienste nicht denkbar. Aus allem folgt, daß diese Häfen auch in Gegenwart nicht unwichtig, zum Teil sogar unentbehrlich sind.

Flensburg

Der nördlichste deutsche Ostseehafen mit bedeutenderem Güterumschlag liegt in Flensburg, einer Stadt mit 86 000 Einwohnern an der dänischen Grenze, am Ende der gleichnamigen Förde, 44 km von der offenen See entfernt. Die Wassertiefe, in der zum Teil engen Fördezufahrt minimal 8 m betragend, verringert sich im Hafen auf 7–5 m.

Abb. 4: Flensburg: Kleinere Frachtschiffe am Ballastkai; sie bringen Futtermittel, die in die Silos der Raiffeisen-Hauptgenossenschaft gesaugt werden.

Eine im Hinblick auf wachsende Schiffsgrößen unzureichende Wassertiefe des Hafens, das kleinräumige Hinterland, dessen nördlicher Teil zudem 1920 an Dänemark fiel, sowie die extreme Randlage in der Bundesrepublik Deutschland und der EG wiegen als Negativfaktoren schwer. Ein Anschluß an das Binnenwasserstraßennetz fehlt, der an das Autobahnnetz verspricht nur geringe Auswirkungen. Infolgedessen ist der Besatz mit hafenorientierter Industrie schwach, mit Ausnahme der Werft, die Frachter bis zu 50 000 tdw baut. Da es auch an größeren Handelsunternehmen mangelt, bleibt der Umschlag in seinem Umfang begrenzt und in seiner Struktur wenig differenziert.

Die Umschlagbilanz, das Verhältnis von Empfang zu Versand, weist mit 19:1 in Flensburg eine außergewöhnliche Einseitigkeit auf; denn von den 741 000 t des Gesamtumschlags in 1982 entfielen allein auf den Güterempfang 95 %. Dabei herrschen einige wenige Massengüter vor: Futter- und Düngemittel, Kraft- und Baustoffe, bestimmt für die lokale Industrie, das Gewerbe und die Landwirtschaft in der Umgebung. Eine Schiffahrtslinie für den Gütertransport existiert nicht. Die Verkehrsbeziehungen sind somit als örtlich bis regional einzustufen. Weil der Umschlag von Massengütern, im Gegensatz zum arbeitsintensiven Stückgutverkehr, maschinell erfolgt, hält sich der

Beschäftigungseffekt in der Hafenwirtschaft in engen Grenzen: Massengutumschlag bringt selten Reichtum. Daraus folgt, daß die reine Umschlagsmenge eines Hafens nur eine bedingte Aussagekraft besitzt.

Der Ausflugs- und Einkaufsverkehr per Schiff zwischen Angeln und vorzugsweise Dänemark, um 1970 eine Flensburger Domäne, schrumpfte hier, nicht zuletzt infolge der Konkurrenz kleinerer Häfen zwischen Glücksburg und Kappeln, bis 1982 auf 0,8 Mio Einreisende. Allein wegen der 44 km langen Fördezufahrt eignet sich der Hafen für den Fährverkehr ebensowenig wie für die Kutterfischerei.

Den eingeschränkten Aufgaben entsprechen die Hafenfazilitäten. Haupt- und Nebenhafenbecken ergeben zusammen 110 ha Wasserfläche. Die gesamte Kailänge für Frachter beträgt 1700 m. Auf einer Hafenlandfläche von 9 ha stehen neben Silo- und Tankkapazitäten 1 ha Schuppenlagerfläche, 6 Krane, 3 Öl- und 2 Holzlöschbrücken zur Verfügung. Der Stützpunkt der Bundesmarine, nordwärts an den Handelshafen anschließend, umfaßt in Mürwik Schulen, Minensuch- und Schnellbootgeschwader sowie das Flottenkommando Glücksburg.

Puttgarden

Während die Hafenstadt Flensburg auf eine siebenhundertjährige Geschichte mit mehreren Blütezeiten zurückblickt, wurde der Fährhafen Puttgarden – das Dorf gleichen Namens liegt in der Nähe – im Nordosten Fehmarns erst 1963 in Betrieb genommen. Nachdem im selben Jahre eine neue Brücke über den 1340 m breiten Fehmarnsund die Insel mit dem Festland verbunden hatte, war das letzte Hindernis für den Landverkehr von und nach dem Süden beseitigt (vgl. hinteres Umschlagbild).

Zwei zangenförmige Molen von 820 und 630 m Länge umschließen vor der geradlinigen Strandwallküste Fehmarns ein künstliches Hafenbecken von etwa 25 ha Größe und 8,5 m Wassertiefe. Die Hafenlandfläche hinter den drei Fährbetten und -brücken bietet ausreichenden Platz für Zufahrtsstraßen, Parkplätze und einen Bahnhof mit 22 km Gleisen. Knapp eine Stunde benötigen die fünf bis zu 145 m langen Fährschiffe der deutschen und dänischen Bahn, um den 19 km breiten Fehmarnbelt zu überqueren. Bei gutem Wetter ist der Gegenhafen Rödbyhavn auf der dänischen Insel Lolland mit bloßem Auge zu erkennen. Der Fehmarnbelt und der Sund gelten als Engpässe der Europastraße 4, die, von Lissabon, Barcelona, Frankfurt und Hannover kommend, über Kopenhagen und Stockholm nach Helsinki führt. Volkstümlich heißt sie Vogelfluglinie, weil sie einen Hauptwanderweg europäischer Zugvögel nachzeichnet. Eigentlicher Zweck von Fährschiffen ist es, Fahrgäste mit Reisefahrzeugen – Personenkraftwagen und Omnibussen – zu befördern. Bei Eisenbahntrajekten wie in Puttgarden kommen Züge hinzu. Die Touristen stellen den Hauptteil der Passagiere. Er ist allerdings saisonabhängig, genauso wie die infolge des Fremdenverkehrs steigende Anzahl jener Fahrgäste, die ihre zollbegünstigten Einkaufs- und Ausflugsfahrten mit Fährschiffen unternehmen. Eine kleinere dritte Gruppe bilden auf der Vogelfluglinie die Geschäftsreisenden. Mit ca. 5 Mio Fahrgästen in beiden Richtungen (1982) stand Puttgarden an der Spitze aller bundesdeutschen Seehäfen an Ost- und Nordsee, obgleich hier nur eine einzige Linie vorhanden ist. Die Eigengewichte der beförderten Reisefahrzeuge Pkw und Bus überschritten 0,8 Mio t.

Faktisch laufen alle Fährschiffe als kombinierte Fahrgast- und Frachtschiffe: sie befördern zunehmend Fahrzeuge mit Ladung. Die Transportgüter rollen auf Straßen- oder Schienenfahrzeugen vom Verladeort bis zum Bestimmungsort, ohne daß in den Seehäfen ein Umladen erfolgt. Man spricht bei einem solchen Horizontalumschlag, der in kürzester Zeit vor sich geht und kostspielige Arbeitsgänge im Hafen erspart, von dem Roll-on/Roll-off-System. Es bewährte sich bisher nur bei Seestrecken unter 1000 km, so bei der Überquerung von Fehmarnbelt und Öresund, weil für den Seetransport zwei Beförderungsmittel, Schiff und Landfahrzeug, gleichzeitig erforderlich sind.

„Die Schwerpunkte des Roll-on/Roll-off-Verkehrs lagen bei hochwertigen und/oder eilbedürftigen sowie verderblichen Gütern. Er konzentrierte sich im wesentlichen auf Industrieerzeugnisse sowie auf Produkte der Land- und Fortwirtschaft." (Böhme u. a. 1974, S. III 38) Ladungen, die für den Transport auf Straßenfahrzeugen ungeeignet sind, übernimmt die Bahn, die in der sommerlichen Hochsaison Puttgardens teilweise auf die Landverbindung über Jütland ausweicht. Trotzdem erzielte der Fährhafen 1982 einen Umschlag – Binnenschiffahrt existiert hier nicht – von rund 3,1 Mio t, zuzüglich ca. 4,3 Mio t Eigengewichte von Eisenbahnfahrzeugen und Güter-Lastkraftwagen.

Dieses hervorragende Ergebnis, zu 44 % Empfang, zu 56 % Versand, verdankt Puttgarden einmal seiner weit in die See vorgeschobenen geographischen Position, die den ‚Brückenersatzverkehr' erleichtert, und seinem weit über Dänemark hinausreichenden Vorland. Zum anderen fällt eine beträchtliche Eindringtiefe ins nationale Hinterland auf, die in Einzelfällen darüber hinaus bis Süd- und Westeuropa reicht. Daraus ergibt sich ein erheblicher Transitverkehr – z. B. Fruchtimporte aus Italien für Schweden –, der das bundesdeutsche Wirtschaftsgebiet nur als Durchgangsland nutzt. Ungeachtet der funktionalen Einseitigkeit und der fühlbaren Konkurrenz der Eisenbahntrajektlinien Warnemünde–Gedser und Saßnitz–Trelleborg, zählt der Spezialhafen Puttgarden, am Umschlag gemessen, zu den führenden Seehäfen Schleswig-Holsteins. Nur die Verwirklichung des Projektes Fehmarnbeltbrücke würde seine Existenz in Frage stellen.

Kiel

Von allen schleswig-holsteinischen Ostseehäfen erfreut sich Kiel wohl der größten Naturgunst. Die Kieler Förde, eine 16 km ins Land dringende keilförmige Meeresbucht, die der Stadt auch den Namen gab, ist fast überall zwischen 18 und 10 m tief, fast immer eisfrei und durch Hochufer vor Winden geschützt. Das lockere Moränenmaterial am Grunde gestattet ein müheloses Ankern, die große Breite der Förde ein Navigieren ohne Schlepperhilfe.

Die Vorteile, die die Förde als 1500 ha großes natürliches Hafenbecken bot, trugen dazu bei, Kiel 1871 zum Reichskriegshafen zu bestimmen, eine für die Stadt schicksalhafte Entscheidung, die sowohl positive wie negative Auswirkungen zeitigte. Mit Sicherheit wurden die Entwicklungsmöglichkeiten des Handelshafens durch die Raumansprüche der Marine jahrzehntelang eingeschränkt. „Die Geschichte des Seehafens Kiel begann erst 1945, und alle nunmehr in Betrieb befindlichen Hafenumschlagsflächen sind nach 1945 neu erstellt worden, da sie entweder zerstört waren bzw. aus der Kieler Förde durch Aufschütten gewonnen werden mußten. . . .“ (Hafenamt Kiel 1983, S. 58)

Der Hafen der 248 000 Einwohner zählenden Landeshauptstadt Kiel, die insbesondere die innere Förde südlich der Friedrichsorter Enge umschließt, hat aus den vorzüglichen Wasserverhältnissen bisher nur bedingt Nutzen ziehen können. Zwar liegt er am Ostausgang des stark frequentierten Nord-Ostsee-Kanals, international als Kiel-Kanal bekannt, über den in Verbindung mit der Elbe auch der Binnenschiffsverkehr abgewickelt wird. Aber die geringe Ausdehnung und Wirtschaftskraft des näheren Hinterlands, die geographische Randlage zu den nationalen Wirtschaftsschwerpunkten und die größere kilometrische Entfernung zu ihnen im Vergleich mit Hamburg und Lübeck fallen negativ ins Gewicht.

Hingegen als vorteilhaft erweist sich die periphere Lage, wie im Falle Puttgardens, für den Fährverkehr, der anderen Gesetzen folgt. Im Fahrgastverkehr und in gewissen Transportketten des Güterverkehrs haben Zeitgewinne einen hohen Stellenwert. Da der Seeverkehr im allgemeinen zeitaufwendiger als der Landverkehr ist, sind Häfen in Brückenkopf-Stellung wie Puttgarden, Lübeck und Kiel im Vorteil. Die höheren Transportkosten des Verkehrs über Land mindert auf kürzeren Seestrecken das Hafenkosten einsparende Roll-on/Roll-off-System, das sich seit den 60er Jahren entwickelt hat.

Vier Fährlinien stellen die Verbindung zwischen der Fördestadt und den nordischen Ländern her: Kiel–Bagenkop/Langeland, Kiel–Korsör/Seeland, Kiel–Göteborg und Kiel–Oslo. Außer der Oslolinie besteht keine weitere Fährverbindung von der deutschen Ostseeküste aus nach Norwegen, woraus sich ein Lagevorteil Kiels im Norwegenverkehr ableiten läßt. Der Fährverkehr auf der Linie Cuxhaven–Stavanger–Bergen stellt eine gewisse Konkurrenz dar. 1982 reisten auf den vier Fährlinien 1,1 Mio Passagiere aus und ein: die Eigengewichte aller transportierten Reisefahrzeuge Lkw und Bus ergaben knapp 0,2 Mio t.

Der über die Fährschiffe laufende Roll-on/Roll-off-Verkehr von 850 000 t im Jahre 1982 sicherte dem Kieler Hafen knapp 50 % seines Gesamtumschlags, zuzüglich mehr als 0,2 Mio t Eigengewichte der Güter-Lkws und Trailer. Letztere werden neuerdings auch auf Spezialwaggons der Bundesbahn verladen und im sogenannten Huckepackverkehr auf der Schiene dem Empfangsort zugeführt, wodurch Sattelzugmaschinen und Personal entbehr-

Abb. 5: Kiel: An der Kanalschleuse fährt ein Elektrokarren mit Proviant dem festmachenden Schiff entgegen.

lich werden. Versand und Empfang halten sich bei den Güterströmen des Kieler Fährverkehrs, der sich parallel zu Puttgarden mit einem Transitanteil um ca. 10 % auf ein überregionales Hinterland stützt, in etwa die Waage. Die Fährschiffe an den Brücken und Rampen des Oslo- und Schwedenkais verleihen dem Stadtzentrum, das sich direkt anschließt, eine maritime Note, die durch Frachtschiffe im Binnenhafen – eine Linie verbindet Kiel mit Tallin/Sowjetunion – verstärkt wird.

Bei der anderen Hälfte des Gesamtumschlags von knapp 2 Mio t handelt es sich vorwiegend um Massengutempfang, der die Unausgeglichenheit der Bilanz von 71:29 verursacht: Mineralöle, Kohle, Seekiesel und Futtermittel. Er findet hauptsächlich in den schleusennahen Teilhäfen, dem Nordhafen am Kanal und dem Scheerhafen an der Förde, statt. Hafenbezogener Handel, weil es ihn kaum gibt, und hafenorientierte Industrie tragen nur wenig zum Güterumschlag bei, auch wenn eine Großwerft, die Howaldtswerke-Deutsche Werft AG, am Ostufer der Innenförde und eine mittelständische Werft in Friedrichsort das Hafenbild eindrucksvoll prägen.

An den Umstand, daß der Nord-Ostsee-Kanal mit rund 50 000 Schiffsdurchfahrten (1982) sowie an die 100 Schiffahrtslinien (Heeckt 1971, S. 15) von Kiel ausgeht, wurden einst Umschlagserwartungen geknüpft, die sich nicht erfüllten. Nicht Kiel rückte zum deutschen Hauptsammlungs- und Ver-

Abb. 6: Kiel: Die zwei leeren Trockendocks im Vordergrund, das genutzte Schwimmdock und der Portalkran an der Innenförde nehmen nur einen Bruchteil des kilometerlangen Industriegeländes der Howaldtswerke-Deutsche Werft AG ein.

teilungsplatz des Ostseehandels auf, sondern Hamburg mit seinem leistungsstarken Liniennetz nach Übersee. Abgesehen von der polnischen Linie Gdingen–Middlesbrough wird der Nordhafen, der dem Kanalverkehr räumlich entgegenkommt, von keiner regelmäßigen Schiffsverbindung genutzt. Bisweilen dient er passierenden Schiffen auf längeren Reisen als Zwischenhafen. Der bedeutende Schiffsverkehr bringt natürlich umfangreiche Versorgungs- und Betriebsbedürfnisse mit sich, die an den Schleusen und im Nordhafen von lokalen Handelsfirmen abgedeckt werden: Bunkeröl, Proviant und Ausrüstung. Für erforderliche Reparaturen stehen die genannten Werften bereit.

Die drei Distrikte des kommunalen Hafens Kiel, der Binnenhafen – für Seeschiffe – an der inneren Förde inmitten der Stadt, der Scheerhafen und der Nordhafen im Kanalbereich sind mit Wassertiefen zwischen 6 und 11 m und einer Gesamtkailänge von 5,5 km den Anforderungen mehr als gewachsen. Ähnliches trifft für die weiteren Fazilitäten zu. Die über 25 ha messende Hafenlandfläche, davon 3,5 ha Hallenlagerfläche, ist u. a. mit gut zwei Dutzend Kranen und neun Roll-on/Roll-off-Rampen ausgerüstet; es sind teilweise private Anlagen. Hinzuzufügen wäre noch ein Kai in der Schwentinemündung für die Anlandung von Fischen – ca. 3000 t im Jahre 1982 –, die dort verkauft oder von der ansässigen Industrie verarbeitet werden.

Die Entwicklung des Kieler Hafens, heute ein Gemischthafen mit dominierender Transferfunktion, hing eng mit der Marine zusammen, was auch die Gedenkstätten in Laboe und Möltenort anzeigen. Im Vergleich zu früheren Zeiten wesentlich eingeschränkt, unterhält sie an der Förde ihren größten Stützpunkt im Ostseebereich. Der Tirpitzhafen, dem Scheerhafen benachbart, ist Heimathafen für Zerstörer-, Minensuch-, Schnellboot-, U-Boot- und Versorgungsgeschwader. Überdies beherbergt Kiel das Schulschiff ‚Deutschland', das Segelschulschiff ‚Gorch Fock' und ein Marinefliegergeschwader in Holtenau.

An den Wochenenden der warmen Jahreszeit beherrscht der Segelsport, der hier olympische Tradition hat, nicht nur die Wasserfläche der Förde, sondern auch der inneren Kieler Bucht.

Lübeck

Tradition und Fortschritt gehen im 215 000 Einwohner großen Lübeck eine für Schleswig-Holstein einzigartige Verbindung ein. Die nach wie vor übliche Bezeichnung ‚Hansestadt Lübeck' verweist ebenso auf die einst führende Rolle im mittelalterlichen Städtebund wie die trotz des letzten Krieges erhalten gebliebenen alten Bauwerke in der Atmosphäre ausstrahlenden Innenstadt. Heute erstrecken sich an der Untertrave zwischen dem Stadtkern und dem Gemeindeteil Travemünde auf ca. 20 km Länge diverse, z. T. räumlich getrennte Hafenanlagen, die als Hafenkomplex die größte und bedeutendste Konzentration im nördlichsten Bundesland darstellen.

Das Travefahrwasser, obgleich streckenweise schmal und gekrümmt, be-

Abb. 7: Lübeck: In den Salzspeichern an der Obertrave, im 16. und 17. Jahrhundert erbaut, lagerte einst das wertvolle Handelsgut aus Lüneburg.

reitet kaum navigatorische Schwierigkeiten. Durch Baggern wurde es in Travemünde an der Priwallnehrung und in der unterschiedlich breiten, 13 km langen Traveförde, deren Ufer teilweise zur DDR gehören, auf 10 m und im engeren Travelauf bis zu den zentrumsnahen Stadthäfen auf 9,5 m vertieft. Die Wassertiefen in den acht Hafenbecken für den Seeverkehr variieren zwischen 6 m im Holstenhafen am Innenstadtrand und 10 m an den Überseebrükken in Travemünde.

Wie Hamburg büßte Lübeck durch die am östlichen Stadtrand verlaufende, relativ undurchlässige Grenze zum Comecon-Gebiet sein mitteldeutsches Hinterland ein. Zu den bundesdeutschen Ballungsräumen liegt es zwar peripher, aber entfernungsmäßig günstiger als die anderen Ostseehäfen: Entfernungen Lübeck–Hamburg und Lübeck–Elbübergang Lauenburg etwa je 70 km. Autobahn und Eisenbahn bestreiten fast ausschließlich den Verkehr ins überregionale Hinterland. Trotz mehrerer Binnenhäfen im Stadtgebiet ist der Binnenwasserstraßen-Anschluß von untergeordneter Bedeutung. Zwar verbinden der 60 km lange Elbe-Lübeck-Kanal und der 113 km lange neue Elbe-Seitenkanal die Hansestadt mit den binnendeutschen Industriegebieten, aber erstens besteht wenig Bedarf an Massengutverkehren vom und ins Binnenland, und zweitens lassen die Abmessungen des älteren Wasserweges Lauenburg–Lübeck nur Schiffsgrößen bis zu 750 t zu, nicht das Europaschiff von 1350 t, was wiederum Hamburg zugute kommt.

Als östlichste bundesdeutsche Hafenstadt bedient Lübeck vorzugsweise den mittleren und östlichen Ostseeraum, das Kerngebiet seines Vorlandes, also Schweden, Dänemark und – unter besonders günstigen Wettbewerbsbedingungen – Finnland. Infolge der boomartigen Entwicklung des Fährverkehrs nach 1960 baute es ein Liniennetz auf, das die regelmäßigen Schiffsverbindungen Kiels an Dichte und Frequenzen deutlich übertrifft. So überrascht es nicht, daß Lübeck mit über 7,1 Mio t Gesamtumschlag (1982) – davon über ein Drittel Transit – nicht nur seinen höchsten Vorkriegswert von 2,3 Mio t (1936) weit hinter sich läßt, sondern mehr leistet als alle anderen Ostseehäfen Schleswig-Holsteins zusammen. Damit hat es als Seehafen den ersten Rang an beiden Landesküsten inne.

Die Tatsache, daß 1982 in Lübeck 65 % des gesamten Warenumschlags auf den Fährverkehr entfielen, verdeutlicht auch hier den Wandel in der Umschlagstechnik vom konventionellen Lift-on/Lift-off-Betrieb zum Roll-on/Roll-off-System. Davon betroffen sind vor allem Stückgüter, die infolge ihrer Typenvielfalt beim vertikalen Verfahren differenzierte Umschlagsanlagen, somit aufwendige Hafeninvestitionen und zudem arbeitsintensive Umschlagsprozesse erfordern. Im Senkrechtumschlag hilft man sich mit kostensparenden Einheitsladungen auf Paletten oder in Containern, das sind Hubplatten

Abb. 8: Lübeck-Travemünde: Beim Huckepackverkehr befördert, wie in Kiel, der Hubwagen Container von den Bahnwaggons auf niedrige Spezialtrailer, die von hafeneigenen Zugmaschinen zum Abstellplatz bzw. zum Fährschiff geschleppt werden.

Abb. 9: Lübeck-Travemünde: Von den sieben Fähranlegern des Skandinavienkais für den Roll-on/Roll-off-Verkehr sind hier drei mit höhenverstellbaren Klappen für Straßenfahrzeuge sichtbar. Freigegeben unter SH 396-481.

bzw. Behälter, die mit Hebezeugen verladen werden und im Langstreckenverkehr wirtschaftlich sind. Auf den Kurzstrecken des Ostseeverkehrs aber herrscht der Horizontalumschlag vor, der die rollenden Ladeeinheiten umfaßt. Der Einsatz von Containern hält sich auch im Travehafen in Grenzen.

Der wachsende Roll-on/Roll-off-Verkehr in Lübeck führte zur Einrichtung von sieben Linien für den reinen Ro-Ro-Frachtverkehr ohne Personenbeförderung; hier finden auch Flurfördergeräte Verwendung. Vom Nordlandkai (Stadthafen) wird der Frachtverkehr mit Finnland durchgeführt, vom Konstantinkai (Stadthafen) und Skandinavienkai (Travemünde) jener mit den schwedischen Häfen Trelleborg, Malmö und Göteborg.

Das Transportangebot dieser Trailerfähren besteht neben den Kapazitäten der üblichen kombinierten Passagier/Frachtfähren, die ab Skandinavienkai auf fünf Linien verkehren: nach Gedser, Trelleborg, Helsinki, Hanko (zugleich eine Waggonfähre für Bahnfahrzeuge) und Swinemünde/Danzig, wobei der Finnlandverkehr mit Distanzen über 1000 km bereits zum Langstrekkenverkehr zählt. 1982 belief sich der Umschlag im Güterfährverkehr auf 4,62 Mio t, die Eigengewichte der Güter-Lkws und Bahnwaggons erbrachten weitere 3,12 Mio t. Hafentechnisch ist die Güterart im rollenden Transfer kaum von Belang. Im gleichen Jahr nutzten 2,2 Mio Fahrgäste mit 0,4 Mio t Reisefahrzeuggewicht die Fähren von und nach Lübeck, das sich zum größten Fährschiffhafen Europas entwickelt hat.

Außerhalb des Fährverkehrs verlagerte sich der Schwerpunkt des Umschlags vom Stückgut zum Massengut, insonderheit im Empfang. In den Stadthäfen und an den privaten Kaianlagen der Travezufahrt werden speziell Holz und Holzprodukte sowie Kohlen und Schotter gelöscht, Salz geladen.

In den größeren deutschen Ostseehäfen überwiegt die Transferfunktion stark. Die Hafenfunktionen Industrie und Handel, in Lübeck noch relativ befriedigend vertreten, verlieren ständig an Boden. Zum einen geht die Anlandung von Rohstoffen für die seehafenorientierte Industrie zurück, u. a. weil die Schiffsgrößen im Massengutverkehr zunehmen, die Hafenanlagen aber oft nicht mitwachsen. Wie in Flensburg und Kiel hat die traditionelle Werftindustrie, die in Lübeck drei mittelständische Betriebe unterhält, infolge sinkender Wettbewerbsfähigkeit auf dem Weltmarkt ernste Absatzschwierigkeiten. Auch ein durch größere Handelshäuser in Gang gesetzter Loko-Verkehr sowie die Zwischenlagerung und Bearbeitung umgeschlagener Güter halten sich, im Vergleich zu Hamburg, in engem Rahmen. Trotzdem kommt Lübeck als einziger Seehafen in Schleswig-Holstein dem Typ des Universalhafens nahe.

Die technischen Daten des kommunalen Hafenkomplexes bestätigen seine Leistungshöhe und -breite. In den Stadthäfen stehen neben anderen Fazilitäten etwa 9 km befestigte Kaianlagen, über 70 Krane und Kranbrücken sowie 10 ha Schuppen/Lagerhäuser und 24 ha Freiflächen für Umschlag und Lagerung zur Verfügung. Der Herrenhafen an der Travezufahrt faßt industriewirtschaftliche Kaianlagen zusammen. Im Ortsteil Travemünde bündelt der moderne Skandinavienkai, neben dem Fischereihafen gelegen, den starken Fährverkehr, dem sieben Fähranleger an einer Kaistrecke von 1500 m Länge und ein Betriebshof von 30 ha dienen. Das Freizeitwesen im Seebad Travemünde findet u. a. seinen Niederschlag in einem beträchtlichen Ausflugsverkehr – 0,73 Mio Einreisende im Jahre 1982 – und einer Vielzahl von Sportbootliegeplätzen in der Nähe der vertäuten Viermastbark „Passat".

Die Seehäfen an der Westküste

Die Küsten Niedersachsens und Schleswig-Holsteins begrenzen die Deutsche Bucht, den südöstlichen Teil des Randmeeres Nordsee. Inselreihen und Außensände, amphibische Wattengebiete und die drei großen, durch die Einwirkung des Gezeitenmeeres verbreiterten Trichtermündungen von Elbe, Weser und Ems bestimmen die Küstenformen. Die Westküste Schleswig-Holsteins setzt sich somit aus der eigentlichen Nordseeküste – ohne Inseln 181 km, einschließlich Inseln 517 km lang – und dem ca. 110 km messenden rechten Ufer des Elbästuars zusammen. Von der einst großen Zahl kleiner Häfen und hafenähnlicher Ladeplatze an Flußunterläufen, Flußmündungen oder Prielen haben sich, wie die folgende Tabelle zeigt, hinsichtlich des Umschlags nur wenige behaupten oder sogar weiterentwickeln können. Dabei wird Rendsburg als historisch nicht unbedeutender Eiderhafen, mit Bedenken, der Westküste zugeordnet.

Gesamtgüterumschlag in schleswig-holsteinischen Seehäfen an Nordsee und Unterelbe 1982*

	Gesamtumschlag in 1000 t	Empfang in %	Versand in %
Brunsbüttel	6506	72	28
Wedel	1495	100	–
Rendsburg	771	93	7
Husum	401	61	39
Itzehoe	199	74	26
Uetersen	141	93	7
Wyk/Föhr	137	92	8
Dagebüll	107	14	86
Glückstadt	99	99	1
Büsum	68	39	61
List/Sylt	49	99	1
Elmshorn	38	89	11
Helgoland	24	90	10

* König 1983b, S. 6.

Die idyllischen Häfen Friedrichstadt und Tönning fehlen in der Aufstellung, weil umschlagsmäßig unbedeutend. Wie an der Ostseeküste übersteigen die Umschlagsergebnisse mehrerer Häfen merklich die 500 000 t-Marke: Brunsbüttel, Wedel und Rendsburg.

Die kleineren Seehäfen im Westen

Lokale, in Ausnahmefällen regionale Aufgaben prägen das Erscheinungsbild der kleineren Häfen im Westen des Landes, deren Güterumschlag insgesamt knapp 1 Mio t beträgt. Sie sind durch die geringen Fahrwassertiefen ebenso benachteiligt wie durch den Mangel an Umschlagsbedürfnissen in ihrer schmalen, vorwiegend agrarwirtschaftlich ausgerichteten Hinterlandzone. Die Hafenausrüstungen haben sich den hier gängigen Schiffsgrößen und -frequenzen angepaßt.

An der Nordseeküste und in der Unterelbe erfordern bereits kleinere Häfen ansehnliche Aufwendungen. Nordseehäfen, die wie Dagebüll unmittelbar vor dem Außendeich liegen, sind den dauernden Niveauschwankungen des Gezeitenmeeres voll ausgeliefert. Häfen innerhalb der Seedeichlinie aber bedürfen des Sturmflutschutzes, entweder durch eine einfache, geringer dimensionierte Sielschleuse oder durch ein modernes großes Sperrwerk in der Deichsicherungslinie. Weil Bausubstanz und Abmessungen älterer Schleusen nicht mehr genügten – auch die Küstenmotorschiffe waren größer geworden

Abb. 10: Husum: Seit 1976 schützt bei Sturmfluten ein modernes Sperrwerk mit zwei Fluttoren und einem Ebbetor die Hafeneinfahrt in der Seedeichlinie.

– ist unter hohem Kostenaufwand ein Sperrwerk nach dem anderen entstanden, in Husum und Büsum z. B. mit Durchlaßöffnungen von 22 m Breite, zwecks Verbesserung der Hafenbedingungen. Zugleich erhöht es die Sturmflutsicherheit an einer potentiell schwachen Außendeichstelle augenscheinlich. Ein Sperrwerk besonderer Art und Ausmaße ist die 1972 fertiggestellte, ca. 5 km lange Abdämmung im Eiderästuar zwischen Eiderstedt und Dithmarschen geworden.

Naturgemäß stehen Getreide, Futter- und Düngemittel an der Spitze der Umschlagsgüter kleinerer Häfen. Sofern diese Massengüter aus Übersee kommen, werden sie zumeist in Hamburg oder Rotterdam von Großschiffen in Küstenschiffe umgeladen, die sie in kleineren Bezugsmengen auf die nahen lokalen Seehafenplätze verteilen. An der Nordseeküste ragt Husum mit über 400 000 t Gesamtumschlag deutlich heraus. Häfen in der Nähe Hamburgs wie Uetersen an der Pinnau und Itzehoe an der Stör dienen mehr der Versorgung von Industriebetrieben. Auch die kleineren Häfen erfüllen die Standortvoraussetzungen für Boots- und sogar Schiffswerften. Die mittelständischen Betriebe in Husum und Büsum z. B. bauen und reparieren Seeschiffe bis zu 7000 tdw, da die Durchlaßöffnungen der modernen Sperrwerke für diese Schiffsgrößen – allerdings unbeladen – ausgelegt sind.

Dem nach Süden wachsenden Industriebesatz steht die Verdichtung des Fremdenverkehrs nach Norden gegenüber, in der industriearmen, dafür erholungsträchtigen Küstenlandschaft. Die hafenwirtschaftlichen Auswirkungen zeigen sich im Fahrgast- und Güterverkehr. Saisonale Helgolandlinien gehen von Hörnum/Sylt, Wyk/Föhr, Amrum, Dagebüll, Husum, von dem Eidersperrwerk und Büsum aus. Das Dithmarscher Seebad führt hier bei den Ausflugs-, Einkaufs- und Angelfahrten, die sich überall großer Beliebtheit erfreuen. Die ganzjährige Versorgung der vorgelagerten Inseln Föhr und Amrum sowie der Halligen kulminiert, wenn im Sommerhalbjahr zusätzlich 100 000 Fremde die Badestrände aufsuchen. Den 86 % Versand im Güterumschlag des Festlandshafens Dagebüll entsprechen die 92 % Empfang des Inselhafens Wyk und die 100 % Empfang Amrums (1982). Im nordfriesischen Wattenmeer wird der Verkehr weitgehend mit kleinen Fährschiffen, d. h. der Güterumschlag im Roll-on/Roll-off-System abgewickelt.

Die Kutterfischerei an der Westküste stützt sich im wesentlichen auf vier Heimat- und Anlandungshäfen an der Nordsee: Büsum, Husum, Friedrichskoog/Dithmarschen und Tönning. Von den 163 Kuttern, auf denen im Jahre 1982 370 Berufsfischer arbeiteten, waren 116 Fahrzeuge reine Krabbenkutter, 12 reine Fischkutter, 22 kombinierte Frischfisch/Krabbenkutter und 13 Muschelkutter. (Fischereiamt Kiel 1983, S. 7) Die Fahrzeugaufteilung verrät die Verschiedenartigkeit der gefangenen Seetiere und zugleich ihren ökonomischen Stellenwert. Dem Verkaufswert nach waren am Jahreserlös (1982) der schleswig-holsteinischen Nordseefischerei in Höhe von 28,5 Mio DM Speisekrabben mit 81 %, Speisefische mit 11 % und Miesmuscheln mit 8 % beteiligt. Die vor Helgoland gefangenen Hummer fallen nicht ins Gewicht. Unter den

Abb. 11: Tönning: Krabbenkutter und Motorsportboote teilen sich den künstlichen, seit 1613 bestehenden Tidehafen am Eiderästuar.

Fischereihäfen weist nur Büsum, überhaupt erster Umschlagplatz der Fischwirtschaft an der Westküste, eine bemerkenswerte Speisefischanlandung auf, während die Muschelanlandungen im Norden erfolgen, in Dagebüll, Schlüttsiel und Husum. Die spezifischen Verarbeitungsbetriebe suchen die Hafennähe, jedoch wird das sogenannte Krabbenpulen auch in Heimarbeit vergeben.

Zusammenfassend ist festzustellen, daß die kleineren Nordseehäfen trotz ungünstiger Naturvoraussetzungen neben ihrem nicht unbedeutenden Güterumschlag weitere wichtige Leistungen erbringen, die der örtlichen Wirtschaft und dem Arbeitsmarkt zugute kommen. Als Schutzhäfen für Schiffe und Boote und als Liegeplätze für die Fahrzeuge des Seerettungsdienstes und der Umweltschutzbehörden erscheinen sie unabdingbar. Überdies werden sie als Sportboothäfen und Touristenattraktionen geschätzt.

Rendsburg

Übereinstimmend verfügen die drei größeren Seehäfen der Westküste über Wassertiefen von mehr als 10 m. Die Kanalstadt Rendsburg, die mit 31 000 Einwohnern im Zentrum des schleswig-holsteinischen Binnenlandes liegt, zu den Westküstenhäfen zu rechnen, mag gewagt erscheinen. Tatsächlich aber stellte die Untereider vor dem Kanalbau die einzige Verbindung zum Meere, eben zur Nordsee her. Um 1600 waren in Rendsburg etwa 70 Schiffe beheimatet, in Kiel nur 20. (Hinrichs 1919, S. 160) Selbst in der Gegenwart geht der Güterumschlag von knapp 0,8 Mio t (1982) zu ca. 70 % aus dem Schiffsverkehr von und nach Westen hervor.

Zwar kreuzt sich in Rendsburg der Weltschiffahrtsweg Nord-Ostsee-Kanal mit den wohl wichtigsten Nordsüd-Landverbindungen am östlichen Geestrand, der Autobahn und der zweispurigen Bahnlinie Hamburg–Flensburg. Aus dem vorbeifließenden Schiffsverkehr des Kanals aber kann es noch weniger als Kiel Nutzen ziehen, doch kommt ihm die Binnenlage, 62 km von Brunsbüttel und 92 km von der Nordsee bei Cuxhaven entfernt, zustatten. Das Einflußgebiet des Hafens beschränkt sich auf ein landkreisgroßes agrarisches Umland, das er über das Landstraßennetz bedient. Den charakterisierenden Aufschluß gibt zum einen die unausgewogene Umschlagsbilanz mit 93 % Empfang, zum anderen die Liste der Umschlagsgüter, die fast nur Futtermittel, Getreide und Dünger, Splitt und Mineralöl enthält. Die Ähnlichkeit

Abb. 12: Rendsburg: Ein Bagger vertieft die Schiffsanlegeplätze des kreiseigenen Hafens am Nord-Ostsee-Kanal.

mit Flensburg hinsichtlich des Umschlags und der regionalen Reichweite ist verblüffend. Regelmäßige Schiffsverbindungen fehlen ebenfalls.

Gut 90 % des Gesamtumschlags gehen im Kreishafen vor sich, der unmittelbar westwärts an die Eisenbahnhochbrücke anschließt. Eine verbreiterte Kanalstrecke von 1 km Länge wird an ihrer Nordseite von der Kaimauer des Hafens eingefaßt, Wassertiefe 8–10,5 m. Brückennah befinden sich die eigentlichen Umschlagsfazilitäten, so 7 Krane, brückenferner die Bebunkerung und Schiffsausrüstung. Auf der 14 ha fassenden Hafenlandfläche haben sich mehr als 10 Betriebe, darunter zwei Mischfutterwerke, angesiedelt, die das seeschifftiefe Wasser als Standortfaktor vorziehen. Massengüter beherrschen das Umschlagsgeschehen.

Einige Kilometer östlich der Bahnbrücke blieb ein 3 km langes, sackgassenartiges Teilstück der alten, hier breiten Obereider erhalten und mit dem Kanal verbunden. Der kleine kommunale Obereider-Hafen, 4,5 m tief, ferner private Kaianlagen und die mittelständische Nobiskrug-Werft, die Seeschiffe bis zu 15 000 tdw baut, haben sich hier an insgesamt 1 km befestigten Ufern zusammengefunden. Eine weitere Werft für Schiffe bis zu 7000 tdw und eine kleine Staatswerft für Kanalfähren runden die Werftindustrie Rendsburgs ab.

Brunsbüttel

Brunsbüttel, ein Hafenort von über 12 000 Einwohnern, der erst nach dem letzten Kriege die Stadtrechte erhielt, säumt den Westausgang des Nord-Ostsee-Kanals. Die hier bereits mehrere Kilometer breite Elbe führt, vom 80 km entfernten Hamburg kommend, durchschnittlich 16 700 m3/sec. Wasser mit einer Geschwindigkeit von 1,7 km/h vorbei; sie mündet nach weiteren 30 km bei Cuxhaven in die Nordsee. Da die ständig wechselnden Flut- und Ebbströmungen – der Tidenhub bewegt sich um 2,66 m – nicht nur im Strom, sondern auch in den Hafenanlagen einen starken Schlickfall verursachen, sind umfangreiche Unterhaltungsbaggerungen im elbnahen Kanal, in den Schleusen und im elbseitigen Vorhafen unerläßlich.

Großräumig gesehen, liegt Brunsbüttel an der Gabelung vielbefahrener Schiffahrtsstraßen, die in Richtung Übersee, Ostsee oder Hamburg verlaufen. Aus den zahllosen Schiffsbewegungen erwachsen, parallel zum Nordhafen in Kiel und zum Kreishafen Rendsburg, kaum Transferfunktionen. Im Verkehr Hamburg–Übersee liegen die Vorteile beim Welthafen, dessen Wassertiefen denen Brunsbüttels nicht nachstehen. Dasselbe gilt für die Seeverbindungen der Ostseestaaten via Kiel-Kanal nach Hamburg. Letztlich läuft auch der Verkehr Ostsee–Westeuropa/Übersee an der Kanalstadt vorbei. „Die Durchfahrt durch den Nord-Ostsee-Kanal lohnt sich nur dann, wenn von seinem Westausgang ein möglichst langer Seeweg bis zum Lade- bzw. Löschhafen zurückgelegt werden kann.“ (Böhme u. a. 1980, S. 23) Der Umschlag von 6,5 Mio t (1982), der Brunsbüttel zum zweitgrößten Hafen des Landes und zum führenden Verkehrsplatz an der Westküste macht, muß auf andere Ursachen zu-

Abb. 13. Brunsbüttel: Neben dem gewachsenen Siedlungsgebiet fallen die Industrie- und Gewerbeflächen ins Auge, dazu die vier Hafenteile, der Binnenhafen an den Schleusen, der Ölhafen am nördlichen Kanalufer, der Hafen Ostermoor am südlichen Ufer und der Elbehafen im Strom. Blickrichtung etwa Ost.

Freigegeben unter SH 424-325.

rückzuführen sein. In der Tat ist allein die Industriefunktion wesentlich; sie verbindet sich hier eng mit der Hafengenese.

Durch den Kanalbau eröffnete sich wie in Kiel-Nord die Möglichkeit, einen Hafen am Ende der Wasserstraße einzurichten. Die sich an die Schleusen binnenwärts anschließenden Uferstrecken wurden mit Kaianlagen oder Dalben versehen und auf Wassertiefen zwischen 3,7 und 8 m gebracht. Bunkerstationen mit Verladebrücken und Servicebetriebe stehen für die passierenden Schiffe bereit. Die bescheidenen Anlagen für den Getreide- und Futtermittelumschlag und andere Güter erinnern an die kleineren Seehäfen mit landwirtschaftlich bestimmtem Umfeld.

Bei der einst lagerstättennahen Raffinerie im 30 km entfernten Hemmingstedt/Heide stellte sich, als die Ölförderung an Ort und Stelle zurückging, ein wachsender Bedarf an Importölen ein. Es bot sich an, den Binnenhafen in Brunsbüttel auf der Nordseite um einen Ölhafen zu erweitern und durch eine Pipeline mit Hemmingstedt zu verbinden. Das 800 m lange und 12,5 m tiefe Hafenbecken, das Tanker bis zu 35 000 tdw zuläßt, war Ende der 50er Jahre fertiggestellt.

Die Entwicklung der Schiffsgrößen in Richtung Superschiff trug in Brunsbüttel zum Bau einer leistungsfähigeren Umschlagsanlage außerhalb der Schleusen an der Elbe bei, etwa 2 km oberhalb der Kanaleinfahrt. Auf 1100 m Länge erstreckt sich die 1967 in Betrieb genommene stromparallele Kaianlage, deren Wassertiefe von 14,7 m unter mittlerem Niedrigwasser (genau: unter Seekartenull) vollbeladenen Trockenfrachtern bis zu 50 000 tdw und Tankern bis zu 90 000 tdw entspricht. Die Abfertigung von abgeleichterten Tankern bis zu 300 000 tdw ist möglich. Es versteht sich, daß das importierte Rohöl nun aus dem Elbehafen über einen Löschkopf und eine den Kanal unterquerende Rohrleitung nach Hemmingstedt fließt, nicht mehr aus dem älteren Ölhafen, dem vor allem der Versand der Raffinerieerzeugnisse vorbehalten bleibt.

Fünf Krane, eine Verladebrücke, eine Umschlagsanlage für Flüssiggas, 0,8 ha Hallen- und 4 ha Freilagerflächen ergeben ein Fazilitätenangebot, das dem Elbetiefwasserhafen als Standortfaktor bei der regierungsseitig geförderten

Abb. 14: Brunsbüttel: An den Nord-Ostsee-Kanal im Vordergrund schließt sich der landeseigene Industriehafen Ostermoor an; im Hintergrund das Ammoniakwerk der Chemischen Werke Hüls.

Industrieansiedlung Gewicht verleihen kann. Auf einem ausgedehnten Gewerbeareal in direkter Hafennachbarschaft hat sich inzwischen eine Reihe von Unternehmen niedergelassen, darunter ein knapp 1000 Mitarbeiter beschäftigendes Werk der Bayer AG. Im Jahre 1982 entfiel gut die Hälfte des Brunsbütteler Gesamtumschlags auf den Elbehafen.

Das landesplanerische Ziel, Brunsbüttel zu einem industriell-gewerblichen Schwerpunkt an der strukturschwachen Westküste auszubauen, verdeutlicht der 1978 eröffnete Teilhafen Ostermoor, gewissermaßen eine Verlängerung des Binnenhafens auf dem Kanalsüdufer. Ein Wende- und zwei Stichbecken beim Kanalkilometer 6, für Seeschiffe bis zu 30 000 tdw 12,5 m tief gebaggert, sichern dem Ammoniakwerk der Chemischen Werke Hüls die Umschlagsanlagen vor den eigenen Toren, im Eingang Schweröl, im Ausgang das Flüssiggas Ammoniak sowie Harnstoff. Mit über 600 000 t (1982) nähert sich der Umschlag des Werkhafens dem Gesamtumschlag Rendsburgs.

So wenig sich bisher die Handelsfunktion und der Hinterlandverkehr entwickelt haben, so stark herrscht der industriebezogene Umschlag vor, der sogenannte Loko-Verkehr, bedingt durch die im Orte selbst und in engster Umgebung ansässigen Betriebe. Dieser Umschlag ist einem Wettbewerb durch andere Häfen kaum ausgesetzt, weil die rohstoffverarbeitenden, somit transportkostenorientierten Industriezweige hier den preisgünstigen Wasserweg bis vor das eigene Werkgelände nutzen können, steht und fällt allerdings mit den Produktionsmengen der lokalen Industrie. Dem Bestreben, die beschränkten Hafenfunktionen zu erweitern und die aufwendigen Hafenanlagen auszulasten, dient die Verbesserung der nicht sonderlich guten landwärtigen Verkehrsanbindung, z. B. der Bau der Brunsbütteler Hochbrücke.

Wedel

Der beachtliche 1,5 Mio t-Umschlag Wedels (1982), einer Industriestadt von 30 000 Einwohnern am Hamburger Stadtrand, hat wenig mit dem kleinen Hafen bzw. dem Hamburger Yachthafen im Stadtteil Schulau zu tun, der eher als größter Sportboothafen des Landes bekannt ist. Das überraschende Volumen hängt vielmehr mit dem Kohlenumschlag des Großkraftwerkes Wedel der Hamburger Elektrizitätswerke zusammen, der sich auf einer 300 m langen werkseigenen Kaianlage im Strom abspielt. In so manchem Hafen gehen die Brennstoffanlandungen für die Energiewirtschaft als kleine oder größere Teilmengen in die Gesamtumschlagszahlen ein, in Wedel sind sie mit ihnen fast identisch, wahrlich ein Gipfel hafenwirtschaftlicher Monokultur.

Der Vergleich beider Hafengruppen

Jeder der beschriebenen Seehäfen zeichnet sich durch eine ausgeprägte Individualität aus. Hafenkriterien wie Lage, Alter, Größe, Wasserbau, Ausrüstung, Vorland, Hinterland, Zweck und Vielseitigkeit gingen jeweils verschiedenartige Kombinationen ein. Trotz der so entstandenen Vielfalt der Erscheinungen soll abschließend versucht werden, im Interesse weiterer Einsichten von den Einzelfällen abzusehen und Allgemeines im Besonderen zu erkennen, d. h. die bereits praktizierte Einteilung in Seehäfen der Ost- und Westküste durch generalisierende Zusammenfassungen zu rechtfertigen und dabei im besonderen die Ähnlichkeiten innerhalb beider Hafengruppen und die Unterschiede zwischen ihnen zu verdeutlichen.

Wie mehrfach erwähnt, wirken sich die unterschiedlichen Naturgegebenheiten nachhaltig auf die Hafenwirtschaft aus: die Ostseeküste ist erheblich verkehrsfreundlicher als die Nordseeküste. Tief einschneidende Buchten haben die faktisch gezeitenlose Ostküste zerlappt. Ihre Wassertiefen entsprechen den Höhen der angrenzenden Steilufer. In günstigen Fällen verläuft die 10 m-Tiefenlinie bereits 250 m vor dem Ufer der Förden, was u. a. ihren Ruf als gute Naturhäfen begründet. Während sich die geringen Ablagerungen der einmündenden Flüsse im inneren Fördenbereich kaum auswirken, engen die Sandablagerungen der uferparallelen Küstenströmungen die Zufahrten mehr

Abb. 15: Husum: Die Hafenzufahrt im flachen Wattenmeer wird durch einfache Seezeichen, durch Pricken, begrenzt, d. s. in den Grund gesteckte Bäumchen an der Backbordseite und Besen an der Steuerbordseite des einlaufenden Krabbenkutters.

oder weniger ein, wobei Bagger und unter Umständen Molen (z.B. in Travemünde) Abhilfe schaffen. Häfen an der seichten Schlei und an der offenen Außenküste erreichen, mit Ausnahme von Puttgarden, nur Fahrwassertiefen zwischen 3 und 6 m.

Eine 15–35 km breite Wattenmeerzone mit eingelagerten Inseln kennzeichnet die Westküste zwischen der Elbmündung und der dänischen Grenze. Auf weiten Flächen wechseln hier Trockenheit und Überflutung im Gezeitenrhythmus. Der starke Schlickfall erfordert in den Hafenbereichen umfangreiche Baggerarbeiten zur Erhaltung der Solltiefen, in Husum ca. 100 000 m^3/Jahr. Selbst kleinere Schiffe erreichen die Seehäfen an der Innenküste lediglich über Tiefs und größere Priele, und das außerdem zumeist nur bei Hochwasser. Die flachen Gewässer mit unbeständigen Wassertiefen erschweren die Schiffahrt sehr, auch wenn eine hinreichende Kennzeichnung der Fahrrinnen erfolgt. Ähnliche Wassertiefenverhältnisse haben die kleineren Seehäfen an den Unterläufen von Pinnau, Krückau und Stör; nur im Elbästuar und im Nord-Ostsee-Kanal liegen ungleich günstigere Bedingungen vor.

Die verschiedenartigen Küstenformen wirken sich nachhaltig auf die Küstenfischerei und kleine Hochseefischerei aus. Von den 17,7 Mio t Meerestieren, die 1982 in den Häfen der schleswig-holsteinischen Ostküste angelandet wurden, entfielen 99,9 % auf Seefische, in erster Linie Dorsch und Hering. Dagegen setzten sich die Anlandungen an der Westküste, die sich auf 21,3 Mio t beliefen, zu 55 % aus Miesmuscheln, zu 38 % aus Speisekrabben und nur zu 7% aus Seefischen zusammen (Fischereiamt Kiel 1983, S. 4), was auf die hervorragende Bedeutung der Wattfischerei hinweist. Allerdings verhalten sich die Jahreserlöse – siehe S. 137 – ganz anders. Auf die schwierigeren Fangvoraussetzungen geht wohl die Tatsache zurück, daß Nordseekutter im Durchschnitt mit 210 PS, Ostseekutter nur mit 140 PS ausgerüstet sind.

Gewisse Zusammenhänge zwischen der Raumnatur beider Küsten und weiteren Hafenkriterien erscheinen nicht abwegig. Hinsichtlich der Anzahl stehen die namhaften Nordseehäfen den entsprechenden Ostseehäfen Schleswig-Holsteins nicht nach. Doch fällt auf, daß die städtischen Hafenorte im verkehrsgünstigen Osten, Kappeln ausgenommen, ihre Stadtrechte bereits im Mittelalter, genau im 12. bis 13. Jahrhundert erhielten und aus ihrer Gruppe die drei größten Städte des Bundeslandes erwuchsen: Kiel, Lübeck und Flensburg. Hingegen überwiegen an der Westküste die Stadtrechtsverleihungen im merkantilistischen 16. bis 17. Jahrhundert – Husum, Glückstadt, Friedrichstadt, Tönning – oder sogar erst im industriebestimmten 19. bis 20. Jahrhundert, so Brunsbüttel, Elmshorn, Uetersen, Wedel und Wyk/Föhr. (Specht 1956, S. 345) Die Einwohnerzahlen bleiben an der Nordseeküste unter 25 000, im hamburgnahen Unterelbebereich unter 45 000; es entwickelten sich nur kleine und mittlere, an der Nordseeküste zudem industriearme Städte.

Weitere Aufschlüsse gibt ein Blick auf die Faktoren Hinterland und Vorland. Beide Seehafengruppen müssen sich das zu kleinräumige Hinterland

Schleswig-Holstein teilen und auf gute Straßenverbindungen nach Süden Wert legen. Während jedoch ein Autobahnanschluß bei den großen Seehäfen an der Ostküste die Regel ist, bleibt er an der Westküste die Ausnahme. Weitaus gegensätzlicher gestalten sich die Vorlandbeziehungen. Die Seehäfen der Westküste stehen in einem wenig aussichtsreichen Wettbewerb um das Ladungsaufkommen aus und in Richtung West mit anderen deutschen Nordseehäfen, die häufig lagebegünstigter und nicht selten leistungsfähiger sind. Demgegenüber bedienen die wichtigen Ostseehäfen das Vorland der nordischen Länder, soweit es den Fährverkehr betrifft, vom bundesdeutschen Raum aus fast konkurrenzlos. Die dynamische Entwicklung dieser Verkehrsart dürfte noch lange nicht abgeschlossen sein.

Trotz so unterschiedlicher Ausgangslagen hält sich die Umschlagsdifferenz – Ostküstenhäfen 13,3 Mio t, Westküstenhäfen 10,2 Mio t (1982) – in Grenzen. Im Empfang bewegen sich beide Hafengruppen mit 7,7 und 7,9 Mio t sogar auf etwa gleichem Niveau. Der Vorsprung der Ostseehäfen erwächst allein aus dem größeren Versandaufkommen. Das Verhältnis beträgt hier 5,6 Mio t zu 2,3 Mio t oder 42 % zu 23 % (König 1983 b, S. 6) und bringt sowohl die führende Rolle des Fährverkehrs an der Ostsee wie der Industrie im Unterelbegebiet zum Ausdruck.

Die Frage nach dem Hafeneigentum mag die gewonnenen Einblicke abrunden. An der naturbegünstigten Fördenküste kommen fast nur kommunale Häfen vor. Der Bundesbahn-Fährhafen Puttgarden, erst 1963 eingeweiht, weicht freilich davon ab. Dagegen überwiegen an der verkehrsfeindlicheren Westküste die landes- und bundeseigenen Häfen. Der reine Hafenbetrieb, der schon im allgemeinen defizitär ist, erfordert an der Westküste – Beispiel Sperrwerke – einen höheren Bau-, Betriebs- und Unterhaltungsaufwand. Im Gemeindeeigentum befinden sich nur die Flußhäfen Uetersen, Elmshorn und Itzehoe sowie die Inselhäfen Wyk und List. An größeren Umschlagplätzen, so in Lübeck, Kiel und Brunsbüttel, nehmen spezielle Gesellschaften die Hafengeschäfte wahr.

Die mannigfaltigen Bemühungen und Aufwendungen in der Hafenwirtschaft erhalten letztlich erst dadurch Sinn und Berechtigung, daß sie zu einer merklichen Verbesserung der gewerblichen Beschäftigungsstruktur im Lande beitragen. Mit Sicherheit lösen die Hafenstandorte zahllose unmittelbare und mittelbare Beschäftigungseffekte aus. Da amtliche statistische Unterlagen über die Zahl der Beschäftigten in Seehäfen mangels sachgerechter Abgrenzungsmöglichkeiten nicht vorliegen, läßt sich ein Küstenvergleich in diesem wichtigen Bereich kaum anstellen. Partielle Untersuchungen im Lübecker Raum (Aberle 1980) haben jedoch ergeben, daß hier bei einem Gesamtumschlag von 7,1 Mio t etwa 10 000 Beschäftigte direkt oder indirekt mit den Lübecker Häfen verbunden sind, die damit als größter „Arbeitgeber" der Hansestadt gelten. In Husum mit 0,4 Mio t Gesamtumschlag wurden (1982) die entsprechenden Arbeitsplätze auf 2100 beziffert (Andresen 1982). Der in beiden Häfen erstaunlich unterschiedliche Bedarf an Arbeitskräften je Umschlags-

Abb. 16: Kiel: In der warmen Jahreszeit beherrschen Segelboote den Olympiahafen in Schilksee an der Außenförde.

einheit läßt sich sicherlich auf die stark voneinander abweichenden Hafenstrukturen zurückführen. Er hängt wohl insbesondere mit dem arbeitsextensiven Ro-Ro-Umschlag in Lübeck zusammen und vermittelt damit zugleich eine Vorstellung von den Wachstumschancen, aber auch von den relativen Arbeitsplatzeinbußen entsprechender Häfen.

Schließlich sei festgehalten, daß die über 20 000 Sportbootliegeplätze, nicht zuletzt infolge der Bevölkerungsverteilung, zu etwa zwei Dritteln (Jüttemeier u. a. 1978, S. 63), die Stützpunkte der Bundesmarine vermutlich aus geopolitischen Gründen ausschließlich an der Ostküste des Landes zu finden sind.

Literatur

Aberle, G., Die wirtschaftliche Bedeutung des öffentlichen Hafens Lübeck für das Arbeitsplatzangebot, das Einkommen und das Steueraufkommen der Region Lübeck. Unveröffentlichtes Gutachten. Gießen 1980.

Andresen, F. H., Zur Entwicklung des Husumer Hafens. Referat am 2. 8. 1982 in Husum.

Böhme, H., W. Engel, H. Sichelschmidt, Entwicklungsperspektiven des seewärtigen Güter- und Personenverkehrs der schleswig-holsteinischen Ostseehäfen bis 1980, Bd 1. Kiel 1974.

Böhme, J., H. Sichelschmidt, Wettbewerbsgrundlagen, Funktionen und Entwicklungsmöglichkeiten des Elbehafens Brunsbüttel. Kiel 1980.

Fischereiamt Kiel, Die Kleine Hochsee- und Küstenfischerei Schleswig-Holsteins im Jahre 1982. – Sonderdruck, Das Fischereiblatt 2–7 1983, S. 7.

Hafenamt Kiel, Seehafen Kiel. Industrie- und Handelskammer Lübeck (hg), Handelshäfen im Ostseeraum. Lübeck 1983, S. 42–59.

Heeckt, H., Grundlagen, Ziele und Aussichten für die künftige Entwicklung des Kieler Hafens. Kiel 1971.

Hinrichs, E., Lage und Gestalt der Fördestädte Schleswig-Holsteins in vergleichender historisch-geographischer Betrachtung. – Zeitschrift der Gesellschaft für Schleswig-Holsteinische Geschichte, Bd 49, 1919, S. 94–263.

Jolmes, L., Die Funktionen der Seehäfen für die Volkswirtschaft. – L. Jolmes u. a. (hg), Seewirtschaft. Hamburg 1966, S. 387–394.

Jüttemeier, K. H., J. Seitz, Zur wirtschaftlichen Bedeutung von Sportboothäfen in Schleswig-Holstein. Kiel 1978.

König, K. H., Die Seeschiffahrt in Schleswig-Holstein 1982. Statistische Berichte des Statistischen Landesamtes Schleswig-Holstein, Kiel 1983a.

König, K. H., Der Güterumschlag in den schleswig-holsteinischen Häfen im Jahre 1982. – Statistische Berichte des Statistischen Landesamtes Schleswig-Holstein, Kiel 1983b.

Kühler, H., Die Seehäfen in Schleswig-Holstein. – Jahrbuch des Schiffahrtswesens, Darmstadt 1971, S. 151–161.

Mürl, H., Die Entwicklung der Ostseehäfen nach dem Zweiten Weltkrieg. – Kiel 1970.

Ohne, Deutsches Schiffahrts- und Hafen-Jahrbuch, 68. Bd., Hamburg 1983.

Predöhl, A., Weltwirtschaft und Weltseeverkehr. L. Jolmes u. a. (hg), Seewirtschaft. Hamburg 1966, S. 15–29.

Schwarzrock, M., Die Seehäfen in Niedersachsen. – Jahrbuch des Schiffahrtswesens, Darmstadt 1970, S. 169–182.

Specht, L., Die Städte Schleswig-Holsteins. – Geographische Rundschau 1956, S. 344–351.

Weigand, K., Tourismus und Grenzhandel an der deutsch-dänischen Land- und Seegrenze. Flensburg 1983.

Gerhard Kortum

Das Küstenvorfeld im meereskundlichen Vergleich

Die Nord- und Ostsee als Meeresräume — Der deutsche Anteil an der Deutschen Bucht und Beltsee

Der Mensch an Küste und Meer

Meeresstrand und Fremdenverkehr

In jedem Sommer kommen Millionen von Urlaubssuchenden aus dem Binnenland in die Seebäder an der schleswig-holsteinischen Ostsee- und Nordseeküste, um sich von den Anstrengungen des Berufsalltags zu erholen. Im Jahre 1980 standen alleine in den 21 Nordseebädern von List auf Sylt bis Büsum und Friedrichskoog in Dithmarschen 44 300 Fremdenbetten des Beherbergungsgewerbes und in Privatquartieren zur Verfügung. Das nördlichste Bundesland bietet mit 313 km Ostseeküste (mit Insel Fehmarn 384 km, davon rund die Hälfte Steilküste) sowie 536 km Nordseeküste (einschließlich der Nordfriesischen Inselwelt und Helgoland) ein vielfältiges maritimes Erholungsangebot mit einer stellenweise schon bis zur Belastungsgrenze ausgebauten touristischen Infrastruktur (Ferienzentren, Campingplätze u. a. m.). Die Beziehungen des Menschen zum Meer sind alt und vielfältig, aber immer etwas besonderes. Man denkt zunächst an Häfen, Seeverkehr oder Fischerei als frühe und auch heute noch bedeutendste Formen der Meeresnutzung und Seewirtschaft. Hier seien zunächst einige elementare physische und damit humanökologische Wirkungen des Meeres auf den menschlichen Organismus aufgeführt, die jeder bewußt erfahren kann.

Heilkräfte des Meeres

Schon die alten Griechen kannten die Heilkräfte und Erholungswirkung des Meeres und nutzten sie. Die moderne Meeresheilkunde („Thalassotherapie") entwickelte sich aber erst Anfang des 19. Jahrhunderts im Nordseeraum (erste deutsche Seebäder: 1797 Norderney, 1826 Wyk auf Föhr, 1826 Helgoland, 1855 Westerland; an der Ostsee: Heiligendamm/Doberan 1791, Travemünde 1802 u. a.). In Seehospizen fanden besonders Kinder aus den Industriezentren und Großstädten schnell Erholung. Der Aufenthalt im Seebad war aber im wesentlichen höheren Ständen vorbehalten. Dies waren die Anfänge der sozialmedizinischen Thalassotherapie, aus denen sich der heutige Massenfremdenverkehr an den deutschen Küsten entwickelte, der im Bereich der Lübekker Bucht und im Umland von Kiel bei schönem Wetter von einem lebhaften Naherholungsverkehr überlagert wird.

Dem heutigen Urlauber bzw. „Kurgast" ist im allgemeinen meist wenig bewußt, wie die körperliche Erholung am Meer vor sich geht, wenn auch viele Kurverwaltungen an der Nordsee auf die Heilkräfte des Meeres aufmerksam machen und „Kurtips" für eine sinnvolle, gesundheitsfördernde Verhaltensweise in der Strandzone geben. Heute weiß man, daß zwar jodhaltige Meeresluft (Aerosol) besonders bei Atembeschwerden heilend wirkt und sich Trinkkuren sowie Meeresschlickbehandlungen positiv auf die Konstitution des Körpers auswirken. Von größter Bedeutung aber ist das Meeresklima selbst mit seinen Umweltreizen auf den unbekleideten Körper mit seiner Hautoberfläche von etwa 1,6 qm. Dies gilt nach neueren meeresheilkundlichen Untersuchungen besonders für die Windwirkung und die Einstrahlung (Schultze, 1973). Auch der „Kälteschock" des Seebades bewirkt einen Abhärtungseffekt, der sich positiv auf die körperliche Gesamtverfassung und die Funktionen des zentralen Nervensystems auswirkt. Diese bioklimatischen und im engsten Sinne ökologischen Verflechtungen des Menschen mit der maritimen Umwelt seines Urlaubsortes sollen Ausgangspunkt der folgenden meereskundlichen Betrachtung der Seegebiete sein, an denen sich der Urlauber mehrere Wochen aufhält.

Die Bedeutung des Meeres für die Bundesrepublik

Es gibt inzwischen eine größere Anzahl von Schriften und Büchern über die Küsten Schleswig-Holsteins, wobei in gleicher Weise die natürlichen Verhältnisse als auch die unterschiedlichen Formen der menschlichen Inwertsetzung behandelt werden (vgl. Muuss/Petersen 1971). Im allgemeinen erfährt man aber viel zu wenig über das Küstenvorfeld und den angrenzenden Meeresraum. Deshalb sollen an dieser Stelle die hydrographischen und ökologischen Verhältnisse der Westlichen Ostsee und Deutschen Bucht abschließend einer näheren Betrachtung unterzogen werden.

Das Meer bedeckt 71 % der Oberfläche unseres Planeten und ist das größte zusammenhängende Ökosystem der Erde. Erst neuerdings haben aktuelle Nachrichten über Tankerunfälle, geplante Eindeichungen, Erdölförderplattformen und Umweltverschmutzung in einzelnen stark genutzten Meeresregionen bewirkt, daß man sich allgemein mehr für ozeanographische und meeresökologische Fragen interessiert. Dies gilt besonders für die Nord- und Ostsee als flache und besonders gefährdete Nebenmeere des Atlantischen Ozeans. Ihnen gilt die folgende Betrachtung, wobei die nach der seerechtlichen Neuregelung der Meereszonen in diesen Gebieten durch die Mittabstandsregelung auf die Bundesrepublik Deutschland entfallenden Anteile der Nordsee (Deutsche Bucht mit „Entenschnabel" – Zugang zum erdölhöffigen Bereich der zentralen Nordsee) und der Westlichen Ostsee (Kieler und Mecklenburger Bucht bis zur Grenze der Wirtschaftszone gegenüber Dänemark und der DDR) im Mittelpunkt stehen sollen. Im internationalen Vergleich ist der Anteil der Bundesrepublik als „geographisch benachteiligtes" Land mit insgesamt knapp 50 000 qkm aufgrund der Küstenfiguration sehr gering. Die maritimen Interessen der Bundesrepublik sind aber weitaus umfassender (Seeschiffahrt, Hochseefischerei, Marineinteressen, Meeresforschung, globale Projekte der Erschließung mariner Rohstoffressourcen (Vitzthum 1981).

Die Küste als Naturgrenze

Dem Strandwanderer ist kaum bewußt, daß er sich an einer der wichtigsten und veränderlichsten Grenzlinien unseres blauen, weit überwiegend wasserbedeckten Planeten Erde befindet. In der Küstenlinie berühren sich die drei für alle Vorgänge der Geosphäre wichtigsten Grenzflächen zwischen dem Festland und der Atmosphäre (Erdoberfläche), zwischen dem Ozean und der Atmosphäre (Meeresoberfläche) sowie zwischen dem Meer und dem festen Untergrund (Meeresboden). An dieser dreifachen Überschneidungslinie spielen sich global-ökologisch außerordentlich wichtige, wechselseitig gekoppelte Austauschvorgänge in stofflicher und energetischer Hinsicht ab. In diesem Zusammenhang soll nur das dem Strand vorgelagerte Küstenvorfeld als Meeresraum jenseits der 5-m-Isobathe (Tiefenlinie) behandelt werden. Die Küstenmorphologie und Ökologie der Strandzone mit ihrer spezifischen Fauna und Flora werden wie die Nutzung durch wirtschaftliche Aktivitäten (Häfen) und Fremdenverkehr in den voranstehenden Beiträgen dieses Bandes zur deutschen Küste dargestellt.

Das Meer als Naturraum

Das Meer ist das größte zusammenhängende Ökosystem unseres Planeten, ein „großes Stück Natur", wie es Alexander von Humboldt, einer der Begründer der Meereskunde, einmal mit Recht sagte. Im allgemeinen weiß man über dieses Naturreich der ozeanischen Hydrosphäre und seine marine Ökologie aber recht wenig, dies gilt auch für Küstenbewohner, die die See zeit ihres Lebens durch Beobachtungen der meteorologischen Erscheinungen und ozeanographischen Erscheinungen wie Wellen, Gezeiten oder gar Sturmfluten erfahren haben. Man möge sich selbst Rechenschaft darüber abgeben, wieviel man mehr über die Nord- und Ostsee weiß, als daß sie Nebenmeere des Atlantiks sind, daß sie in unterschiedlichen Konzentrationen Salzwasser enthalten, daß im Gegensatz zur Ostsee an der Westküste Schleswig-Holsteins Gezeiten herrschen und sich hier ein Wattenmeer gebildet hat und daß die maximalen Oberflächentemperaturen im August gerade noch ausreichen, um baden zu können.

Es gibt bisher keine zusammenfassende und vergleichende allgemeinverständliche Einführung in die Meereskunde dieser beiden deutschen Küstenmeere. Die Fachliteratur zur Topographie, Ozeanographie, Hydrographie, Geologie, Meeresbiologie und die Nutzung ist weit verstreut und teilweise schwer zugänglich (vgl. Literaturverzeichnis).

Allgemein wüßte man gerne mehr über das Meer, das in psychologischer

Die Nord- und Ostsee im vergleichenden Überblick

	Nordsee (Deutsche Bucht)	Ostsee (Beltsee)
Naturverhältnisse:		
Schelfmeertyp (Atlant. Ozean):	Randmeer	intrakontinentales Mittelmeer
Fläche qkm:	0,58 Mio.	0,42 Mio.
Wasserinhalt ckm:	0,05 Mio.	0,04 Mio.
mittl. Tiefe m:	93	101
maxim. Tiefe m:	725 (Skagerak)	459 (Landsort Tief)
Zugang z. Ozean:	Schottland-Norwegen (rd. 500 km) Engl. Kanal 31 km	Großer Belt 16 km Sund 3 km Kleiner Belt 0,6 km
Anteil der Bundesrepublik an Küste	536 km Gezeitenküste mit Wattenmeer und Flußästuaren	384 km Förden- u. Ausgleichsküste (mit Fehmarn)
Wirtschaftszone:	36 000 qkm (6 %)	rd. 13 000 qkm (3 %) (DDR z. Vgl.: 9600 qkm)
Geologie und Untergrund:		
Einordnung:	alter Senkungsraum seit 180 Mio. Jahren	Nordteil erst seit 12 000 Jahren Meer, Südteil zeitweise frühes Senkungsgebiet
Geologie/Bodenschätze:	6 km Sedimente mit Erdgas und Erdöl	mächtige Sedimente im Süden nur lokale Erdölvorkommen
Eiszeiten:	glazial überformt	glazial überformt
Bodenformen:	allmähliche Tiefenabnahme von 10 auf 100 m, Doggerbank, Bänke und Gründe	System von einzelnen Becken und flachen Schwellen, Rinnen
Untergrund:	Helgoland (Buntsandstein)	Rügen, Möns Klint (Kreide) Schären (Grundgebirge)
Hydrographie und Wasseraustausch:		
Salzgehalt:	ozeanisch (um 35 ‰), Übergangsraum Kattegat und Beltsee	Brackwassermeer mit geringem nach NE abnehmenden Salzgehalt (25–2 ‰)
Temperaturen: (an Oberfläche)	2–17 Grad (Februar/August) bei Helgoland homohalin, sommerliche Sprungschicht 20–40 m	1,5–17 Grad (Februar/August) bei Fehmarn salzarme Deckschicht mit Jahresgang über salzreichem Tiefenwasser
Strömungen:	Gezeitenströme an Küste, mehrere Wirbelsysteme entgegen Uhrzeigersinn	Gefälls- und Dichteströme, meteorologisch, bedingter Ein- und Ausstrom, Ausfluß überwiegt
Klima:	ozeanisch	kontinental
Meereis:	gelegentl. an Küste	häufiger bei Ostwetterlagen
Wasserstandsänderungen:	halbtägige Gezeit, Sturmfluten	Windstau, bei Ostwinden bis 2 m über NN möglich

	Nordsee (Deutsche Bucht)	Ostsee (Beltsee)
Meeresforschung: (deutsche Institutionen)	Biologische Anstalt, Helgoland Bundesforschungsanstalt für Fischerei, Hamburg Deutsches Hydrographisches Institut, Hamburg Institut für Meereskunde, Hamburg Institut für Meeresgeologie und Meeresbiologie, Wilhelmshaven Forschungsstelle für Insel- und Küstenschutz der niedersächsischen Wasserwirtschaftsabteilung Forschungsstelle Norderney Intern. Council for the Exploration of the Seas (ICES, Kopenhagen, ab 1902)	Institut für Meereskunde an der Univ. Kiel Landesamt für Wasserwirtschaft und Küsten, Kiel Seehydrograph. Dienst der DDR Institut f. Meereskunde der Akademie d. Wiss. der DDR, Warnemünde
wichtige meereskundl. Forschungsprojekte:	ICES Diffusion Project RHENO 65 Joint North Sea Data Acquisition Projects (JONSDAP 73, 76) JONSWAP 73, 75, 77 (Wellen-Projekt) Joint Skagerak Expedition 1966 Fladen Ground Experiment (FLEX) Routineuntersuchungen des DHI	Konferenzen der Ostseeozeanographen (seit 1957) Int. Ostsee-Jahr 1969/70 SCOR/ICES – Intern. Arbeitsgruppe für Ostseeverschmutzung BOSEX 77 (Baltic Open Sea Experiment) EKAM 73 Zingst (nur Ostblock) SFB 95 Kiel „Meer/Meeresboden“
Wirtschaftspolitische Bedeutung:		
Geschichte:	Wirtschaftsgroßraum des Hanse-Bundes: London – Bergen – Flandern – Lübeck – Nowgorod und Baltikum	
heutige Anlieger:	Norwegen, Dänemark, Bundesrepublik, Niederlande, Belgien, Frankreich, Großbritannien	Dänemark, Schweden, Finnland, Sowjetunion, Polen, DDR, Bundesrepublik
Schiffahrt:	Hauptschiffahrtswege zu Großhäfen an Themse, Rhein, Ems, Weser und Elbe	Nord-Ostsee-Kanal, Großer Belt/Kadetrinne als Schiffahrtsweg zu skandinav. und sozialist. Ostseehäfen, reger Fährverkehr
Fremdenverkehr:	Nordseebäder, Meeresheilkunde	zirkumbaltischer Bäderrring
Industrie:	Zug zur Küste als Standort, Erdgas- und Erdölfelder	Industrialisierung der Ostseehäfen
Umweltprobleme:	Zufuhr durch Flüsse, Schadstoffeinleitung, Verklappung, Nordseeschutzkonferenz Bremen 1984, kein Sondergebiet	natürlich, sensible Ökologie, Sauerstoffarmut, Eutrophierung Sondergebiet (Abkommen v. Helsinki 1974)

Hinsicht für jeden immer wieder ein großes Erlebnis darstellt und viele Künstler zu großen Leistungen mit maritimen Motiven geführt hat. Im folgenden soll dieses Naturerlebnis des Meeres, das viele vielleicht besonders auf einer Hochseefahrt nach Helgoland, bei der Überquerung des in ozeanographischer Hinsicht sehr wichtigen Fehmarn-Belts auf der Vogelfluglinie oder auch nur bei einer „Butterfahrt" auf die offene Ostsee hinaus empfinden, durch eine zusammenfassende, überwiegend naturwissenschaftliche Betrachtung der beiden Meeresgebiete erweitert werden, wobei besonders die meeresökologischen Gegebenheiten und ihre Umweltgefährdung berücksichtigt werden.

Die Nord- und Ostsee im meeresgeographischen Vergleich

Gesamtcharakterisierung

Bei einer systematischen Gegenüberstellung der Schleswig-Holstein im Westen und Osten begrenzenden Meere überwiegen die Unterschiede dieser Seegebiete gegenüber nur wenigen Gemeinsamkeiten, wie sie bereits einmal von Dietrich (in Maagard-Rheinheimer 1974) zusammengestellt wurden (vgl. Übersicht). Die Teile Dänemarks und das nördlichste Bundesland umfassende Cimbrische Halbinsel trennt wie wohl an keiner Stelle unseres Planeten zwei im Gesamtcharakter so gegensätzliche Meere, denen u. a. hauptsächlich die Eigenschaft gemeinsam ist, daß sowohl die Ostsee als auch die Nordsee Nebenmeere des Atlantischen Ozeans auf dem europäischen Kontinentalsokkel sind („Schelfmeere").

Beide Schelfmeere haben zudem, bedingt durch unterschiedliche Tiefenverhältnisse (mittlere Tiefe 93 bzw. 101 m) ein etwa gleichgroßes Wasservolumen, wenn man die Nordsee mit der 31 km breiten Straße von Dover gegenüber dem Atlantik und der rund 500 km breiten Verbindung Schottland – Shetlands – Norwegen abgrenzt. Die Nordsee mit ihren sieben Anliegerstaaten (Norwegen, Dänemark, Bundesrepublik, Niederlande, Belgien, Frankreich und Großbritannien) ist als Meeresraum etwa ein Drittel größer als die Fläche der topographisch vielgestaltigeren Ostsee. Ihre Fläche teilen sich bis zu den um Bornholm und südlich von Gotland als „Grauzonen" umstrittenen Mittellinien sechs Staaten (Schweden, Finnland, Sowjetunion, Polen, DDR, Bundesrepublik und Dänemark). Beide Meere können mit den Anliegerstaaten als maritime Wirtschaftsräume angesehen werden.

Wie die tabellarische Übersicht und Karte (Abb. 1) zeigen, ist der Anteil der Bundesrepublik an der Nordsee nach der Revision der Aufteilung in Wirtschaftszonen mit dem Zuspruch des „Entenschnabels" zur zentralen Nordsee mit einer wenn auch nur 20 km breiten Seegrenze zu Großbritannien dreimal so groß wie der hoheitliche Anteil an der Kieler und der Lübecker Bucht. Auf die Bundesrepublik entfallen hier nur 12 600 qkm, also etwas weniger als die

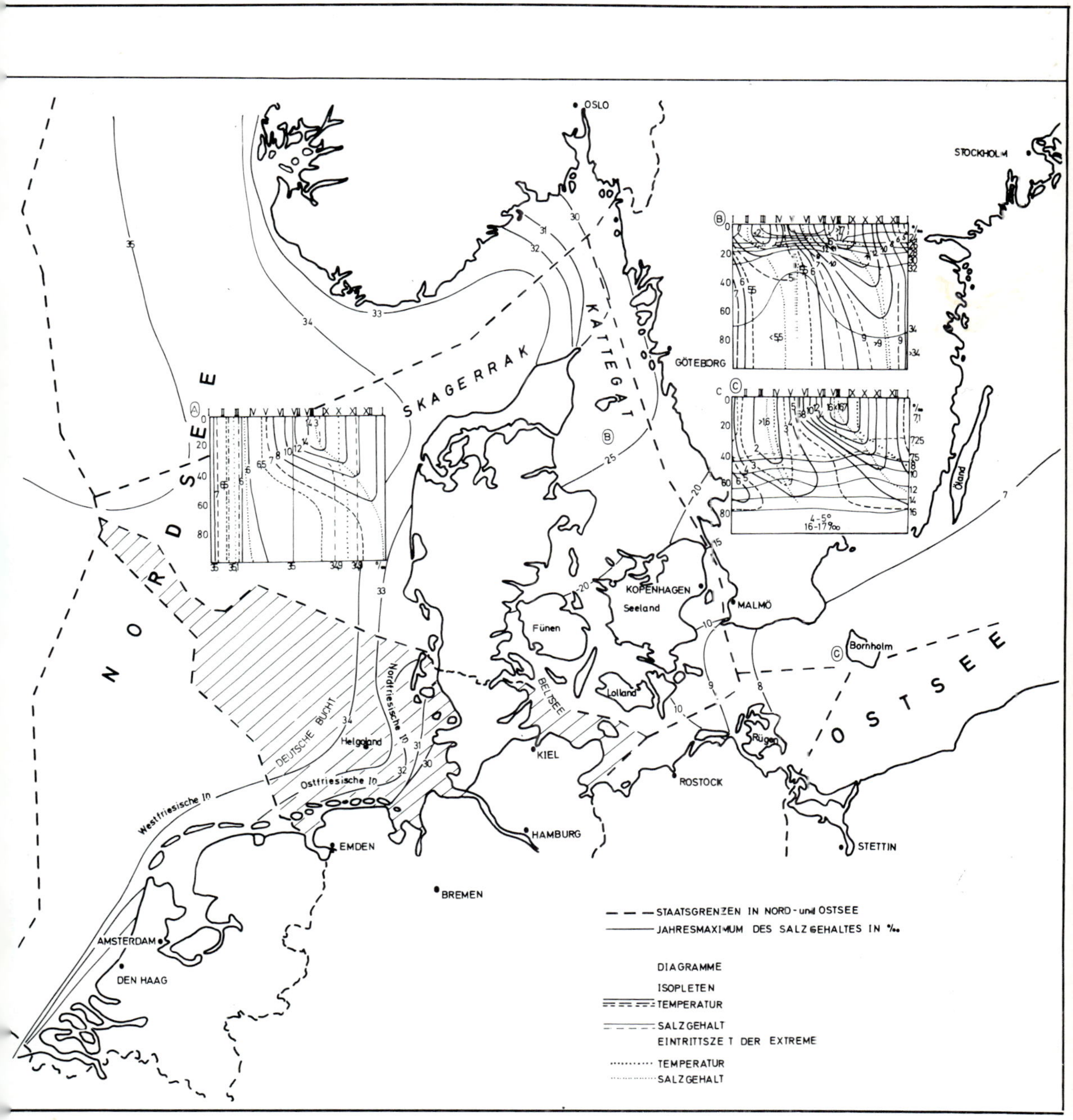

Abb. 1: Salzgehalt, hydrographische Schichtung und Grenzen der maritimen Wirtschaftszonen in der Deutschen Bucht und Westlichen Ostsee.

Landesfläche Schleswig-Holsteins insgesamt (15 710 qkm). Der Nordseesektor wurde aus fiskalischen Gründen nochmals zur Abführung eventuell einmal anfallender Förderzinsen für Erdgas oder Erdöl auf Schleswig-Holstein und Niedersachsen unterteilt, wobei sogar die Hansestadt Hamburg um Neuwerk in der Elbmündung einen sehr begrenzten Anteil zugesprochen erhielt.

Für die in dem folgenden Abschnitt näher regional behandelten hydrographischen und meeresökologischen Verhältnisse ist der entscheidende Unterschied beider mariner Ökosysteme in dem verminderten Salzwassergehalt der Ostsee zu suchen, der im wesentlichen durch den erheblich eingeschränkten Wasseraustausch mit dem Weltmeer insgesamt über Kattegat, Skagerrak und Nordsee zu erklären ist. Die Ostseezugänge in den dänischen Meerengen und dem Fehmarnbelt sind nicht nur schmal, sondern auch relativ flach, während sich die Nordsee in zwei großen „Fenstern" gegenüber dem Atlantik und dem europäischen Nordmeer öffnet. Dies ist auch ein Grund dafür, daß der Ozean die Nordsee zu kräftigen Gezeiten anregt, während in der Ostsee für Wasserstandsschwankungen mehr Windstaueffekte und Rückschwappeffekte („Seiches") wie in einer Badewanne verantwortlich sind. Sturmfluten gibt es aber auch hier (so 1872), und sie erfordern den Bau von Deichen an Flachküstenabschnitten (so in der Probstei, im Bereich des Oldenburger Grabens und auf Fehmarn).

Geologische Entwicklung

Diese beiden Grundtatsachen bedingen den unterschiedlichen Charakter der Küsten unseres Landes und die abweichenden marin-ökologischen Gegebenheiten in der Westlichen Ostsee („Beltsee") und der Deutschen Bucht, aus der aus dem Untergrund von mehreren Kilometern mächtigen Sedimentlagen nur Helgoland hervorragt. Diese einzige deutsche Hochseeinsel zeigt nicht nur durch ihre hohe Ozeanität einen besonders ausgeglichenen Gang der Klimaelemente, sondern weist auch in geologischer Hinsicht sowie als meeresbiologischer Lebensraum für viele nur auf festem Untergrund siedelnde Pflanzen und Tiere eine Sonderstellung auf.

Beide hier behandelten Meeresteile – die maximalen Tiefen liegen im näheren Bereich Schleswig-Holsteins in den bis 30 m tiefen Rinnen am Südausgang des 16 km breiten Großen Belts in der Kieler Bucht – bedecken einen Sedimenttrog, der als altes, das norddeutsche Tiefland fortsetzendes Senkungsgebiet den Raum zwischen den kristallinen Gesteinen des skandinavischen Schildes und dem Nordrand der deutschen Mittelgebirge einnimmt. Die heutigen Küstenkonfigurationen sind geologisch gesehen sehr jung und zufällig.

Beide Meeresgebiete sind zudem von den Vorstößen der Eiszeit überformt worden, wobei sich besonders die letzte Weichselvereisung mit ihren einzelnen, klarer ausgeprägten Rückzugsstadien (Brandenburger bzw. Pommersche Stadium) morphologisch auswirkten (Baltische Landrücken als West- und Südgrenze der durch Förden, Bodden und Haffs gekennzeichneten Ost-

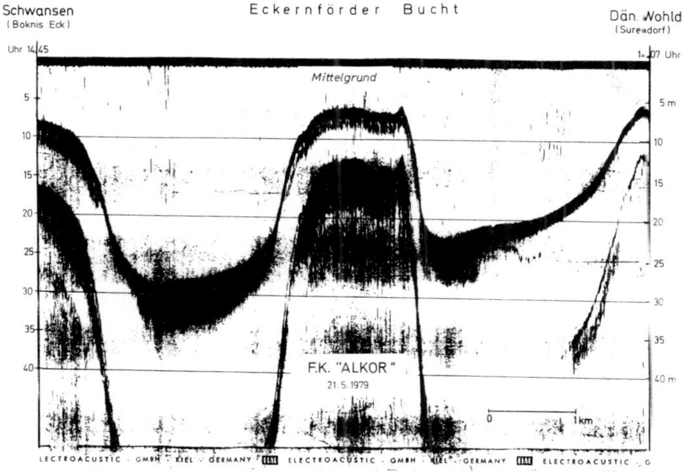

Abb. 2: Morphologisches Echogramm-Profil durch die Eckernförder Bucht über die Mittegrund-Kuppe. Der linke (nördliche) Fördenteil ist unter dem 25–27 m tiefen Meeresboden mit einer mächtigen Schicht von Faulschlamm gefüllt, während sich unter dem rechten (südlichen) Teil eiszeitliche härtere Sedimentstrukturen andeuten, die den Schall reflektieren. *Aufnahme des Profils: G. Kortum*

seeküste, Steingründe als Reste von Endmoränen in der mittleren Nordsee u. a.). Die Differenzierung des submarinen Bodenreliefs (Rinnensysteme der Westlichen Ostsee, Bänke der Nordsee) sind überwiegend durch glaziale Erosion oder Akkumulation entstanden (vgl. Echogramm Abb. 2). Die mittlere Nordsee (Doggerbank) wurde vor etwa 20 000 Jahren eisfrei, die Ostsee sogar erst vor 12 000 Jahren.

Seit dem Ende der letzten Eiszeit hat sich zudem der weltweite Anstieg des Meeresspiegels (1,1 mm/Jahr) auf beide Meere ausgewirkt, während der Ostseeraum etwa nordöstlich der Linie Seeland-Rügen eine nordwärts immer stärker werdende Hebungstendenz aufweist. Südwestlich der genannten Null-Linie liegt dagegen eine geringe Senkungstendenz im Nordseeraum vor. Zu erklären ist dieser großräumige Vorgang durch die Entlastung Skandinaviens von der mächtigen Inlandsvereisung.

Die Ostsee – oder das Baltische Meer, wie sie von anderen Nachbarn bezeichnet wird – ist nicht immer ein Meer gewesen, sondern hat nach der Eiszeit mehrere Entwicklungsstadien durchlaufen, die einen oft schnellen Wechsel des Salzgehalts und damit der Umweltbedingungen mit sich brachten. Man unterscheidet hierbei aufgrund von morphologischen, geologischen und pollenanalytischen Untersuchungen sowie Isotopenaltersbestimmungen mehrere Perioden, die letztlich auch die heutige labile Ökologie des Ostseeraumes erklären:

1. Der sogenannte „Baltische Eisstausee“ war ein Süßwasserbecken, das die Schmelzwässer der sich rasch zurückziehenden skandinavischen Gletscher aufnahm.

2. In einer zweiten Epoche stieg der Meeresspiegel rasch an. Die Ostsee hatte damals über das Weiße Meer und Mittelschweden zwei breitere Zugänge zum Weltmeer und wies fast ozeanische Umweltbedingungen auf. Diese Entwicklungsperiode der Ostsee wird nach einer arktischen Muschel „Yoldia-Meer“ genannt.
3. Danach wurde der weltweite Meeresspiegelanstieg durch geologische Hebung wettgemacht. Die Verbindungen nach Norden und Westen zum Weltmeer wurden unterbrochen. In einer Zeit des allgemeinen Klimaoptimums in Europa bildete die heutige Ostsee erneut einen Süßwassersee, der dank seines hohen Wasserüberschusses durch Niederschläge über reißende erodierende Flußrinnen (zuerst durch Schweden, dann über die heutige Kadet-Rinne und durch die Belte) zum Meer entwässerte („Ancylus-See“).
4. Vor etwa 7000 Jahren drang dann erneut Salzwasser durch diese Rinnen in den Ostseeraum mit seinen einzelnen tiefen Becken ein, und es bildete sich ein Brackwassermeer, das nach dem Leitfossil dieser ökologischen Situation als „Littorina“-Meer benannt wird.
5. Seitdem hat sich in den letzten 4000 Jahren der Salzgehalt erneut bedeutend verringert, so daß die heutige Ostsee – benannt nach der Muschel „Mya arenaria“ – langsam zu dem größten Brackwassermeer der Erde wurde.

Hydrographischer Vergleich

Die einschneidenden klimatischen und hydrographischen Veränderungen haben in Verbindung mit geologischen Hebungs- und Senkungsprozessen seit der Eiszeit immer einen bedeutenden natürlichen Streß für das Ökosystem der Ostsee bewirkt. Die Milieuveränderungen waren so schnell, daß sich die marine Flora und Fauna nur unvollkommen anpassen konnten. Dieser Gesichtspunkt spielt bei der Beurteilung der jetzigen Umweltprobleme des Baltischen Meeres und besonders auch der westlichen Kieler Bucht eine große Rolle. – Im Nordseeraum fehlen derartige einschneidende Veränderungen. Die Herausbildung der heutigen Verhältnisse verlief hier kontinuierlicher.

Wichtig ist beim Vergleich beider Meeresräume schließlich, daß sie letztlich ein zusammenhängendes hydrographisches System bilden, das wie beim Prinzip kommunizierender Gefäße über die Belte, den Sund, das Kattegat und über das 700 m tiefe Skagerrak im Austausch steht. Im allgemeinen strömt aus der Ostsee oberflächennahes salzarmes Brackwasser aus, während in geringerem oder stärkerem Maße salzreiches und damit schwereres Nordseewasser am Grunde in die Kieler Bucht und teilweise über die hydrographisch außerordentlich wichtige Darßer Schwelle mit ihrer Satteltiefe von nur 18 m in das Arkona-Becken und weiter ostwärts vordringt. Diese gelegentlich erfolgenden Salzgehaltseinbrüche sind für die Tiefenwassererneuerung und die Sauerstoffverhältnisse der Ostseebecken von entscheidender Bedeutung. Die topographische Gliederung in Becken und Schwellen ist in der Ostsee im Gegensatz zur Deutschen Bucht von großer hydrographischer Tragweite (vgl.

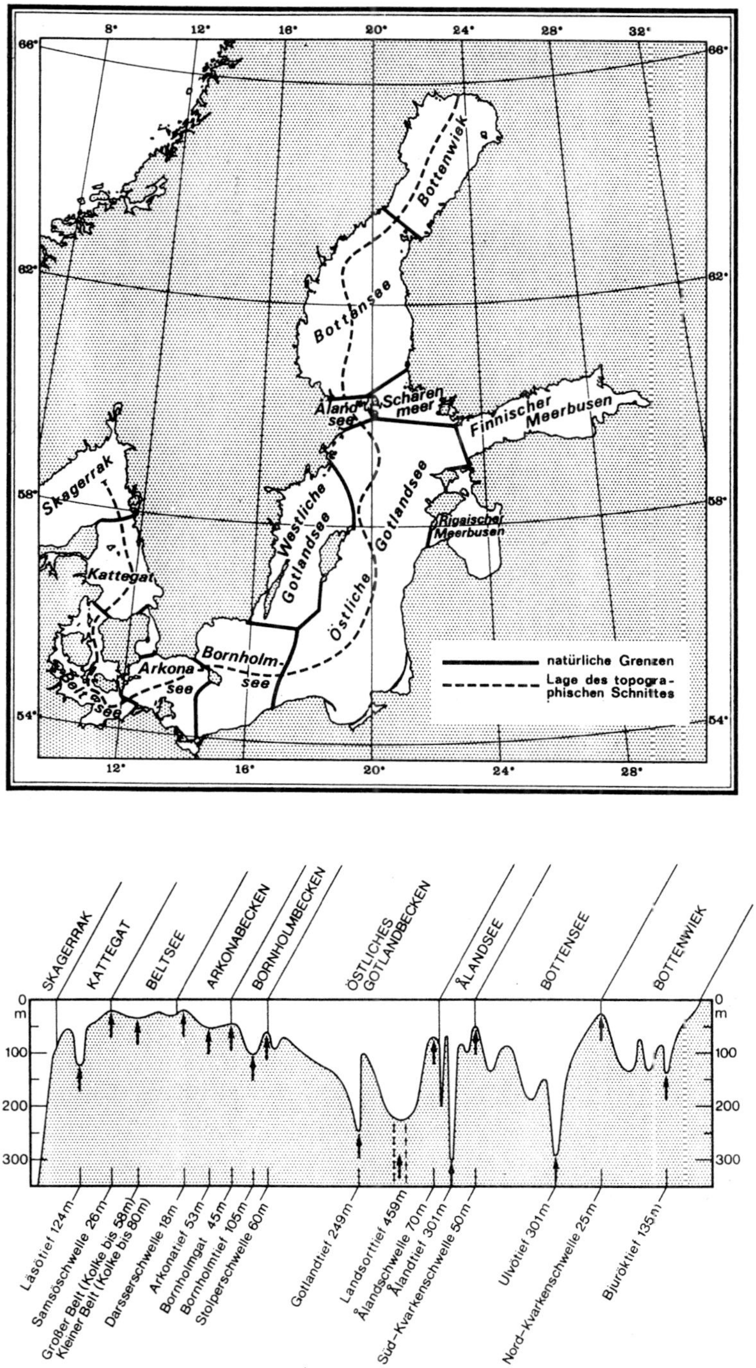

Abb. 3: Natürliche Einteilung der Ostsee mit topographischem Längsschnitt (aus Magaard/Rheinheimer 1974)

Abb. 3; Wattenberg 1949, Kändler 1951). – Diese Probleme stellen sich in der von Gezeiten und Strömungen besser durchmischten Nordsee nicht. Von besonderem Interesse war hier vielmehr die Erforschung des komplizierten Strömungsgeschehens insgesamt.

Die meeresökologischen Verhältnisse von Nord- und Ostsee sind im wesentlichen durch die hydrographischen Faktoren Temperatur, Salzgehalt, Dichte – und hiermit verbunden dem Gehalt an Sauerstoff und Nährsalzen sowie Spurenstoffen – bedingt. Am Ostseestrand finden wir andere Algen und Muscheln als an der ozeanischen Nordsee. Auf wissenschaftlich-systematischer Basis sind diese Gegensätze der Meeresumwelt besonders von Remane 1940 und Gessner 1957 behandelt worden. Eine zusammenhängende Betrachtung beider deutscher Küstenmeere hat auch der bekannte, 1972 verstorbene Ozeanograph Dietrich in seinem 1950 publizierten Beitrag über die natürlichen Regionen der Nord- und Ostsee auf hydrographischer Grundlage vorgezogen, wenn auch eine gesonderte Behandlung der Nord- und Ostsee als Meere (so Magaard/Rheinheimer 1974: Meereskunde der Ostsee; Hupfer 1979: Die Ostsee – Kleines Meer mit großen Problemen) sinnvoll ist. Die kaum eine Autostunde voneinander entfernten Küsten Schleswig-Holsteins sind beide in ihrem Wesen so unterschiedlichen Ökosystemen zugewandt, die zu einer Gegenüberstellung nach den Prinzipien des geographischen Vergleichs herausfordern. Dies sei im folgenden in einigen wesentlichen Aspekten näher ausgeführt.

Hydrographie und meeresökologische Probleme in Nord- und Ostsee

Gefahren der Meeresverschmutzung

Die zunehmende industriegesellschaftliche Inanspruchnahme und Nutzung der Küste und des vorgelagerten Seegebiets hat in den letzten 20 Jahren zu einer oft bedrohlich erscheinenden Belastung geführt, die auch in der Politik (Nordseeschutzkonferenz Bremen 1984) und der Öffentlichkeit zunehmend bewußt wird. Noch vor 10 Jahren fanden Urlauber, die an der Ostseeküste naturnahe Erholung suchten, am Strand oft zahlreiche angetriebene Plastikbehälter und schwimmenden Unrat, der über Bord gegeben wurde. An der Nordsee ist bislang in der Deutschen Bucht ein größerer Tankerunfall glücklicherweise noch nicht eingetreten. Die Folgen, besonders für das ökologisch für die ganze Nordsee als „Fischkinderstube" wichtige Wattenmeer, wären nicht auszudenken. Seitdem haben gesetzliche Bestimmungen auf internationaler Basis, so im Rahmen der Intergovernmental Maritime Commission der UN, des SCOR (Scientific Council for Oceanic Research) sowie insbesondere die teilweise strengen, aber schwer zu überwachenden Bestimmungen der Konvention von Helsinki zum Schutze der Ostsee (1974) oder auch der Seerechtskonvention von 1980 einige

Besserung gebracht, die einen wirksameren Umweltschutz in den uns benachbarten Meeresräumen für die Zukunft erwarten lassen.

Aber es bleibt noch vieles zu tun. Die Verklappungen von Titandioxyd durch die Industrie wird in eingeschränktem Maße – mit Genehmigung des DHI – fortgesetzt, wenn auch nur bis 1989. Problematisch ist insbesondere die Schadstoffeinleitung in beide Meere durch die Festlandszuflüsse, so des Rheins und der ebenfalls stark belasteten Elbe.

Die Gefährdung der marinen Ökosysteme vor unseren Küsten bleibt somit bestehen. Eine regelmäßige Kontrolle durch Forschungsschiffe und Flugzeuge ist notwendig und wird teilweise schon durchgeführt. Die Gefahren besonders für das Küstenvorfeld der Nordsee wurden 1980 in einem Sondergutachten des Sachverständigenrats für Umweltfragen zusammengefaßt. Von meeresbiologischer Seite wurden einige teilweise erst langfristig wirksame Schädigungen des marin-ökologischen Gleichgewichts festgestellt (ICES 1974, Rachor 1980, 1983). Das Wattenmeer, dessen Unterschutzstellung als Nationalpark mit mehreren Zonen zulässiger Nutzung (in Niedersachsen und Schleswig-Holstein) bevorsteht, ist in jeder Hinsicht besonders betroffen und gefährdet (Abrahamse et al. 1976). Umweltschädigungen können schließlich auch trotz aller erdenklichen Vorsichtsmaßnahmen von den zahlreichen Erdölölfeldern in der zentralen Nordsee ausgehen (vgl. Witthöft 1979). Intensive Umgestaltung der großen Ästuarien von der Ems bis zur Eider (Fahrwasserbaggerungen, Sperrwerke, geplante Vorhäfen im Dollart und bei Neuwerk/Scharhörn) haben die natürlichen Voraussetzungen bereits einschneidend verändert. Umstrittene große Vordeichungsprojekte wie in der Meldorfer und Nordstrander Bucht schränken den Lebensraum Wattenmeer weiterhin ein. Diese Anmerkungen zeigen, daß die Probleme des Küstenraumes und der Meere nur bei Kooperation aller Anliegerstaaten und interessierter Gruppen lösbar sind. Nur dann können ökotechnische Maßnahmen zum Schutze der Meeresumwelt greifen (Leser 1983).

Marine Ökosysteme

Die Ökosystemforschung auf dem Lande umfaßt alle sinnvoll abgrenzbaren Zusammenhänge zwischen Organismen und ihrer Umwelt. Das Weltmeer als flächenmäßig größter Lebensraum der Erde untergliedert sich in marine Makrosysteme, wie z. B. die Nord- und Ostsee, sowie kleinere Mikrosysteme unterschiedlicher Größenordnung. Als Beispiele seien hier eine Muschelbank oder das Felswatt vor Helgoland angeführt. Auch ein Sandriff oder das Untersuchungsgebiet des Instituts für Meereskunde an der Universität Kiel am Abfall der Schwansenküste zur tiefen Rinne in der Eckernförder Bucht stellen derartige begrenzte Raumsysteme dar (Schwenke 1974). Die Systemzusammenhänge zwischen Untergrund (Substrat), Meer und Lebewesen können hierbei in quantifizierbaren Modellen erfaßt werden.

Als zusammenfassende Einführung in die Meeresökologie der Nordsee kann auf das Taschenbuch von Tait 1971 (Das Meer als Umwelt) hingewiesen werden. Die Makro-Ökosysteme der Nord- und Ostsee unterscheiden sich als Umwelt im wesentlichen durch hydrographische Gegensätze. Die wichtigsten Parameter dieses Bereichs stellen Temperatur, Salzgehalt und Strömungen dar. Von ihnen hängen letztlich auch die produktionsbiologisch steuernden Systemelemente ab. Hier interessiert hauptsächlich die dreidimensionale Verteilung und zeitliche Variabilität dieser Faktoren.

Zur Beurteilung der gegenwärtigen ökologischen Belastungsprobleme im Küstenvorfeld der Deutschen Bucht und der Westlichen Ostsee muß von der natürlich gegebenen Labilität, Regenerationsfähigkeit und Selbstreinigungskraft dieser Teilökosysteme ausgegangen werden. Diese sind bereits wegen der Besonderheiten des Wasseraustausches, der Veränderlichkeit der Schichtung im Jahresgang und des Strömungsfeldes, also den regionalen hydrographischen Faktoren, außerordentlich komplex. Die meereschemischen Verhältnisse und ihre Trendveränderungen durch den Einfluß des Menschen werden hierdurch größtenteils mitbedingt. Hingewiesen sei hier nur auf die Überdüngung (Eutrophierung) durch Festlandszuflüsse oder Abwässer, die zu sauerstoffzehrenden Algenblüten führt, oder die weitgehend natürlich vorgegebene zeitweilige Sauerstoffarmut unter einer Dichtesprungschicht, die sich in strömungsarmen Bereichen der Deutschen Bucht bei Helgoland und unter bestimmten meteorologischen Bedingungen auch in der Kieler Bucht ausbildet, vorzugsweise im Sommer.

Es ist bekannt, daß sich marine Ökosysteme bis zu einem gewissen Grade nach mehreren Jahren selbst regenerieren können, wenn sie durch natürliche Ereignisse, z. B. strenge Eiswinter, erodierende Sturmfluten, oder auch dosierten menschlichen Eingriff aus ihrem natürlichen Funktionsgleichgewicht gebracht werden. Es gibt hierbei aber offensichtlich Grenzen, bei deren Überschreiten das System „umkippt" und nicht wieder gut zu machende Schäden entstehen. Die natürliche Pufferfunktion mariner Ökosysteme ist gerade wegen der teilweise hohen natürlichen Labilität der Umweltbedingungen in der Deutschen Bucht und der Ostsee insgesamt begrenzt. Die Probleme der Umweltverschmutzung im Meer sind zwar teilweise leichter zu erfassen und zu übersehen, wirken aber durch den Wassertransport und das Strömungsgeschehen viel weitflächiger über die lokale Stelle der Schadstoffeinleitung hinaus (vgl. allg. Gerlach 1976, zur Nordsee: Rat der Sachverständigen 1980; zur Ostsee: Grasshoff 1975).

Salzgehaltsverteilung

Bei einer hydrographisch-ökologischen Differenzierung und Regionalgliederung der hier behandelten Meeresgebiete kann von den ozeanographischen oder meeresbiologischen Strukturen ausgegangen werden, wobei die hydrographische Schichtung und Veränderung des Wasserkörpers die Meeresumwelt der marinen Pflanzen und Tiere als Rahmenbedingungen kennzeichnen.

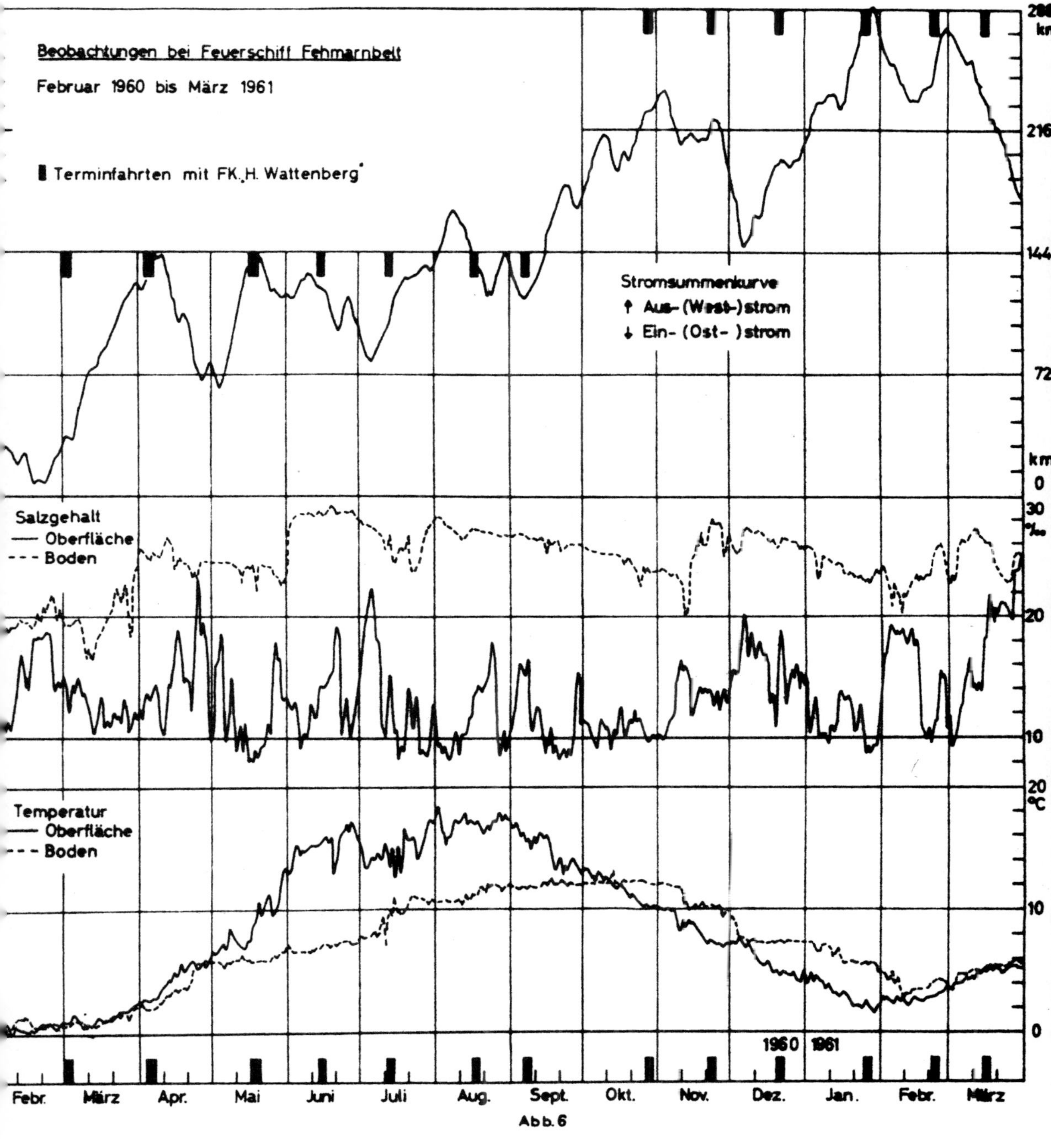

Abb. 4: Ein- und Ausstrom der Ostsee im Fehmarnbelt 1961 (aus KRUG 1963).

In Abb. 1 werden vereinfacht die durchschnittlichen hydrographischen Verhältnisse der Nord- und Ostsee und der sie verbindenden Seegebiete Skagerrak und Kattegat am Beispiel des ökologisch besonders bestimmenden Salzgehalts dargestellt: Aus dem Nordostatlantik reicht zwischen Schottland und Norwegen eine Zunge mit ozeanischem Salzgehalt von 35 ‰ in die zentrale Nordsee hinein, während das engere Küstenvorfeld vor unseren Küsten eine deutlich herabgesetzte Salinität aufweist. Südöstlich von Helgoland und entlang der Wattenmeerküste beträgt der Salzgehalt in der Regel unter 33 ‰, in den Flußästuaren teilweise wegen der Vermischung mit in die Nordsee eintretendem und durch den Gezeitenstrom hin und her bewegtem Süßwasser sogar noch darunter.

In der gesamten Kieler und Mecklenburger Bucht sind unregelmäßig erfolgende, sehr starke Schwankungen des Salzgehalts sowohl an der Oberfläche als auch am Boden zwischen meist 10 und 20 ‰ charakteristisch, wobei diese Werte bisweilen unter bestimmten meteorologischen Bedingungen über- bzw. unterschritten werden können.

Diese Veränderungen sind an die Salzgehaltsfronten von Wasserkörpern gebunden, die im wesentlichen durch den Großen Belt und Fehmarnbelt bei einer sogenannten Einstrom- oder Ausstromlage die Erneuerung des Wassers in diesem Teil der Beltsee bestimmen. Das gesamte Kattegat mit der Beltsee bis zu der die im ozeanographischen Sinne „eigentliche“ Ostsee abschließenden Darßer Schwelle ist ein typisches Übergangsgebiet. Die Übergänge von am Boden einfließenden salzreichen und mithin schwererem Nordseewasser zu dem an der Oberfläche vorwiegend an der schwedischen Küste ausströmenden Ostseewasser mit geringem Salzgehalt sind an der Oberfläche und in der Tiefe entlang der Fronten außerordentlich markant und viel schärfer ausgebildet, als es die Karte der Durchschnittsverhältnisse zeigen kann. Der Übergang vollzieht sich im allgemeinen auf wenigen Seemeilen, wobei die Fronten, wie Routinemessungen auf dänischen und deutschen Feuerschiffen zeigen, je nach Windfeld und Großwetterlage hin und her pendeln. Der im einzelnen komplizierte Austausch der Ostsee mit der Nordsee und damit dem Atlantik ist als Hauptproblem der Meereskunde der Ostsee relativ gut erforscht (vgl. Kändler 1951, Dietrich 1950 u. a.).

Typische hydrographische Schichtung

In Abb. 1 sind in den Diagrammen A, B und C die wesentlichsten und charakteristischen Erscheinungen der Wasserschichtung nach dem Jahresgang der Temperatur und des Salzgehalts in Abhängigkeit von der Tiefe für die zentrale Nordsee, das Kattegat und die mittlere Ostsee bei Bornholm dargestellt. Diese auch für die hydrographische Typisierung in anderen Bereichen der Schelfgebiete des Ozeans gut geeignete Darstellungsart zeigt für die hier behandelten Meeresregionen nach Dietrich 1950 die jahreszeitliche Veränderungen der Umweltparameter Temperatur und Salinität. Damit wird der durchschnittliche hydrographische Aufbau eines Wasserkörpers erfaßt. Die Kenntnis dieser Vorgänge, besonders auch in ihren Unregelmäßigkeiten von Jahr zu Jahr, ist zur Bewertung der Umweltgefahren und der Fischereibiologie unverzichtbar.

zu Station A (Zentrale Nordsee): Salzgehalt bleibt bis 100 m Wassertiefe von der Oberfläche bis zum Meeresboden nahezu im ganzen Jahr gleich („homohalin"). Im Februar deutet sich ein Maximum von 35,12 ‰ an, aber die Jahresschwankung ist relativ gering (0,3 ‰). Auch bei der Temperatur ist zunächst in den Wintermonaten die gesamte Wassersäule gleichförmig („homotherm"). Das Minimum liegt hier im März mit Temperaturen unter 5 ° C. Dieser hohe Wert wird durch das Einströmen von Verzweigungen des Golfstromsystems in die Nordsee um Schottland herum und durch den Kanal mitbedingt, wenn auch neuere Forschungen es wahrscheinlich machen, daß sich der Golfstrom nur bis Neufundland entlang der amerikanischen Ostküste erstreckt und der transatlantische Wärmetransport durch ein kompliziertes System von Wirbeln erfolgt. Man kann aber davon ausgehen, daß letztlich etwa 1 % des Golfstromwassers bei Neufundland auf diesem Wege in die Nordsee eintritt. Hierdurch ergibt sich neben den Gezeiten ein weiterer Unterschied zum Ostseeraum, der geringere Wintertemperaturen (in der Regel unter 2 ° C) annehmen und auch wegen geringerer Salinität eher zufrieren kann. So bildete sich bei einem Kälteeinbruch im Januar 1985 bereits innerhalb weniger windstiller Tage in weiten Teilen der Kieler und Lübecker Bucht eine durchgehende Eisdecke von 3 cm.

Die winterliche, durch die Abkühlung und das Absinken oberflächennaher Wasserteilchen („Vertikalkonvektion") bedingte Homothermie der Nordsee geht im Frühjahr nach Diagramm A in Abb. 1 zunehmend durch Erwärmung der Deckschicht verloren. Im allgemeinen bildet sich in größeren Teilräumen der Nordsee eine sommerliche Deckschicht mit Temperaturen von über 14 ° C heraus, die in sich homotherm ist und in schwankenden Tiefen mit einer deutlichen Temperaturdifferenz (Sprungschicht) zum kühlen Bodenwasser übergeht. Die Temperatursprungschicht kann auch in der Nordsee gebietsweise als undurchdringbarer Deckel zu Sauerstoffverknappungen führen. Im Herbst stellt sich wiederum eine bis in die Tiefe gleichmäßige Temperatur ein (näheres bei Dietrich 1950).

zu Station B (Kattegat): Für die hydrographische Schichtung des Kattegats und ähnlich der Beltsee im deutschen Küstenvorfeld der Kieler Bucht ist eine stark ausgeprägte ganzjährige Salzgehaltsschichtung charakteristisch. Im allgemeinen liegt eine dünne Ostseewasserschicht von unter 20 ‰ Salzgehalt über aus der Nordsee eingeströmtem salzreicherem Bodenwasser in den tieferen Rinnen und Mulden. Die Jahresschwankung in der Deckschicht ist weitaus größer als in der freien Nordsee und liegt bei 5 ‰ für den Salzgehalt und 16° C für die Oberflächentemperatur.

zu Station C (mittlere Ostsee bei Bornholm): Auch die einzelnen Teilgebiete der Ostsee weisen eine deutliche Schichtung nach Salzgehalt und Temperatur auf. Die Deckschicht reicht im Sommer aber mit 60–75 m oft tiefer als in der Nordsee und geht mit einer scharf ausgeprägten Salzgehaltsdifferenz, die einen Dichtesprung markiert, in das Bodenwasser über. Höhere Salzgehalte finden sich mit 15 ‰ auch noch in den Becken der mittleren Ostsee und zeigen vermischtes Nordseewasser an, das gelegentlich über die Schwellengrenzen der Becken einströmt. Die Deckschicht liegt im Salzgehalt meist unter 8 ‰. Die Temperaturextreme im Oberflächenbereich sind in der Ostsee größer als in der Nordsee (1,6 ° C im März, 17 ° C im August).

Wasseraustausch und Strömungen

Das ökologische Problem der Ostsee als nur über enge und flache Zugänge mit dem Atlantik verbundenem Nebenmeer liegt in natürlicher Hinsicht im stark eingeschränkten Austausch mit dem Weltmeer. Diese Situation ist in den Trockengebieten der Alten Welt mit dem Mittelmeer, dem Roten Meer und dem Persischen Golf zu vergleichen, wenn diese Meere auch im Gegensatz zur Ostsee ein Wasserdefizit aufweisen, das durch Ozeanwassereinstrom ausgeglichen werden muß.

Die genauen Kenntnisse der Wasserhaushaltskomponenten der hier behandelten atlantischen Nebenmeere sind für das Verständnis der ozeanographischen Vorgänge ebenso wichtig wie zur Beurteilung von Schadstoffeinleitungen. Der „ozeanologische Grundzustand“ ist aus den Charakteristika des Wasserhaushalts direkt abzuleiten (Hupfer 1979 für die Ostsee, Rat der Sachverständigen 1980 für die Nordsee). Für die Ostsee ergibt sich die Beziehung der Wasserhaushaltsgleichung, nach der die Wasserzufuhr durch Festlandszuflüsse (480 km^3/Jahr, davon nur 7,1 km^3/Jahr in der Beltsee durch Schwentine, Trave u. a.), Niederschläge (183 km^3/Jahr) und Einstrom von Nordseewasser (737 km^3/Jahr) abzüglich der Verdunstung (zufällig gleich Niederschlagsmenge 183 km^3/Jahr) der Bilanz von Ausstrom (1216 km^3/Jahr) und Einstrom (s. o.) entsprechen muß, da der Wasserspiegel der Ostsee konstant bleibt. Da sich Niederschlag und Verdunstung über der Ostsee aufheben, gibt dieses Meer den Gesamtbetrag der Festlandszufuhr von 479 km^3/Jahr durch die Beltsee und dänischen Meerengen an die Nordsee und den Atlantik ab. Würde man die Ostsee als Beispiel für ein Nebenmeer im humiden Niederschlagsgebiet abriegeln, würde ihr Wasserstand um 124 mm/Jahr ansteigen.

Langjährige Forschungen über die Stromvektoren am Feuerschiff Fehmarnbelt und in den dänischen Meerengen ergaben übereinstimmend, daß zwei der Einstrom und Ausstromlage entsprechende Richtungen vorherrschen, die mit dem meteorologischen Windfeld korreliert werden können (Abb. 5). Bei Windstärken über 3 Bft. aus westlichen Richtungen herrscht Einstrom, bei östlichen Ausstrom (Abb. 5). Die stärksten Strömungen treten bei reinen West- und Ostwinden auf, die über längere Zeit andauern. Bei Windstillen ist ein Restausstrom festzustellen. Es sind im Fehmarnbelt zumindest 2 Bft. aus West erforderlich, um den Ausstrom zum Stehen zu brin-

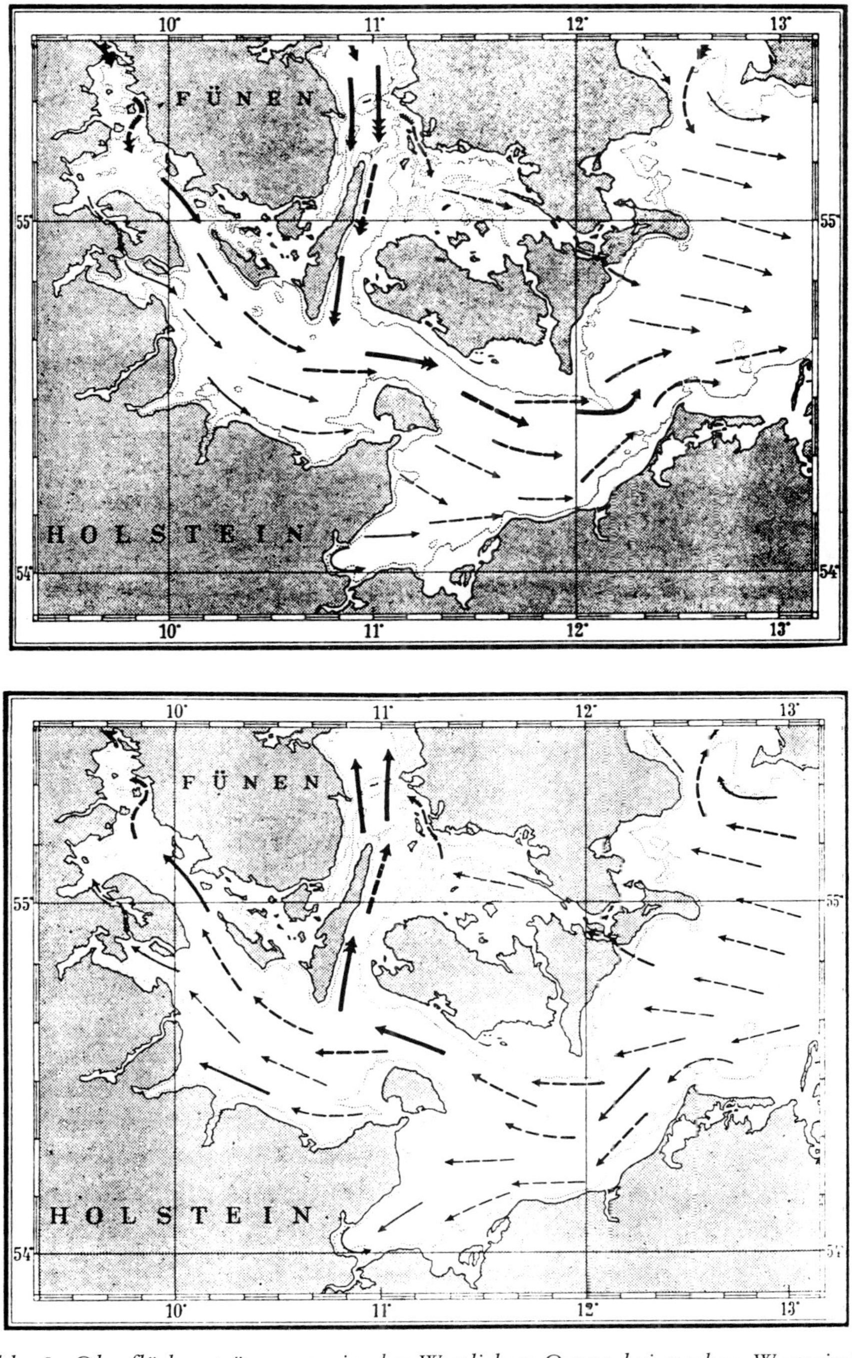

Abb. 5: Oberflächenströmungen in der Westlichen Ostsee bei starken Westwinden (Einstromlage: oben) und starken Ostwinden (Ausstromlage, unten). Aus: DHI, Ostseehandbuch, Ausgabe 1959.

gen. Der Einstrom reagiert stärker auf höhere Windgeschwindigkeiten als der Ausstrom. Im Mittel bewirkt ein Westwind mit der Stärke 6 im Fehmarnbelt einen Oberflächenstrom von 2 sm/Stunde, während ein Ostwind gleicher Stärke nur 1,3 sm/Stunde Strom in Westrichtung erzeugt. Beide Stromlagen erneuern ständig mit der Großwetterlage das Wasser in der Kieler Bucht, wobei die Fronten der Wasserkörper oft Wirbelstrukturen aufweisen (Krug 1963). Für die Lebewelt bedeutet der ständige Wechsel des Salzgehalts eine große Belastung in ökologischer Hinsicht, die zu einer Artenarmut geführt hat.

Zum Wasseraustausch und -haushalt der Nordsee ist folgendes festzustellen: Zwischen Schottland und den Shetland-Inseln strömen mit dem Fair-Isle-Current als Golfstromverzweigung jährlich etwa 9000 km^3 Atlantikwasser in dieses Seegebiet, ferner in der tiefen Norwegischen Rinne 51 000 km^3. Die letztgenannte Wassermenge trägt aber nicht wesentlich zur Wassererneuerung bei, da sie größtenteils vermischt mit dem oben erwähnten Ostseeausfluß („Baltischer Strom") entlang der norwegischen Küste in die Norwegische See zurückkehrt. Wesentlich ist hingegen auch in ökologischer Hinsicht die Ausbreitung der durch den Englischen Kanal aus dem Atlantik entlang der Kontinent-Küste vordringenden Wassermasse von jährlich 3400 km^3 (Abb. 6). Gegenüber der Ostsee spielt der Festlandzufluß von 290 km^3/Jahr und der Niederschlag (380 km^3/Jahr) in der Nordsee nur eine untergeordnete Rolle. Es ist noch darauf hinzuweisen, daß alle genannten Größen für beide verglichenen Meeresgebiete kurzperiodischen und langjährigen Schwankungen ausgesetzt sind.

Durch die Zuflüsse bilden sich in der Nordsee charakteristische Wassermassen. Man unterscheidet insgesamt acht in einer sich jahreszeitlich nur gering verschiebenden Anordnung vorhandene Einheiten mit jeweils ökologisch angepaßtem Planktonbestand: Zunächst reichen Zungen des Atlantikwassers von Norden und durch den Kanal (letztere bis vor die Westfriesischen Inseln) in die Nordsee hinein. Ein dritter primärer Wasserkörper ist das salzärmere Ostseewasser an der Oberfläche des Skagerraks. Weitere fünf ökologisch-hydrographische Einheiten entstehen durch Mischung der Hauptwassermassen untereinander und mit Süßwasser, das vom Festland zuströmt: Es sind das schottische und englische Küstenwasser, das weit nordwestlich Helgolands in das mittlere Nordseewasser übergehende und die gesamte Deutsche Bucht ausfüllende kontinentale Küstenwasser sowie das nördliche Nordseewasser zwischen der Atlantischen Zunge und dem Skagerrak. In der Ostsee unterscheidet man im Bereich der Beltsee hingegen im wesentlichen nur drei Wassermassen, die im hydrographischen Wechselspiel stehen: Nordseewasser, Kattegat-Mischwasser und salzarmes Ostseewasser. Aus dieser Anordnung und der teilweise strömungsbedingten Veränderlichkeit dieser meeresökologischen Gliederung in den zur Bundesrepublik gehörenden Anteilen der Nord- und Ostsee ergeben sich nicht nur biologische und fischereiwirtschaftliche, sondern auch umweltpolitische bzw. ökotechnische Aspekte.

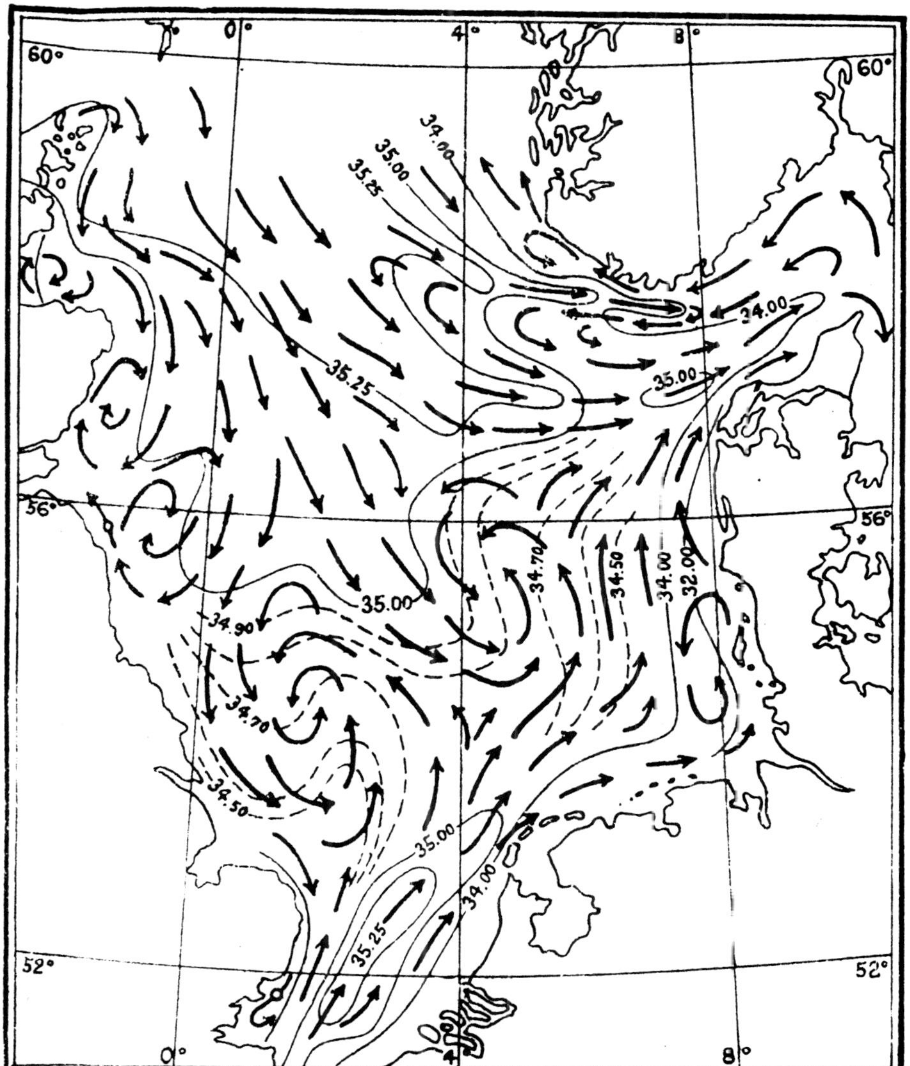

Abb. 6: Salzgehalt (in ‰) und Oberflächenströmungen in der Nordsee im Februar 1906 (aus BÖHNECKE 1922).

Die Nordsee als Gezeitenmeer

In dieser Hinsicht ist besonders das Strömungsfeld der Nordsee von Bedeutung. Man tut gut daran, hier die Gezeiten von den sogenannten „Restströmen“ zu unterscheiden: Die Gezeiten der Nordsee werden bekanntlich in der Nordsee nicht direkt durch die Anziehungskräfte von Sonne und Mond erzeugt, sondern sind als Mitschwingungen der Gezeiten des Atlantischen Ozeans zu deuten. Sie besitzen eine halbtägige Form, die zu den Meridiandurchgängen des Mondes in Beziehung gesetzt werden kann (vgl. ausführlicher u. a. DHI, Nordsee-Handbuch 1975). Ihr zeitlicher Verlauf und insbesondere ihre kalendermäßigen Verschiebungen sind aus den vom DHI jährlich vorausberechneten Datenzusammenstellungen für einzelne Orte der deutschen Nordseeküste zu entnehmen. Nach ihnen richtete sich ehemals der Fährverkehr zu den Inseln (heute teilweise durch Baggerungen in Wattströmen tideunabhängige Fahrpläne), die Einlaufzeiten für Schiffe mit großem Tiefgang in die Jade, Weser und Elbe sowie auch der Tagesrhythmus von Kurgästen an der Nordseeküste (Badezeiten, Wattlaufen, Wattwanderweg Föhr–Amrum u. a.)

In der Nordsee kommt es durch die Küstenkonfiguration und Bodentopographie sowie die ablenkende Kraft der Erdrotation zur Ausbildung einer sogenannten „Amphidromie“ (Umlaufwirbel), wobei die von Norden eindringende „Silberrinnen-Welle“ mit einem bestimmten Zeitverlauf die Nordsee entgegen dem Uhrzeiger durchströmt. In der zentralen Nordsee bildet sich dadurch ein „Knoten“ heraus, der nahezu tidenhubfrei ist und in dem sich die Hochwasserstundenlinien für die gesamte Nordsee treffen. Die ozeanerzeugte Flutwelle umläuft diesen Punkt etwa 170 km westlich des dänischen Hafens Esbjerg. So tritt das Hochwasser auf Borkum 5 Stunden nach dem von Hull an der englischen Ostküste ein, in Wilhelmshaven, Cuxhaven und Wyk auf Föhr jeweils mit einer weiteren Stunde Zeitverzug. Vor der niederländischen Küste liegt eine weitere kleinere Amphidromie mit gleichem Drehsinn, die durch die einströmende Kanalwelle entsteht.

Die tägliche Erfahrung lehrt, daß die Flut wegen des Wechsels von Spring- und Nipptiden mit den Mondphasen sowie unter dem Einfluß des Windfeldes an einem bestimmten Ort unterschiedlich aufläuft. Am Strand findet sich meist eine Abfolge mehrerer Spülsäume mit Treibsel. Zudem ist der Tidenhub in der Nordsee und an ihren Küsten sehr unterschiedlich. Die großen Fluthöhen des Englischen Kanals (Bucht von St. Malo 12 m) oder der englischen Ostküste (The Wash 6 m) werden in der Deutschen Bucht nicht mehr erreicht. An der deutschen Küste werden innerhalb der Linie Wangeroog–Hallig Hooge über 3 m gemessen. Nur im Jadebusen beträgt der Tidenhub über 4 m. In den Ästuarien von Weser und Elbe läuft die Flut ebenfalls besonders hoch, zumal das Stromprofil durch Baggerungen und Kunstbauten verändert wurde.

Auf die katastrophalen Auswirkungen von Sturmfluten an der Nordseeküste soll hier nicht weiter eingegangen werden. Genannt seien hier nur die Hollandflut am 1. 2. 1953, die Februarflut von 1962 (16.–17. 2.) und die Januarflut von 1976. In der Februarflut 1962 wurde die gesamte deutsche Nordseeküste stark betroffen, besonders aber der Unterelberaum um Hamburg. Nach zahlreichen Deichbrüchen wurden 56 000 ha überflutet (höchster Wasserstand 3,67 m über Mittlerem Tidehochwasser, 324 Tote).

Wassererneuerung und ökologische Zonierung in der Nordsee

Die periodischen Gezeitenströmungen werden von dem Restströmungsfeld überlagert, das durch die Nordseezuflüsse, die meteorologischen Verhältnisse und dichtebedingte Austauschvorgänge angeregt wird. Driftbojenuntersuchungen ergaben hier sehr komplizierte Vorgänge, die an mehrere Großwirbelstrukturen vor der schottischen Küste, auf der Doggerbank, in der zentralen Nordsee, im Skagerrak und – wenn auch weniger ausgeprägt – in der inneren Deutschen Bucht gebunden sind. Während der vertikale Austausch von der jahreszeitlichen Veränderung der Dichtestruktur der Wassersäule (Temperatur und Salzgehalt) abhängt, erfolgt die horizontale Vermischung im wesentlichen durch diese Strömungen. Die Zeiträume des Wasseraustausches – und gleiches gilt für die Westliche Ostsee – sind für ökotechnische Maßnahmen bzw. Dosierungsbestimmungen für Schadstoffzufuhren sehr wichtig. Für die Nordsee ergibt sich im Durchschnitt eine mittlere Verweildauer von einem Jahr. Vor der schottischen Ostküste und in der inneren Deutschen Bucht betragen die Erneuerungszeiträume allerdings 36 Monate. Die Aufenthaltsdauer von Wassermassen ist in Wirklichkeit noch größer, da die Forschungen in dieser Richtung, u. a. mit Ausbreitungsstudien von radioaktivem Material (Caesium 137), nur den Zeitraum bis zum Verlassen der Nordsee von einem Ort festhielten. Hinzuzurechnen wäre die Zeitdauer vom Eintritt in die Nordsee bis zum Verdriften zur Meßstelle. Für das deutsche Küstenmeer in der Nordsee muß von Verweildauern von 24–36 Monaten ausgegangen werden.

Die Wassererneuerung in der Westlichen und Mittleren Ostsee erfolgt nach den bereits behandelten Prinzipien von Aus- und Einstrom, wobei der Vorstoß von Nordseewasser über die flachen Schwellentiefen nur aperiodisch auftritt. Eine Erneuerung mit sauerstoffreichem Tiefenwasser wiederholt sich im allgemeinen mit unterschiedlicher Intensität im Abstand von etwa 5 Jahren. Hingewiesen sei nochmals auf die ökologische Sperrfunktion der Sprungschichten im Sommer in beiden Meeren, die einen Vertikalaustausch hemmen oder unterbinden. In Ausnahmefällen bildet sich im Bodenwasser dann eine sauerstofffreie Zone mit Schwefelwasserstoff, die jedes Leben zum Erliegen bringt.

Eine ökologische Gliederung und Tiefenzonierung der Nord- und Ostsee aus meeresbiologischer Sicht muß neben den behandelten hydrographischen Faktoren (Salzgehalt, Temperaturen, Schichtung und Strömungsfeld) auch die Lichtverhältnisse, den Nährstoffgehalt, den pH-Wert, den Sauerstoffgehalt und die Beschaffenheit des Untergrundes berücksichtigen. In diesem einführenden Überblick sollen nur die typischen Organismusgemeinschaften erwähnt werden, ohne daß auf weitere wichtige meeresbiologische Zusammenhänge eingegangen werden kann. Verwiesen sei auf die Arbeiten von Remane 1940, Gessner 1957 und Tait 1971.

Nach dem Benthos, d. h. den Bodentiergemeinschaften, lassen sich beispielsweise in der Nordsee zehn größere ökologische Zonen unterscheiden, die nach vorherrschenden Muscheln als Leitarten benannt werden: Auf den Sandböden verschiedener Korngröße im Flachwasserbereich der inneren Deutschen Bucht (0–15 m Wassertiefe) findet sich eine artenarme Baltische Plattmuschel-Gemeinschaft, die sowohl das Wattenmeer als auch die vorgelagerten Bereiche des Sublitorals einnimmt und auch in den Trichtermündungen der Flüsse auftritt. Auf stärker überströmtem gröberen Grund wird sie teilweise durch die Lebensgemeinschaft der Platten Tellermuschel ersetzt. Nur lokale Bedeutung auf Weichböden des Flachwasserbereichs hat die Seegrasgemeinschaft. Auf Hartböden im Flachwasserbereich, wie im Helgoländer Felswatt, findet sich eine vielseitige Tang- und Algenvegetation, die einen Lebensraum für zahlreiche Tierarten darstellt, so u. a. den Hummer. Eine eigene Lebensgemeinschaft besonderer Bedeutung stellen die Miesmuschelbänke dar. Miesmuscheln verspinnen sich gegenseitig und können als biologischer Hartboden wiederum eine Grundlage für Tange und seßhafte Meerestiere abgeben. Den Muschelbänken kommt angesichts der Sedimenttransporte im von Gezeiten bestimmten Küstenraum eine besondere stabilisierende Funktion zu. Ansätze für eine Förderung der Muschelkulturen als „Aquakultur“ finden sich zwar in Nordfriesland, haben aber angesichts der heimischen Eßgewohnheiten nur für den Export eine sehr geringe Bedeutung erlangt. Hinzuweisen ist in diesem Zusammenhang auf die Tatsache, daß Weichtiere im Meer Schadstoffe in sehr großer Konzentration durch Filtration anreichern können (Quecksilber, DDT u. a.).

Die tieferen Areale der Deutschen Bucht von 10 – 30 m werden bei vorherrschendem Schlick durch die Leitform der Kleinen Pfeffermuschel geprägt. Diese Muschel ist als Fischnährtier besonders für Schollen von einiger Wichtigkeit und kennzeichnet besonders die Schlickregion südöstlich von Helgoland. Im Sommer wird der Meeresboden hier von der Sauerstoffzufuhr nahezu abgeschnitten, so daß dieser Extremlebensraum sich durch eine hohe Labilität auszeichnet. Dies ist bei Klärschlammeinbringungen in dieses Seegebiet zu berücksichtigen.

Nordwestlich von Helgoland schließen sich bei zunehmenden Wassertiefen von 15 – 50 m zwei weitere Lebensgemeinschaften auf dem Meeresboden an, die durch die Leitarten von Herzseeigel und Schlangenstern sowie durch die Venusmuschel charakterisiert werden. Im letztgenannten Bereich liegt das umstrittene Titandioxyd-Verklappungsgebiet. Eindeutige Schädigungen der Bodenfauna durch diese Schadstoffeinbringung konnten bisher wissenschaftlich nicht nachgewiesen werden. Gut erforscht ist die Tatsache, daß auch bei derartigen Wassertiefen natürliche aperiodische Schädigungen durch sturm-

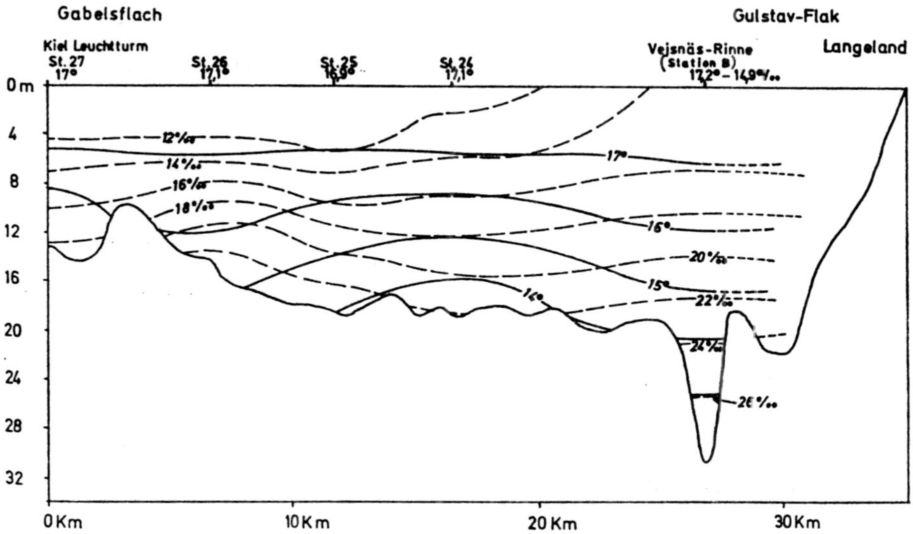

Abb. 7: Sommerliche Temperatur- und Salzgehaltsschichtung in der Kieler Bucht in einem Profil von Kiel nach Langeland.

bedingte Bodenerosion stattfinden. Die Wiedererneuerung der natürlichen Lebensgemeinschaften erfordert mehrere Jahre der Wiederbesiedlung, wobei starke Bestandsschwankungen der einzelnen Tierarten auftreten.

Fischereibiologische Probleme im Nordseeraum können hier ebensowenig ausgeführt werden wie eine nähere ökologische Charakterisierung der besonders für den Nordseeraum charakteristischen Teil-Ökosysteme Wattenmeer, Flußästuare und Felsküsten bei Helgoland.

Wasseraustausch und Umweltprobleme in der Kieler Bucht

Wenden wir uns nunmehr einigen spezifischen Problemen des westlichen Ostseeraumes zu: Noch Mitte der 70er Jahre gewann man nach alarmierenden Pressemitteilungen den Eindruck, daß die Ostsee ein „sterbendes Meer“ sei. Die Belastung dieses nahezu abgeschlossenen Meeres hat, wie bereits erwähnt, natürliche und anthropogene Komponenten, die sorgsam voneinander zu trennen sind. Bereits Ende des 19. Jhds. stellten Kieler Meeresbiologen Sauerstoffmangel in den Bodenmulden der Ostseeförden fest. Der Rückgang der Lachsbestände wurde schon damals auf die Verschmutzung der Ostseeflüsse zurückgeführt. Das Auf und Ab der Heringsfischerei in der Wirtschaftsgeschichte des Ostseeraumes deutet ebenfalls auf ökologische Veränderungen hin, die weitgehend natürliche Ursachen gehabt haben und letztlich mit den bereits behandelten Problemen des Wasseraustausches, insbesondere der Sauerstoffzufuhr, zu erklären sind. Schon dadurch besteht für das Balti-

Abb. 8: Das Institut für Meereskunde an der Universität Kiel

sche Meer eine besondere ökologische natürliche Streßsituation. Hinzu kommt, daß sich die hydrographischen Veränderungen der Ostsee in jüngster geologischer Vergangenheit (seit rund 13 000 Jahren) so schnell vollzogen, daß sich die marine Flora und Fauna nur unvollkommen an die heutige Situation anpassen konnten.

Die Hauptursache der Umweltprobleme der Ostsee ergibt sich heute aus der Bodentopographie. Insbesondere die flachen Schwellen und engen tiefen Rinnen behindern den Wasseraustausch entscheidend und steuern die hydrographischen, meereschemischen und biologischen Vorgänge. Bei einer ökologischen Gliederung der Ostsee kann deshalb von den Satteltiefen zwischen den einzelnen tieferen Beckenzonen ausgegangen werden (vgl. Wattenberg 1949). Die eigentliche Ostsee wird erst östlich der nur 18 m tiefen Darßer Schwelle gerechnet, die als natürliche Abgrenzung zur Arkona-See als Vorhof und Mischkammer für das Bornholm-Becken angesehen werden kann.

Das hier besonders interessierende Übergangsgebiet der Beltsee, die die Belte, den Sund sowie die Kieler und Lübecker Bucht umfaßt, ist ein überwiegend flacher und von der Bodentopographie nur durch mehrere Rinnensysteme gegliederter Meeresraum. Da der Öresund nur eine Satteltiefe von 7 m aufweist, spielen für die Ostsee der Große Belt sowie der Fehmarnbelt als hydrographische Zugangswege zur Mittleren Ostsee die entscheidende Rolle. Der Kleine Belt ist in dieser Hinsicht unbedeutend.

Betrachtet man zunächst nur die Kieler Bucht als nahezu rechteckiges Seegebiet von etwa 35 × 25 Seemeilen Abmessung, das im Norden von den dänischen Inseln Alsen, Aerö und Langeland und im Westen und Süden von der schleswig-holsteinischen Ostküste sowie Fehmarn natürlich umgrenzt wird, fällt in der Tiefenverteilung besonders eine rund 30 m tiefe Rinne auf, die von der Flensburger Förde über Vejsnäs bis in den Fehmarnbelt reicht. Auf diese trifft von Norden her die Rinne des Großen Belts. Die Querrinne entsendet vor Schleimünde einen Ausläufer in ein weiträumiges, schlickgefülltes Tiefenbecken, das mit Wassertiefen über 25 m die Eckernförder Bucht einnimmt. Diese glazial entstandene Ausräumungszunge (vgl. Abb. 2) steht wiederum über die 15 m Stollergrund-Rinne mit der Kieler Förde in Verbindung, die sonst nach Norden hin nur ein flacheres Vorfeld aufweist.

Die Erneuerung des Tiefenwassers in der Kieler Förde kann somit nur auf Umwegen erfolgen. Erneuerung bedeutet hier besonders im Sommer bei Ausbildung abriegelnder Sprungschichten Zufluß von salzreichem und sauerstoffreichem Nordseewasser. Erfolgt dies nicht oder witterungsmäßig bei langandauernden Ostwinden nur nach langem Zeitraum, kommt es zur vollständigen Sauerstoffaufzehrung und Bildung von „toten Zonen" in Tiefen von über 20 m. Setzt dann plötzlich Westwindwetter ein, wird das warme Wasser der Deckschicht nach Osten weggetrieben, und das sauerstofflose Tiefenwasser steigt an den Enden der Förden auf. Auf diese Weise kommt es aus natürlichen Gründen zu einer ökologischen Katastrophe mit Fischsterben größeren Stils in diesen „Fallen" (so am 5. September 1983).

Wie schwer Probleme der marinen Umweltbelastung zu beurteilen sind, zeigt die Auseinandersetzung um die Frage, ob hierbei der menschliche Einfluß mitspielt oder nicht. Bei dem Bülker Leuchtturm werden am westlichen Fördeausgang seit den 20er Jahren die erst neuerdings teilweise geklärten Abwässer der Landeshauptstadt Kiel in das Meer geleitet, jährlich rund 4,5 Mio. m^3, die zum bakteriologischen Abbau einen Sauerstoffbedarf von 6600 t benötigen. Insbesondere sind es Phosphate und Nitrate, die als Pflanzennährstoffe zu einer Algenblüte und übermäßigen Sauerstoffzehrung führen. Man hat das Tiefenwasser der Kieler Bucht auf rund 2 km^3 berechnet und nimmt an, daß die Lebensgrenze von Fischen von 1 ml/l Sauerstoff durch den Eutrophierungseffekt der Bülker Anlage schneller erreicht wird, ganz abgesehen davon, daß durch die Abwassereinleitung auch Schwermetalle und die gefürchteten PCBs (Polychlorierte Biphenyle) mit ihren langen Abbauzeiten in ein flaches, schlecht durchmischtes Meeresgebiet gelangen.

Diesen warnenden Mahnungen des verstorbenen Kieler Meereschemikers Grasshoff (1975) steht die Meinung des deutschen Spezialisten für Meeresverschmutzung Gerlach (1983) gegenüber, der den Einfluß des Menschen auf die Sauerstoffverhältnisse in der Kieler Bucht für so gering hält, daß er im Gegensatz zur Deutschen Bucht nicht zweifelsfrei erwiesen werden kann. Er verweist u. a. darauf, daß die jährlich über das Bülker System in die Ostsee gelangte Phosphatmenge nur rund 1000 t beträgt und hierdurch keine Eutrophierung hervorgerufen werden kann. Die seit längerer Zeit routinemäßig erfolgenden Phosphatkonzentrationen im Meerwasser zeigen keine Zunahme. Zudem gäbe es keine Hinweise, daß in der Kieler Bucht das Algenwachstum hierdurch in den letzten 80 Jahren gesteigert wurde oder – dies kann ein positiver Aspekt der Überdüngung sein – eine Erhöhung der Fischereierträge nach zunehmender Primärproduktion zu verzeichnen ist.

Glücklicherweise befindet sich an der bundesdeutschen Ostseeküste keine nennenswerte Industriekonzentration, und der Zufluß vom Festland über die Schwentine und Trave kann vernachlässigt werden. Auch die dänischen Inseln im Norden sind relativ dünn besiedelt, wenn auch die deutsche Küste mit ihrer Länge von 210 km durch Ferienbetrieb stark genutzt wird. Eine Umweltbelastung durch diese Faktoren ist somit noch unbedeutend. Die Zufuhr von Nährstoffen bewirkt allerdings auch bei einer optimistischen Einschätzung der Umweltsituation in der Kieler Bucht eine zusätzliche Belastung, die das komplexe Ökosystem über die prekäre Sauerstoffversorgung in der Tiefe leichter umkippen läßt. Gerlach ist der Meinung, daß die „Vergiftung" des Meerwassers in der westlichen Ostsee bisher noch keinen bedrohlichen Grad erreicht hat. Es ist aber notwendig, die Situation ähnlich wie in der Deutschen Bucht routinemäßig zu überwachen, um Umweltgefahren rechtzeitig zu erkennen. Dies ist eine Aufgabe für die Hochschulforschung am Institut für Meereskunde in Kiel (Abb. 8) als auch eine staatlich-hoheitliche Pflicht, die vom Deutschen Hydrographischen Institut verstärkt wahrgenommen wird.

Als Ergebnis dieses als Einführung notwendigerweise kurzgefaßten meeresgeographischen Vergleichs des deutschen Küstenvorfeldes in den trotz ihrer räumlichen Nähe ozeanographisch so gegensätzlichen Meeresräumen der Nord- und Ostsee kann zusammenfassend festgehalten werden, daß die Möglichkeiten und Grenzen der wirtschaftlichen Nutzung bei teilweise gegebener Flächenkonkurrenz der Nutzungsformen, aber auch die ökologische Belastung der marinen Ökosysteme an und vor unserer Küste weitgehend durch die Naturausstattung dieser Flachwasserbereiche in geologischer, morphologischer und hydrographischer Hinsicht bedingt werden.

Nicht zuletzt gilt dies in besonderer Weise für die vom Urlauber an der See besonders geschätzte und genutzte Strandzone als Übergangsbereich zwischen Meer und Land. In naturwissenschaftlicher Hinsicht ist diese wegen ihrer Veränderlichkeit überall auf unserer Erde ein besonders interessantes Stück Natur. Um die Wirkungszusammenhänge in diesem marinen Randsaum besser zu verstehen, muß man auf das vorgelagerte Meer hinausblicken, denn Küste und Küstenvorfeld bilden eine ursächlich eng verzahnte Einheit. In Zukunft wird es darauf ankommen, die Qualität und damit Erholungsfunktion des Meeresstrands für kommende Generationen zu erhalten. Deshalb gehört es auch zu den Aufgaben eines verantwortungsvollen Umweltschutzes, die an und vor der Küste wirkenden Naturvorgänge noch intensiver zu erforschen. Nur auf diese Weise können notwendige Eingriffe des Menschen in die komplexen, aber auch labilen marinen Ökosysteme auf ein vertretbares Maß begrenzt werden.

Abb. 9: Der Forschungskutter „Alkor" des Instituts für Meereskunde an der Universität Kiel bei ozeanographischen Arbeiten in der Kieler Bucht.

Historische Wirtschaftsgeographie und heutige Seerechtsprobleme

Maritime Wirtschaftsräume Nord- und Ostsee

Die Geographie des Meeres beschränkt sich nicht auf die physiogeographischen Verhältnisse, sondern sollte auch die historischen, kulturellen und ökonomischen Strukturen einbeziehen. In dieser von der Meereskunde heute im Gegensatz zu der Zeit vor 1930 nicht mehr behandelten Hinsicht gibt es mehrere bedeutende weitere Gemeinsamkeiten und Gegensätze beider Meeresräume, die hier nur andeutungsweise erwähnt werden können.

Beide Meeresräume wurden randlich überwiegend von germanischen Völkern besiedelt, wobei sich schon früh ein engerer, teilweise auch politischer Zusammenhang der Nordseegermanen herausbilden konnte. Die Friesen drangen am Ostrand der Deutschen Bucht bis zum Ende der Marschlande vor, die Dänen (Jüten) besiedelten, wie Ortsnamen beweisen, Teile von Ostengland (Bereich des Danelaw). Der dänische Staat als zentraler Organisationsraum der Region über mehrere Jahrhunderte griff im 11. Jhd. zeitweise unter Knut dem Großen nach Britannien über, später standen die Städte des Baltikums sogar unter dänischer Oberhoheit.

Vorher hatten die Wikinger vom Handelsplatz Haithabu am Westende der Schlei bereits Verbindungen nach Flandern und über das heutige Rußland nach dem Orient unterhalten, wobei die Landenge von Schleswig in verkehrshistorischer Hinsicht vielfach bis zum Eider-Kanal von 1784 und Nord-Ostsee-Kanal eine besondere maritime Transitfunktion für beide Meeresräume abgab. Diese Rolle äußert sich schließlich auch in der herausragenden Bedeutung Lübecks als Führerin des Hansebundes im Mittelalter, der nochmals den Ostseeraum von Nowgorod und den Nordseeraum bis London und Bergen als Wirtschaftsregion zusammenfaßte. Besonders Hubatsch hat 1948 die gemeinsamen kulturellen und historischen Wurzeln des Ostseeraums herausgestellt, wie sie sich etwa auch in der Verbreitung der Backsteingotik von Schleswig bis Reval zeigen.

Diese Einheit des Baltischen Meeres und seiner Anlieger ist als Folge des Zweiten Weltkrieges gänzlich zerbrochen, während die Nordseeanrainer wiederum wirtschaftlich und politisch (NATO, EG) näher zusammenrükken, womit aber gegensätzliche Interessen nur überdeckt werden (Krämer 1979). Die Ostsee ist heute aufgeteilt auf neutrale, sozialistische und westliche Länder. Die Ostsee-Jahrbücher der Industrie- und Handelskammer zu Lübeck stellen aber immer wieder noch bestehende Gemeinsamkeiten der Region als Wirtschaftsraum heraus (so 1977: Strukturwandel im Ostseeverkehr). Ein reger Fährverkehr verbindet die Gestade der Ostsee (vgl. auch Reuter 1913).

Seerecht und marine Rohstoffe

Die Neuordnung der Meere hat für die Meeresforschung und maritimen Interessen der Bundesrepublik allgemein eine große Bedeutung. Eine 200 sm-Wirtschaftszone kann in beiden Seegebieten nicht in Anspruch genommen werden, da es sich um räumlich begrenzte Schelfmeere handelt, die nach dem Aquidistanz- und Mittellinienprinzip auf die Anliegerstaaten aufgeteilt wurden (vgl. Buchholz 1983, Platzroeder 1978, Vitzthum 1981). Die Bundesrepublik erhielt deshalb nur etwa 6 % der Nordsee und sogar nur 3 % der Ostsee (übrige Anteile hier: Schweden 45 %, Finnland 23 %, UdSSR 13 %, Polen 7 %, DDR 3 %, Dänemark 7 %). Sowohl die Bundesrepublik als auch neuerdings die DDR haben ihre Hoheitsgewässer von 3 auf 12 sm erweitert.

Gemeinsam ist beiden in Abb. 1 gekennzeichneten Festlandssockelanteilen, daß sie nach bisherigen Explorationen keine größeren Offshore-Reserven an Kohlenwasserstoffen besitzen. Das im November 1984 in Produktion gegangene Feld „Schwedeneck-See" der Texaco/Wintershall AG 1600 m vor dem Ferienzentrum Damp 2000 in der Eckernförder Bucht soll in den nächsten 15 Jahren allerdings 2,5 Mio t Erdöl fördern, während die Bohrungen auf der Mittelplate vor der Dithmarscher Küste erst erschlossen werden.

In dem Feld „Schwedeneck-See" wurden bei dem Absenken der zwei Bohrplattformen auf etwa 25 m Wassertiefe vorbildliche Schutzeinrichtungen gegen Ölaustritte eingebaut. Die Aufteilung auf Wirtschaftssektoren betrifft nur Fischereirechte und Erschließung submariner Rohstoffe, beeinträchtigt aber nicht die Freiheit der zivilen Schiffahrt („innocent passage“) außerhalb einer auf 12 sm ausgedehnten Hoheitszone, in der der Küstenstaat Polizeigewalt besitzt.

Die „politische Totteilung“ der Ostsee, wie es einmal genannt wurde, hat nicht nur die Meeresforschung in fremden Gewässern genehmigungspflichtig gemacht und damit sehr erschwert, sondern auch die angestammten Fanggründe der schleswig-holsteinischen Kutterfischerei vor der pommerschen und mecklenburgischen Küste erheblich beschnitten. Die völkerrechtliche Behandlung der Ostsee als sogenanntes „geschlossenes Meer“ hat zudem erhebliche Konsequenzen in militär-strategischer Hinsicht, da sie den Operationsraum westlicher Seestreitkräfte einengt. Wenn die Bundesrepublik ihre Hoheitszone wie geplant zum Schutz der Nordseeumwelt und besseren Überwachung der stark befahrenen Schiffahrtswege zur Weser und Elbe auf 16 sm ausdehnen sollte, würde es bei Gleichziehen der DDR westlichen Unterseebooten unmöglich gemacht, getaucht durch die Kadet-Rinne (30–35 m Tiefe) in die östlichen Becken der Ostsee vorzudringen. Die Ostblockländer streben bekanntlich eine weitestgehende Neutralisierung des Ostseegebietes („Meer des Friedens“) an (vgl. zur geostrategischen Situation bereits Höpker 1958 und Deutsches Marine-Institut 1982).

Für den Nordseeraum erbrachte die 1958 in Genf geschlossene Seerechtskonvention zur Aufteilung des Festlandssockels zunächst keine befriedigende Ausgangslage. Die Bundesrepublik hatte bereits 1964 ihre Hoheitsrechte über einen in der Fläche und im Zuschnitt unbefriedigenden Anteil der Nordsee („nasses Dreieck“) proklamiert und in der Folgezeit über das Bergamt Zellerfeld Bohrkonzessionen vergeben, u. a. an die Preussag. Die Aufteilung in Schelfanteilsektoren im Nordseegebiet, das abgesehen von der bis zu 700 m tiefen Norwegischen Rinne und der Doggerbank nur wenige morphologische Differenzierungen aufweist, mußte nach der Genfer Konvention von 1958 unter Berücksichtigung des Mittellinien- und Äquidistanzprinzips sowie des Grundsatzes der Billigkeit in Anbetracht der Küstenkonfiguration und -länge in bilateralen Verträgen zwischen den Nachbarn erfolgen. Da eine befriedigende Einigung der Bundesrepublik mit Dänemark und besonders den Niederlanden in dieser Hinsicht nicht zustande kam, rief die Bundesregierung den internationalen Gerichtshof in Den Haag an, der in einem grundsätzlichen Urteil vom 20. Februar 1969 den deutschen Anteil am Festlandsockel in der Nordsee neu festsetzte.

Erst aufgrund dieser Vereinbarungen konnte der deutsche „Entenschnabel“ von gut 20 km Breite und 200 km Länge in der erdölhöffigen Mittelprovinz der zentralen Nordsee hinzugewonnen werden, der die Fläche des deutschen Festlandssockels um rund 6000 qkm auf etwa 36 000 qkm erhöhte. Während das erste größere Bohrprogramm des Deutschen Nordseekonsortiums (Gewerkschaften Brigitta, Elwerath, Preussag, Wintershall, Gelsenberg, Texaco u. a.) in diesem deutschen Nordseesektor bei 11 Bohrungen enttäuschend verlief, ließen nach 1972 die Bohrung Nordsee A–6– 1 im äußersten Nordwesten des „Entenschnabels", sowie die Bohrung C–16–1 zwischen bereits ausgebeuteten Vorkommen des „Dan-Feldes" und holländischen Funden zunächst Hoffnungen entstehen, die sich aber bisher nicht in der Erschließung eines deutschen Fördergebietes niederschlugen.

Gegenwärtig konzentrieren sich die Offshore-Bemühungen gegen die erbitterten Widerstände von Naturschutzverbänden auf das Dithmarscher Wattenmeer zwischen der Insel Trischen und Friedrichskoog. Bisher wurden hier auf der Mittelplate vier Bohrungen niedergebracht, die alle fündig wurden. Man rechnet langfristig mit einem Vorkommen von 4 Mio. t Erdöl.

Die Nordsee rechnet bekanntlich zu den wichtigsten Offshore-Fördergebieten für Kohlenwasserstoffe (Commerzbank 1977, Witthöft 1979). Der Energiebedarf Westeuropas wurde somit teilweise auf eigene Lagerstätten umgestellt. Die Explorationen begannen erst vor knapp 15 Jahren mit der Erschließung des norwegischen Feldes „Ekofisk" und ab 1970 der englischen von „Brent" und „Forties" in der rauhen nördlichen Nordsee, wobei die zunehmende Wassertiefe (teilweise bis 150 m) neue Probleme für die Meerestechnik und besonders hohe Investitionen erforderten. Im November 1975 arbeiteten bereits 44 Bohrplattformen in der Nordsee. Die Gesamtreserven werden auf 3 Mrd. t Erdöl sowie – besonders in der südlichen „Holländischen Provinz" – auf 2,6 Mrd. t Erdgas geschätzt.

Durch diese junge Entwicklung hat sich innerhalb weniger Jahre eine gänzlich neue Bewertung des Nordseeraumes insgesamt ergeben, der abgesehen vom norwegischen Anteil zum sogenannten „EG-Meer" rechnet. Diese Tatsache hat aber langwierige Streitereien der Anliegerstaaten um Aufteilung der Fischfangressourcen im Nordseeraum besonders wegen britischer Sonderwünsche nicht verhindern können. Die Briten waren es auch, die einen durchschlagenden Erfolg der Nordseeschutzkonferenz im November 1984 verhinderten, da die Umweltverschmutzung weniger ihre Küstenmeere betrifft. Somit gelang es vorerst nicht, diesem Seegebiet den Status eines „Sondergebiets" wie der Ostsee zuzubilligen.

Literaturhinweise

A. Allgemein zur Meeresforschung

Deutsches Hydragraphisches Institut (Hrsg.): Jahresberichte, Hamburg (jährlich)

Deutsches Hydrographisches Institut (Hrsg.): Überwachung des Meeres – Bericht für das Jahr 1981, Hamburg 1981

Deutsches Marine-Institut (Hrsg.): Die See im Blickpunkt der 80er Jahre – Schriftenr. d. DMI 4, Herford 1982

Dietrich, G., Kalle, K., Krauss, W. u. Siedler, G.: Allgemeine Meereskunde. Eine Einführung in die Ozeanographie – Berlin/Stuttgart 1975

Gerlach, S. A.: Meeresverschmutzung. Diagnose und Therapie – Berlin/Heidelberg/New York 1976

Gierloff-Emden, H. G.: Geographie des Meeres. Ozeane und Küsten – Lehrb. d. Allg. Geogr. 5, 2 Bde., Berlin/New York 1980

Institut für Meereskunde an der Universität Kiel (Hrsg.): Jahresberichte (jährlich)

Paffen, KH. u. Kortum, G.: Die Geographie des Meeres. – Kieler Geograph. Schriften 60, Kiel 1984

Tait, R. V.: Meeresökologie. Das Meer als Umwelt – dtv – Wiss. Reihe 4091, Stuttgart 1971

Vitzthum, W. Graf: Die Plünderung der Meere. Ein gemeinsames Erbe wird zerstückelt – Fischer Inform. z. Zeit 4248, Frankfurt/M. 1981

B. Zu Nord- und Ostsee zusammen:

Böhnecke, G. u. Dietrich, G.: Monatskarten der Oberflächentemperatur für Nord- und Ostsee und die angrenzenden Gewässer – Deutsches Hydrographisches Inst., Veröffentl. Nr. 2336, Hamburg 1951

Dietrich, G.: Die natürlichen Regionen der Nord- und Ostsee auf hydrographischer Grundlage – in: Kieler Meeresforschungen 7, 1950, S. 35–69

Gessner, F.: Meer und Strand – Berlin 1957

Grube, F. u. Richter, G. (Hrsg.): Die deutsche Küste – Frankfurt/M. 1979

Kändler, R.: Der Einfluß der Wetterlage auf die Salzgehaltsschichtung im Übergangsgebiet zwischen Nord- und Ostsee. in: D. Hydr. Z. 4, 1951, S. 150–160

Model, F.: Geophysikalische Bibliographie der Nord- und Ostsee – 2 Bde. Berlin 1966

Muuss, U. u. Petersen, N.: Die Küsten Schleswig-Holsteins – Neumünster 1971

Platzöder, R. (Hrsg.): Völkerrechtliche und politische Auswirkungen der Dritten Seerechtskonferenz der Vereinten Nationen auf Nord- und Ostsee, Ebenhausen 1978

Remane, A.: Einführung in die zoologische Ökologie der Nord- und Ostsee – in: Grimpe, G. u. Wagner, E. (Hrsg.): Die Tierwelt der Nord- und Ostsee, Bd. 1, Leipzig 1940, S. 1–238

C. Zur Meereskunde der Nordsee

Abrahamse, J., Joehnje, W. u. Leeuven-Seelt, N. van (Hrsg.): Wattenmeer – Neumünster 1976

Böhnecke, G.: Salzgehalt und Strömungen der Nordsee – Veröff. d. Inst. f. Meereskunde Berlin A 10/34, 1922

Buchholz, H. J.: Die seerechtliche Regionalisierung der Nordsee – in: Geogr. Rdsch. 35, 1983, S. 274–280

Commerzbank AG (Hrsg.): Erdöl und Erdgas in der Nordsee – Düsseldorf/Frankfurt/u./Hamburg 1977

Deutsches Hydrographisches Institut (Hrsg.): Nordsee-Handbuch. Östlicher Teil – Nr. 2006, Hamburg 1975

Dietrich, G.: Ergebnisse synoptischer ozeanographischer Arbeiten in der Nordsee – in: Dtsch. Geogr.-Tg. Hamburg 1955, Tag.-Ber. u. wiss. Abh., Wiesbaden 1955, S. 376–383

ICES (International Council for the Exploration of the Sea, Hrsg.): Report of Working Group for the International Study of the Pollution of the North Sea and its Effects on Living Resources and their Exploitation – Coop. Res. Rep. 39, Charlottenlund 1974

Krämer, H. R. (Hrsg.): Die wirtschaftliche Nutzung der Nordsee und die Europäische Gemeinschaft – Baden-Baden 1979

Rat der Sachverständigen für Umweltfragen (Hrsg.): Umweltprobleme der Nordsee. Sondergutachten Juni 1980. – Stuttgart/Mainz 1980
Rachor, E. : The Inner German Bight – An Ecologically Sensitive Area as Indicated by the Bottom Fauna – in: Helgoländer Wiss. Meeresunters. 33, 1980, S. 522–530
Rachor, E. : Meeresverschmutzung und ihre Auswirkungen in der Nordsee – in: Geograph. Rdsch. 35, 1983, S. 292–299
Schultze, E. – G. : Meeresheilkunde – München/Berlin/Wien 1973
Uthoff, D. : Konfliktfeld Nordsee. Nutzungen, Nutzungsansprüche, Nutzungskonflikte – in: Geograph. Rdsch. 35, 1983, S. 282–291
Witthöft, H. - J. : Energie aus der Nordsee. Offshore-Report – Herford 1979

D. Zur Meereskunde der Ostsee

Deutsches Hydrographisches Institut (Hamburg), (Hrsg.): Ostsee-Handbuch IV. Teil. Von Flensburg bis Utklippan und Memel. – Nr. 200 3, Hamburg 1959
Dietrich, G. : Oberflächenströmungen im Kattegat, im Sund und der Beltsee – in: D. Hydrogr. Z. 4, 1951, S. 129–150
Grasshoff, K. : The Baltic Sea as an Example for the Interaction of Natural and Manmade Stress Factors – in: Thalassia Jugoslavija 11, 1975, S. 1–17
Helm, R. : Zum Problem der Strömungen im Fehmarnbelt – in: Beitr. z. Meereskunde 22, 1968, S. 25–40
Höpker, W. : Die Ostsee – ein rotes Binnenmeer? Eine politisch-strategische Studie – Berlin/ Frankfurt/M. 1958
Hubatsch, W. Im Bannkreis der Ostsee. Grundriß einer Geschichte der Ostseeländer – Marburg 1948
Hupfer, P.: Die Ostsee – Kleines Meer mit großen Problemen – Kleine naturwiss. Bibl. 40, Leipzig 1979
Industrie- und Handelskammer Lübeck (Hrsg.): Die Wirtschaft im Ostseeraum – Lübeck 1971
Industrie- und Handelskammer Lübeck (Hrsg.): Strukturwandel im Ostseeverkehr – Ostsee-Jb. 1977, Lübeck 1977
Kändler, R. : Hydrographische Untersuchungen zum Abwasserproblem in den Buchten und Förden der Ostküste Schleswig-Holsteins – in: Kieler Meeresforschungen IX, 19(= 1953), S. 176–200
Krug, J. : Erneuerung des Wassers in der Kieler Bucht im Vergleich eines Jahres am Beispiel 1960/61 – in: Kieler Meeresforschungen, XXXIX, 1963, S. 158–174
Magaard, L. u. Rheinheimer, R. (Hrsg): Meereskunde der Ostsee – Berlin/Heidelberg/New York 1974
Schwenke, H. : Vegetation und Vegetationsbedingungen in der westlichen Ostsee (Kieler Bucht) – in: Kieler Meeresforschung 20, 1964, S. 157–168
Wattenberg, H. : Die Salzgehaltsverteilung in der Kieler Bucht und ihre Abhängigkeit von Strom- und Wetterlage – in: Kieler Meeresforschung 6, 1949, S. 17–30

Inhaltsverzeichnis

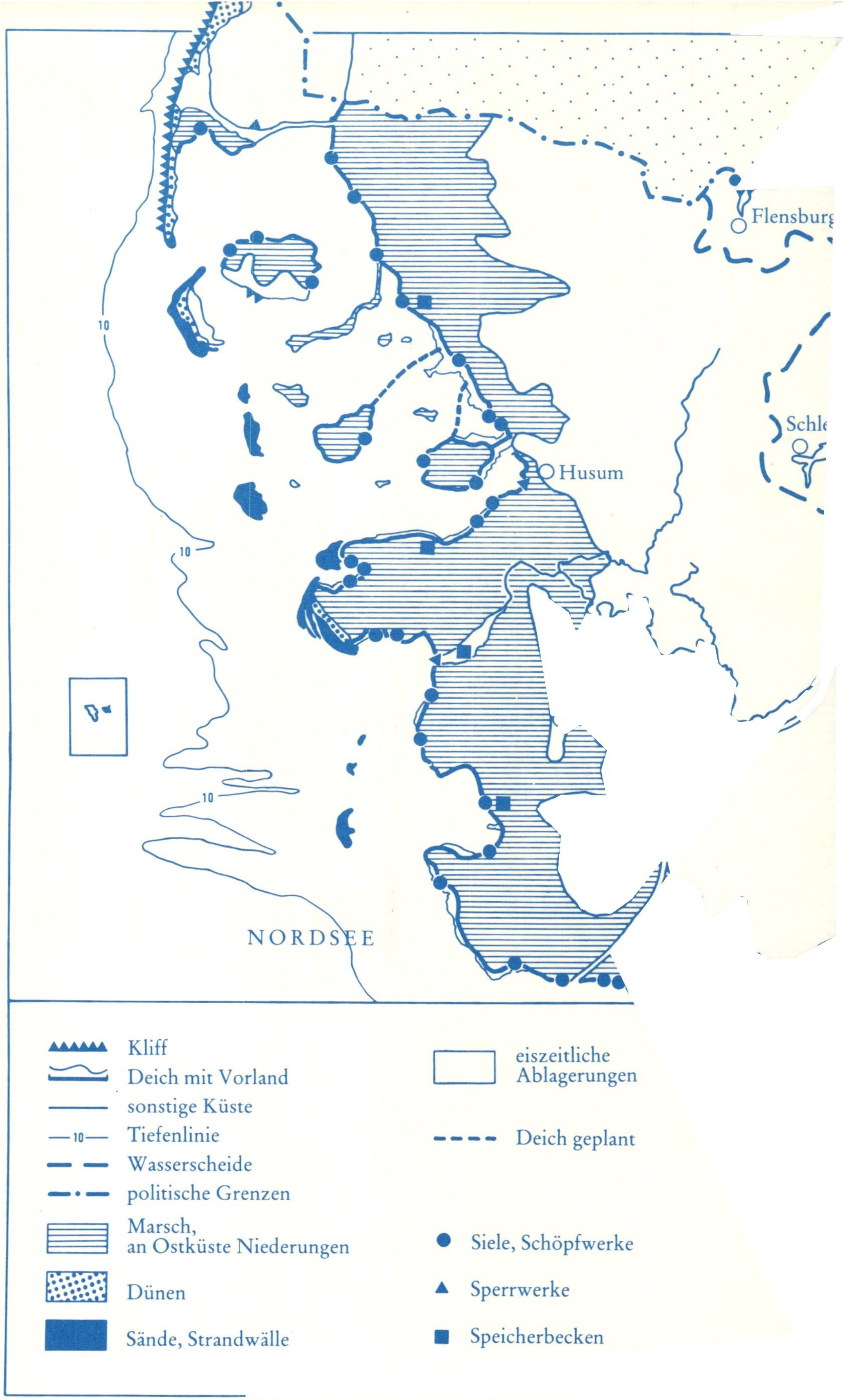
Flensburg
Schle
Husum
10
10
10
NORDSEE
Kliff
Deich mit Vorland
sonstige Küste
Tiefenlinie
Wasserscheide
politische Grenzen
Marsch,
an Ostküste Niederungen
Dünen
Sände, Strandwälle
eiszeitliche Ablagerungen
Deich geplant
Siele, Schöpfwerke
Sperrwerke
Speicherbecken